U0248522

自然灾害与人权

——以国家义务为中心

Natural Disasters and Human Rights:

Focusing on State Obligations

廖艳 著

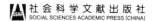

社会科学文献出版社
SOCIAL SCIENCES ACADEMIC PRESS (CHINA)

本著作为国家社会科学基金青年项目"自然灾害下的国家人权义务研究"（13CFX005）的最终研究成果

总　序

黄其松

　　今日之中国，已处于从站起来、富起来到强起来的新时代。今日之中国，人民热爱生活，对美好生活充满向往，期盼有更好的教育、更稳定的工作、更满意的收入、更可靠的社会保障、更高水平的医疗卫生服务、更舒适的居住条件、更优美的环境。如何建设富强中国、美丽中国、健康中国、平安中国？古人云：治大国若烹小鲜。然而，今日中国规模之巨、转型之艰、困难之大，恐怕难以以"烹小鲜"的理念与技艺来应对。因此，如何在顶层设计与底层实践、高层智慧与基层创新之间走出中国治理的道路、提炼出中国治理的模式、发展出中国治理的理论，成为当下中国的官员与学人共同的责任与使命。

　　我们这群生活在偏远之隅——贵州的读书人、教书匠，大抵可以称得上兹纳涅茨基在《知识人的社会角色》里所说的"学者"。所谓学者，不仅承担知识与文明的传承与创新，也负有不可推卸的社会责任。我们虽处江湖之远却心有庙堂，希望能用记录我们所学、所思的文字参与这个伟大的新时代，为国家治理现代化做出微薄的贡献。为此，贵州大学公共管理学院联合贵州省欠发达地区政府治理体系和治理能力现代化协同创新中心，共同资助出版"格致"系列学术丛书。"格致"源于贵州大学公共管理学院"格物，以明事理；致行，以济天下"的院训。因此，本丛书关注实践，即地方政府治理生动实践的经验反思与学理分析，也关注理论，即政治学与公共管理理论的发展与创新。学术乃天下之公器，希望学界同人对本丛书不吝赐教，以期共同推动知识创造与学术发展。

目录
CONTENTS

绪　论

一　问题的缘起

我们生活在一个美好的时代，现代化的发展使人类文明发展到了一个前所未有的高度，不仅人类的生活水平显著提高，自由、平等和人权也成了这一时代的观念。我们也处在一个糟糕的时代，战争以及其他形式的武装冲突几乎每天都在地球上上演，大规模侵害人权的现象时有发生。尽管玛雅人预言的世界末日并未如期来到，电影《2012》中展示的灭顶之灾也被人戏谑为杞人忧天，但是残酷的现实告诉我们，各种灾难正试图把人类置于"文明的火山口"之上，随时准备吞噬人类苦心孤诣铸就的灿烂文明。并且，随着科技的迅猛发展，危及人类文明的灾难的类型和方式也日渐增多，比如，瘟疫或病毒在某个区域甚至全球的蔓延；能源的枯竭；极端气候的频繁出现；国际犯罪或恐怖性袭击的扩散；经济危机的袭击；等等。这些灾难性风险如果未能得到有效的治理，后果往往不堪设想。换句话说，在这个灾难与文明共存的时代，灾难治理和文明繁荣已经成为一个共生共荣的永恒话题。在给人类文明带来巨大风险的灾难中，自然灾害无疑占据十分重要的地位。

（一）自然灾害对人类社会的巨大威胁

自然灾害作为一种自然异变，破坏力巨大，往往在瞬间造成大规模的人员伤亡、财产损失和资源破坏，使社会长时间陷入失序的状态，很难得到恢复。因此，它可能危及人类生命安全和健康，摧毁人类辛苦筑建的物质文明。让我们一起来回顾一下历史上那些给人类带来灾难性后果的自然灾害事件。

526年，拜占庭帝国安条克遭受地震灾害，死亡人数高达25万；1201年地中海东部的地震灾害中约有110万人死亡；1556年中国陕西地震灾害造成83万人丧生；1737年的印度风暴灾害致使30万人死亡；1881年的越南台风灾害中有30万人死亡；1923年日本关东发生了大地震，10多万人死亡。

20世纪下半叶以来，各种类型的重大自然灾害仍在全球范围内肆虐，并呈现增长的态势。其中，破坏巨大的自然灾害在1963~1967年发生了16次，[①] 1973~1977年发生了31次，1978~1982年发生了55次，1988~1992年发生了66次；造成人员伤亡惨重的灾害发生次数增长最快，从1963~1967年的89次增长到1988~1992年205次。[②] 这些自然灾害给人类造成了巨大的损失，其中较为典型的事件包括：1968~1974年，非洲撒哈拉地区的旱灾造成20万人丧生；1970年，孟加拉国遭遇了强热带风暴的袭击，约有50万人死亡；[③] 1976年中国唐山大地震，死亡人数约24.2万，重伤约16.4万人，整个城市几乎沦为一片废墟。[④]

21世纪以来，自然灾害更为猖獗，自然灾害事件呈指数增长，严重侵害了人们的生命和财产安全。比如，2004年印度洋海啸造成22万多人死亡；[⑤] 2005年，巴基斯坦北部发生强烈地震，造成8.6万多人死亡，10万多人受伤，200万人无家可归；[⑥] 2008年中国汶川大地震已确认69227人遇

---

① 指破坏达到或超过国民生产总值GNP1%的自然灾害。
② 指死亡人数超过100人的自然灾害。
③ 李萌、黄河浪：《人类历史上的重大自然灾害事件》，《中国经济周刊》2009年第18期。
④ 尽管1976年7月28日唐山发生了7.8级地震，但具体死亡人数直至1979年11月17日召开的地震学会成立大会上才得以首次公开披露。
⑤ 王传军：《亚洲多国纪念印度洋海啸五周年》，《光明日报》2009年12月27日。
⑥ 李萌、黄河浪：《人类历史上的重大自然灾害事件》，《中国经济周刊》2009年第18期。

难，374643 人受伤，失踪 17923 人；① 2010 年 1 月海地地震造成大约 30 万人丧生，200 万人被迫迁移；2011 年日本地震造成了约 25000 人死亡，超过 30 万人被迫离家。② 根据有关部门的统计，2000～2008 年全世界平均每年发生 392 起自然灾害，生命财产损失惨重。2009 年报道了 335 起自然灾害，10655 人在这些自然灾害中丧生，受灾人数达 1 亿 1900 万人，造成经济损失 413 亿美元。③ 2010 年，全球发生各类自然灾害 950 起，经济损失达到 1300 亿美元。④ 2011 年全球自然灾害造成的经济损失总计 3660 亿美元，创 1980 年以来的新高。⑤ 2012 年，全球的自然灾害共造成经济损失 1600 亿美元。⑥ 2013 年，全球共发生了 880 起自然灾害，2 万多人丧生，经济损失为 1250 亿美元。⑦ 2014 年，全球共发生 317 起自然灾害，造成的经济损失达 992 亿美元。⑧ 2015 年，全球各种自然灾害共造成约 2.3 万人死亡，导致的经济损失约 660 亿美元。⑨ 2016 年全世界有 4.45 亿人受到自然灾害影响，8000 人丧生，造成的直接经济损失估计为 1380 亿美元。⑩ 2017 年由于美国

---

① 数据来源于国务院办公室：《截至 9 月 25 日 12 时四川汶川地震已确认 69227 人遇难》，中国政府网，http://www.gov.cn/jrzg/2008 - 09/25/content_1105677.htm，最后访问日期：2018 年 1 月 12 日。
② Salil Shetty, "Human Rights and Natural Disasters: Mitigating or Exacerbating the Damage?" *Global Policy*, No. 3, 2011, p. 334.
③ 适足生活水准所含适足住房权以及在这方面不受歧视的权利问题特别报告员拉克尔·罗尔尼克的报告，A/HRC/16/42，第 5 段。
④ 《2010 年全球共发生自然灾害 950 起 经济损失 1300 亿美元》，央视网，http://news.cntv.cn/20110105/105299.shtml，最后访问日期：2018 年 1 月 15 日。
⑤ 《2011 年全球自然灾害经济损失 3660 亿美元》，中国新闻网，http://www.chinanews.com/gj/2012/01 - 19/3616778.shtml，最后访问日期：2018 年 1 月 15 日。
⑥ 《2012 年全球因天灾损失 1600 亿美元》，中国新闻网，http://www.chinanews.com/cj/2013/01 - 04/4456241.shtml，最后访问日期：2018 年 1 月 15 日。
⑦ 《2013 年全球自然灾害经济损失 1250 亿美元》，网易，http://news.163.com/14/0108/10/9I2EMBLI00014JB5.html，最后访问日期：2018 年 1 月 15 日。
⑧ 《报告称 2014 年自然灾害数量创最近 10 年新低》，中国新闻网，http://www.chinanews.com/gj/2015/09 - 24/7542690.shtml，最后访问日期：2018 年 1 月 15 日。
⑨ 《联合国减灾办公室：1 亿人在 2015 年受到灾害影响》，联合国网站，http://www.un.org/chinese/News/story.asp? NewsID = 25637，最后访问日期：2018 年 1 月 15 日。
⑩ 《去年全球受灾人数高达 4.45 亿》，新华网，http://news.xinhuanet.com/politics/2017 - 05/27/c_129619956.htm，最后访问日期：2018 年 1 月 15 日。

遭受了数次飓风袭击，全球自然灾害造成的经济损失总额达到了 3000 亿美元。①

上述令人触目惊心的自然灾害只是发生在人类历史上一些典型的案例，事实上，无论是过去还是现在，各种类型以及不同强度的自然灾害几乎每天都在地球上上演，不同程度地威胁着人类安全、毁损着文明铸就的各种成果。

（二）人权方法应对自然灾害的必要性和优越性

正因为自然灾害严重威胁着人类安全以及社会的稳定，人们一直在寻求与自然灾害抗争的有效方法，并取得了一系列的经验和成果，尤其是有关防灾减灾技术提升以及防灾减灾制度构建和完善的成果极为丰富，这些成果进一步丰富了自然灾害理论，促进了人们对自然灾害认识的逐渐深化，更好地指引防灾减灾实践的开展。尽管如此，我们发现绝大部分成果的研究目的在于如何使用技术和制度手段来预防或减轻自然灾害，甚少有学者考量自然灾害中的平等、歧视以及人权问题。正因如此，现有成果的研究视角更多的是以国家为中心，考虑的重心在于减轻自然灾害给国家和社会带来的损失以及如何更大程度地满足公共需求，而非个体权益和需求。而人权视角考虑的恰恰就是自然灾害应对过程中个体的权利和需求是否得到满足或公平公正的对待，国家和社会是否履行了相应义务，是否有歧视和不平等的行为，弱势群体是否被特别关注，等等。尽管上述两种方式在防灾救灾减灾实践上可能会殊途同归，效果也可能大同小异，但是以人权为本的灾害治理理念可以切实保障个体权利以及弱势人群，并有效地促进社会公正。

事实上，自然灾害不仅带来了生命财产损失以及人道主义和政治危机，也带来了巨大的人权危险，灾民的生命权、自由权、财产权、住房

① 《天灾无情！2017 年全球自然灾害造成 3060 亿美元损失》，新浪网，http://finance. sina. com. cn/money/forex/hbfx/2017 - 12 - 22/doc - ifypxmsq9277985. shtml，最后访问日期：2018 年 1 月 15 日。

权、健康权、受教育权和食物权等诸多权利皆处于危险之中。人权乃人之为人的应有权利，享有人权乃是人之为人的基本条件，因而自然灾害对人权造成各种直接以及间接的危险，无疑会对人之为人带来不利影响甚至动摇人之为人的根基。也就是说，"减轻灾害风险对于保障最基本的人权和自由……是至关重要的"。① 正因如此，自然灾害研究和实践中必须重视人权的方法。

当然，人权介入自然灾害领域并非是 20 世纪才开始发生的事情。早在 1755 年 11 月的里斯本大地震后，卢梭就指出，里斯本地震灾害中的严重损失是人类不当行为的后果。大约 250 年以后，卢梭的这一想法成为减少灾害风险和恢复受灾社区的主流归因，人们逐渐认识到人权方法应对自然灾害的价值所在，对于自然灾害的关注也从人道主义领域慢慢地转向人权领域。总体来看，从人权视角探讨自然灾害问题具有以下的重要意义。

1. 进一步丰富自然灾害研究和人权研究

当前国内外学者在管理学、社会学和自然科学领域对自然灾害展开了激烈的讨论，在自然灾害的减防技术和制度完善方面形成了丰硕的成果。近年来，尤其是 2008 年汶川地震以来，国内法学学者开始对自然灾害时期的行政措施以及自然灾害法律制度展开了深入的研究，但是这些研究的根本性目的在于社会秩序的恢复和灾害损失的减轻，很少有成果从人权视角介入自然灾害的问题。因此开展该研究，不仅可以加强对自然灾害应对中人权保障重要性的认识，还可使人权主张成为自然灾害应对的基本原则，使人权贯穿于自然灾害防治技术的提升、自然灾害制度的完善以及自然灾害文化的建设之中，更好地促进自然灾害的相关研究，为自然灾害研究提供了一个新的理论视角，有助于自然灾害理论体系的完善。

此外，开展该研究也有助于人权研究。从当前的研究成果来看，人权

---

① 各国议会联盟和联合国国际减灾战略：《减轻灾害风险：一个实现千年发展目标的工具》，日内瓦，2010，第 8 页。

研究的学者大多关注的是常态社会的人权保障和紧急状态下的人权保障，其中对于紧急状态下人权保障的研究又偏重于武装冲突时期的人权保障，甚少有成果专门研究自然灾害时期的人权保障。① 因此，开展该研究在一定程度上能够拓宽人权研究的领域，使人权研究更加贴近现实生活。我们可以在法理上为自然灾害时期人权保障的研究搭建一个理论平台，证明自然灾害时期保障人权的必要性，揭示自然灾害时期主要有哪些人权面临威胁，探索自然灾害时期人权保障的内容和层次，以及自然灾害时期人权的实现方式以及国家义务的体系结构，论证自然灾害时期国家保障人权的理论基础和价值所在，分析中国履行自然灾害人权保障义务的现状、问题及完善之道。所以，这一研究不仅能够拓宽自然灾害问题的研究领域，也能够推动理论界对人权问题的研究，使中国的人权研究更加贴近社会现实。

2. 澄清对自然灾害时期人权保障问题的错误认识

由于自然灾害在传统上常常被视为需要提供人道主义救援的困难局面，② 再加上当前国内关于专门自然灾害时期人权保障的研究成果甚少，理论界对于自然灾害时期的人权保障问题的认识模糊不清，因而很容易产生一些误解，人们甚至可能认为自然灾害时期国家对人权的保障只是人道和政策问题，还不是人权和国家义务的问题。在这一语境下，无论是国家还是非国家行为体所采取的救灾行动，人们常常单纯将其理解为人道主义行

---

① 需要强调的是，尽管自然灾害是国家宣布进入紧急状态的法定事由之一，但是自然灾害并不当然地被宣布为紧急状态。因为，根据联合国人权事务委员会通过的"第5号一般性意见：克减问题"和"第29号一般性意见：紧急状态期间的克减问题"的规定，一个国家在援引《公民权利和政治权利国际公约》的第4条（即紧急状态的克减条款）时，必须符合两个基本条件：即情况之紧急已威胁到民族之存亡，且必须已经正式宣布紧急状态。重大的自然灾害可能危及民族和国家的存亡，是一个国家和地区宣布进入紧急状态的缘由之一。但是，自然灾害的发生并不必然进入紧急状态，也许一个自然灾害发生频率非常高的国家从未因自然灾害而被宣布进入紧急状态。有关紧急状态的相关国际法的具体规定可参见"第5号一般性意见：克减问题"，HRI \\ GEN \\ 1 \\ Rev. 7，126（2004），第3段；"第29号一般性意见：紧急状态期间的克减问题"，HRI \\ GEN \\ 1 \\ Rev. 7，186（2004），第3段。

② The Brookings-Bern Project on Internal Displacement, *IASC Operational Guidelines on the Protection of Persons in Situations of Natural Disasters*, http://www. brookings. edu/idp.

为。在笔者看来，长久以来以单纯的人道主义视角看待国家的救灾行为，其根本的错误在于没有正确界分国家与其他救灾主体与灾民之间的关系，背离了个人与国家应然关系的政治哲学。

从关系性的视角来看，无论是国际红十字会之类的国际人道主义组织，还是国内的非政府组织，或者灾害发生地之外的其他国家，它们与灾民的关系和灾害发生国政府与灾民的关系有根本的差异。非政府组织或者其他国家与灾民之间既无民事法律上的契约关系，也没有行政法律上的管理和被管理的关系，因此，他们对灾民当然不负有救援的义务，其对灾民的救助行为更多的是出于人道主义精神的慈善行为。①

与非政府组织或者他国政府不同的是，灾害发生国的政府与灾民的关系乃是一种契约关系，这一契约关系的哲学基础是洛克等人的社会契约理论。无论是国际人权宪章，还是其他全球性乃至区域性国际人权公约，无一例外都坚持国家负有人权保障之义务，此种义务完全不同于人道主义的慈善。因为，慈善意味着施舍，义务意味着应当。在实施慈善行为时，施与者可以随时终止其慈善行动。对负有人权保障契约义务的国家来说，其怠惰将违背契约义务，这一违约行为会削弱甚至可能完全摧毁其政治合法性。正是由于个人与国家之间的契约关系，国家有义务保障公民之人权。并且，国家对人权的保障义务不限于消极的不侵犯义务，也有积极的保护和实现义务。此等保障义务不限于防范其他私人主体以及组织对人权的

---

① 需要强调的是，部分研究者认为，包括国际红十字会在内的所有非国家行为体对灾民的救援和救助行为都不能简单地视为人道主义行为，它应该也是自然灾害时期人权保障的重要组成部分。因为，非国家行为体对灾民也有相应的人权保障义务。事实上，国际灾害法和国际人权法中就有相关的条款规定了自然灾害时期非国家行为体的人权保障义务。比如，《IASC 业务准则》认为，"若有关当局充分履行自己职责的能力和/或意愿不够充分，国际社会应该对政府和地方政府当局部分予以支助和补充"；当遇到规模巨大情况复杂的自然灾害时，还需联合"联合国系统内外以及受灾害影响社区和民间社会的具有特殊专门知识和资源的组织和团体的积极参与"。当然，非国家行为体和国家对灾民的人权保障义务的限度有着明显的不同，受灾国是灾民人权保障的首要义务体，而非国家行为体主要承担的是协同保护义务。因此，自然灾害情形下国家和非国家行为体的救援救助行为从性质上来说还是有着本质上的区别。

侵害，也包括防范自然力的侵害。当公民遭受自然灾害的打击时，国家理应采取积极措施，努力帮助灾民实现自己的人权。因此，传统上将国家对灾民人权的保障等同于人道主义行为的认识是错误的，这种错误认识不仅不利于灾民的人权保障实践，也有害于减灾救灾工作的顺利展开。

3. 更好地促进中国的人权保障事业

当前来看，人权已经成为一个全球性的理念和标准，没有哪个国家敢于公然反对人权，人权保障已经被公认为国家的首要义务。就中国来说，由于中国宪法已经明确规定了国家尊重和保障人权，并且中国已经签署《公民权利和政治权利国际公约》，并正式批准了《经济、社会和文化权利国际公约》。因此，保障人权不仅是中国的宪法义务，而且是中国担负的国际法义务。中国要想更好地履行宪法义务和国际法义务，不仅要加强非自然灾害时期的人权保障，更需要加强自然灾害时期的人权保障，因为越是在自然灾害中，人权实现遭遇的困难也越大，灾民人权保障的必要性也越加凸显。美国"卡特里娜"飓风后少数族群的住房权危机、① 中国汶川地震中灾害救助资格的歧视、洪都拉斯"米奇"飓风中贫富阶层财产损失以及美国芝加哥热浪灾害中不同族群社区因灾死亡人数的巨大差异都可以证实这一点。②

---

① 2005年"卡特里娜"飓风不仅使得第九区和佛罗里达社区两个最贫穷的街区被彻底摧毁，而且，一些非法移民由于身份问题导致了失业率和迁出比率偏高，非主流语系民众无法正确应变或无法及时获取灾害信息。有关美国2005年"卡特里娜"飓风中的人权危机的详细论述可参见 UN experts call for protection of housing rights of Hurricane Katrina victims，联合国网站，http://www.un.org/apps/news/story.asp? NewsID = 25782#.UviHP_2JUiU 或周利敏的《社会建构主义与灾害治理：一项自然灾害的社会学研究》，《武汉大学学报》（哲学社会科学版）2015年第2期。

② 在汶川地震的部分灾区，没有本村户口的外地媳妇不享有领取灾害救助物资的资格。1998年，"米奇"飓风席卷了洪都拉斯，最贫穷家庭在暴风雨中丧失了约1/3的财产，最富裕家庭仅损失了7%的资产。在芝加哥热浪灾害中，黑人社区死亡率是芝加哥市平均死亡率的2倍，而拉美社区死亡率仅是芝加哥市平均死亡率一半左右。参见周利敏《社会建构主义与灾害治理：一项自然灾害的社会学研究》，《武汉大学学报》（哲学社会科学版）2015年第2期。

假如我们在自然灾害应对中忽视人权危险，不仅使灾民的人权无法得到完全实现，甚至可能使脆弱灾民的人权危险进一步加剧，进而不仅影响社会和国家的秩序和安全，而且影响民众对国家的信任以及国家的国际声誉。因此，开展自然灾害时期国家人权保障义务研究，不仅有利于贯彻宪法人权原则，而且有助于国家更好地履行国际法上的人权义务，提高国家在人权外交中的地位，并从根本上使人民能够有尊严地生活。

4. 有利于政府开展自然灾害治理工作

由于自然灾害时期人权面临严重威胁，而灾害应对的根本目的在于保障人权和维持社会秩序，因此灾民人权的实现程度从某种意义上决定了人们防灾救灾抗灾的勇气、热情和积极性，也决定了灾害治理的实际成效。正因如此，在自然灾害应对实践中，人权方法的优势凸显。联合国国际法委员会曾经在审议《发生灾害时的人员保护初步报告》时总结了以权利为本应对自然灾害的长处。在他们看来，权利为本的自然灾害应对有诸多优势，具体包括：灾害应对中人的需求的重要性以及与其对应的国家和社会义务；自然灾害情形下对社区利益、个人权益尤其是弱势群体权益的综合考量，同时兼顾国家义务的局限性；专门适用于自然灾害情形的权利义务清单；等等。① 具体而言，国家灾害治理中运用人权方法有以下两方面的优点。

首先，人权方法确立了自然灾害情形下的权利人（即灾民）和义务人（主要指国家）及其平等地位。具体体现在以下四个方面。第一，人权摆脱了人性的同情和怜悯，使灾民成为权利的主体，国家或社会成为义务的主体。人权方法让灾民摆脱了传统人道主义救灾中被施与者的角色定位，保护了灾民之为人的尊严。因为从本质上来看，传统的人道主义救灾所隐含的慈善性可能会忽视灾民的尊严和权利，而尊严和权利是人之为人的前提条件，正如范伯格评论说："……很清楚'慈善'和'人道'虽然足以满足

---

① 《联合国国际法委员会第63届会议的大会正式记录》，A/63/10，第227～228段。

动物的权利，对人类来说却是不够的。所以，我们必须赋予人类另外一种我们有意不给动物的权利。这样一类权利就是更高一层次的尊重，一种不可侵犯的尊严。"① 第二，人权方法意味着灾民可以决定自己的命运。人权意味着资格，意味着权利主体有要求国家或社会不侵害和保护其利益的资格，意味着有参与与自己命运息息相关的政策或决定的资格。经验显示，如果灾民将生命掌握在自己手中并有权参与决定自己的命运，他们在灾害中能够更好地保护自己的安全，更快地恢复他们的生活。反之亦然。② 第三，人权方法充分考虑到每个灾民的需求。人权不仅要求防灾减灾资源的公平分配、救灾的及时性和救灾物资的充足性，也要求救灾方式和救灾物资在文化上的可接受性，因而更能满足不同性别、年龄、种族、阶级以及不同文化背景的灾民的需求。第四，人权特别关注弱势灾民的权益。人权方法为最脆弱灾民的条件改善提供了可执行的机制，人权通过定义和识别"脆弱性"，确立弱者的资源。③

其次，人权方法确定了自然灾害情形下权利和义务的内容和限度。一方面，人权作为一个合法的工具可以确定所有应参与的相关领域。在自然灾害应对中，可以参照人权目录确立一份人权清单，有效地参与减少灾害风险的各个环节，尤其是通常被忘记或忽略的领域，比如，灾前预防制度的建设；防灾设施的设计和分布；私人证件的遗失和破坏；儿童与父母被

---

① 〔美〕J. 范伯格：《自由、权利和社会正义——现代社会哲学》，王守昌等译，贵阳：贵州人民出版社，1998，第141页。

② 阿曼德·克莱新等学者对2010年海地地震的研究结果也证明了这一点。尽管海地地震中的人道主义救援工作意图美好，救援者负责任并能充分参与，但还是无法为权利人（即灾民）创造持久性的解决方法，最终的救援效果欠佳。造成这一结果的主要原因在于人道主义救灾行动可能无法合适地定义权利人与义务人之间的关系，可能会忽视政府，可能无法从人权的两个基本原则——参与和义务两个方面充分提升灾民的能力。具体请参见 Amanda M. Klasing, P. Scott Moses, Margaret L. Satterthwaite, "Measuring the Way Forword in Haiti: Grounding Disaster Relief in the Legal Framework of Human Rights," *Health & Human Rights: An International Journal*, 2011, Vol. 13 Issue 1, pp. 19 – 20.

③ John Handmer, Rebecca Monson, "Does a Rights Based Approach Make a Difference? The Role of Public Law in Vulnerability Reduction," *International Journal of Mass Emergencies and Disasters*, No. 3, 2004, p. 46.

迫或非被迫的分离；弱势人群的歧视；等等。因此，基于人权方法的自然灾害应对坚持系统观和整体论，不仅仅聚焦于灾中救助以及灾后重建工作，还关注灾前的预防工作；既重视自然灾害情形下权利实现的环境、制度和文化建构以及灾民的心理健康，又强调社会和社区的恢复和建设对灾民人权保障的重要性。另一方面，人权方法给政府和其他利益相关者的自然灾害应对行动困境提供合适的指引，为他们的权力和义务设立边界。依此边界，政府和其他利益相关者不仅必须履行其应尽的义务，而且他们的权力受到制约和监督，避免权力滥用。基于此，人权方法要求政府建立相关的监督机制、责任机制和救济机制，尤其是当灾民或其他受自然灾害影响的人的权利受到侵害时，可以依法追究相关责任者的法律责任，并给予权利受侵害者救济。当然，基于人权方法的自然灾害应对还看到了灾害情形下国家能力的局限性，并提及其他义务主体的人权责任。这也意味着当防灾救灾减灾以及重建能力超出了国家的能力范围时，国家有义务寻求非国家行为体的援助，以期更好地帮助灾民实现人权。

总而言之，人权方法突破了传统人道主义救灾所固有的局限性，逐渐成为所有与自然灾害相关工作的基础。它不仅可以形塑灾民的尊严和权利，而且拓宽了灾害应对工作的关注面，充分考虑到所有受灾者的需要，确立了权力和义务的边界，深刻影响灾前预防、灾中救援以及灾后恢复与重建工作的整体进程和效果。正因如此，开展自然灾害时期国家人权保障义务研究，无疑对中国政府防灾救灾减灾工作具有非常重要的意义。

正是由于自然灾害是阻碍和破坏人类文明的重要因素，同时考虑到人权方法应对自然灾害的必要性和优越性，笔者才选择了自然灾害下国家人权义务问题作为研究的主题。该研究回应了以下问题：如果忽视自然灾害中的人权因素，会导致什么后果？谁应该为自然灾害引发的人权风险负责，是政府，还是公民自己抑或其他主体？应该重点保障灾民的哪些人权，保障的最低界限在哪？政府为自然灾害应对采取的紧急措施是否会进一步加剧灾民的人权风险？自然灾害下的国家人权义务是否有国际标准？其他国家在履行自然灾害时期的人权义务时有哪些经验可以借鉴？中国灾民人权国家保障的历史如何？当代中国政府在灾民人权保障方面采取过哪些措施，取得了哪些成就，还有哪些不足，应该如何改善？

通过分析，本研究将达至以下目标：第一，澄清对自然灾害时期人权保障的模糊认识，论证自然灾害时期国家履行人权保障的可能性和必要性；第二，论证自然灾害时期哪些人权可能面临威胁，国家在自然灾害时期最需要关注哪些人权，国家在自然灾害时期人权保障方面应该履行哪些义务以及遵循哪些原则，国家在灾害应对中的人权保障义务界限是什么；第三，在论证自然灾害时期人权保障重要性以及国家人权义务体系的基础上，结合国际标准、域外和历史经验分析当代中国政府在自然灾害时期履行人权保障义务方面存在的不足，最终提出完善建议，为中国政府如何更好履行自然灾害时期人权保障义务和有效地减灾救灾提供一些合理的建议。

二　研究现状述评

近年来，由于重大自然灾害事件的频发，法学界学者对自然灾害问题展开了大量深入的研究。一方面，学者们对于如何完善自然灾害立法以及自然灾害时期的行政措施提出了许多针对性对策，取得了丰硕的成果。另一方面，一些人权研究的学者开始关注紧急状态下的人权保障，研究重心大多是武装冲突以及反恐时的人权保障，更多关注的是公民权利和政治权利的保障，忽视了经济、社会和文化权利的保障。事实上，自然灾害的发生，虽然可能导致一些公民权利和政治权利的克减和限制，但对适当生活水准权以及健康权等生存权层面的人权保障义务却提出了更高的要求。因而，对于紧急状态时期人权保障的研究不能囊括和替代自然灾害时期的人权保障研究。尽管如此，自然灾害时期国家人权义务问题并未引起学界的足够重视，国内外从人权视角研究自然灾害的成果并不多见，下面将从不同层面对该问题已有的文献进行简要的评述。

（一）国家义务研究

学界关于国家义务问题的研究已经有较为丰富的成果，尤其是在国家义务与公民权利之间的关系以及国家人权义务体系的认识上基本达成了共识。

在国家义务与公民权利关系方面，陈醇认为，国家有权力必有义务，国家的义务是满足公民权利的需要，公民与国家的关系可以简化为一个简洁的模式："公民权利——国家义务。"[①] 龚向和与陈醇的观点接近，他认为国家义务直接源于公民权利并决定了国家权力，国家义务以公民权利为目的，是公民权利的根本保障。[②] 郭道晖认为，国家是人权保障的主要义务主体，因为保障人权是国家存在的价值所在和行使国家权力的合法性基础；对人权的最大威胁也往往来自国家权力；社会主体之间侵犯人权的行为也仰仗国家的整治。[③] 杜承铭也承认，权利需要决定了国家义务，作为客观规范或客观价值秩序的基本权利理论为宪法权利国家义务的存在提供了宪法哲学基础。[④]

在国家人权义务体系方面，学界最流行的是义务三类型学说。该学说最初是由挪威著名人权学者——艾德教授提出，艾德认为国家在食物权保障上负有尊重、保护、援助与实现的义务。[⑤] CESCR（即联合国经济、社会和文化权利委员会）吸收了艾德的观点，并在此基础上在"第12号一般性意见：食物权"中将国家人权义务修正为尊重、保护、实现（便利/提供）

---

① 陈醇：《论国家的义务》，《法学》2002年第8期。

② 龚向和：《国家义务是公民权利的根本保障——国家与公民关系新视角》，《法律科学》2010年第4期。

③ 郭道晖：《人权的国家保障义务》，《河北法学》2009年第8期。

④ 杜承铭：《论基本权利之国家义务：理论基础、结构形式与中国实践》，《法学评论》2011年第2期。

⑤ *Right to adequate food as a human right*, Study Series No. 1（New York：United Nations publication, 1989, Sales No. E. 89. XIV. 2）.

义务。① 此后，CESCR 在其发布的一系列的一般性意见中逐步完善了国家人权义务体系，具体包括一般法律义务、最低核心义务、国际义务和具体法律义务（即尊重、保护和实现义务）。② 此外，学者们根据不同的标准还将国家义务划分为消极义务与积极义务、对私权利的保护义务和对公权力的保护义务、经由人权推定而衍生的保护义务和国家对人权的国际义务等等。③ 而国家对每项基本权利的义务都具有复合性，国家应当在消极尊重与积极保护之间取得恰到好处的平衡。④

除了上述两个方面的研究外，学者们还对国家义务的概念、⑤ 国家义务的边界、⑥ 国家义务的理论渊源、⑦ 国家义务的可诉性、⑧ 国家义务的价值基础、⑨ 具体权利的国家义务等问题进行了深入的探讨和研究。⑩ 这些研究成果为本研究的理论论证和分析框架设计提供了坚实的支撑和指引。

（二）灾害法研究

在国际灾害应对法的研究上，国外的研究成果较多，而国内学者对该

---

① "第 12 号一般性意见：食物权"，E/C. 12/1999/5，第 15 段。
② 具体参见 "第 13 号一般性意见：受教育权"，E/C. 12/1999/10；"第 14 号一般性意见：健康权"，E/C. 12/2000/4；"第 15 号一般性意见：水权"，E/C. 12/2002/11。
③ 郭道晖：《人权的国家保障义务》，《河北法学》2009 年第 8 期。
④ 上官丕亮：《论国家对基本权利的双重义务》，《江海学刊》2008 年第 2 期。
⑤ 蒋银华：《论国家义务概念的确立与发展》，《河北法学》2012 年第 6 期。
⑥ 袁立：《公民基本权利野视下国家义务的边界》，《现代法学》2011 年第 1 期。
⑦ 这些研究成果主要参见蒋银华关于国家义务的系列研究成果，具体包括蒋银华《国家义务论：以人权保障为视角》，北京：中国政法大学出版社，2012；蒋银华《论国家义务的理论渊源：现代公共性理论》，《法学评论》2010 年第 2 期；蒋银华《论国家义务的理论渊源：福利国理论》，《河北法学》2010 年第 10 期；邓成明、蒋银华《论国家义务的人本基础》，《江西社会科学》2007 年第 8 期。
⑧ 刘耀辉：《国家义务的可诉性》，《法学论坛》2010 年第 5 期。
⑨ 蒋银华：《论国家义务的价值基础》，《行政法学研究》2012 年第 1 期。
⑩ 相关的研究成果主要包括王新生《略论社会权的国家义务及其发展趋势》，《法学评论》2012 年第 6 期；郑智航《论老年人适当照顾权中的国家义务》，《江海学刊》2014 年第 4 期；莫静《论受教育权的国家给付义务》，《现代法学》2014 年第 3 期；贾锋《论社会救助权国家义务之逻辑证成与体系建构》，《西北大学学报》（哲学社会科学版）2014 年第 2 期；唐梅玲《从国家义务到公民权利：精准扶贫对象民生权虚置化的成因与出路》，《湖北大学学报》（哲学社会科学版）2018 年第 1 期。

问题关注程度不够。① 英语文献中，当前影响较大的研究成果主要有国际人居联盟——住房和土地权网络的《国际人权标准与灾后安置与重建》，艾丽卡·哈伯（Erica Harper）的《灾害情形适用的国际法与国际标准》，吉里·托曼（Jiri Toman）的《国际灾害应对法：条约、原则、规则与存在的不足》，古特利（Guttry）等人的《国际灾害应对法》等。② 国内从事国际灾害应对法研究的学者并不多见，这些为数不多的研究成果集中梳理和分析了国际社会有关灾害救援和合作的立法及其新趋势，并提出了相应的完善建议。③ 其中特别值得一提的是，中国台湾地区范菁文编著的《天灾与人权国际准则使用手册》初步梳理了自然灾害时期人权保障的国际标准及台湾实践，为本研究中有关自然灾害时期人权保障国际标准的研究提供了一定的借鉴价值。④ 总括上述研究成果，我们发现，除了极个别学者从人权的角度研究国际灾害应对法之外，大多数学者对国际灾害应对法的研究集中于国际灾害应对立法的文献梳理以及形式渊源的分析。在学者们看来，一个包括诸多公约、决议和声明、谅解备忘录、行动守则、指南和标准等在内

---

① 本研究的国际灾害应对法采用的是广义的用法，泛指所有能够规制灾害治理领域的国际法律文书，主要包括国际人权法、国际人道主义法、国际环境法以及国际灾害法；国际灾害法采用的是狭义的用法，仅指以灾害为主题的国际法律文书。

② HIC-HLRN, *International Human Rights Standards on Post-disaster Resettlement and Rehabilitation*, www.pdhre.org; Erica Harper, *International Law and Standards Applicable in Natural Disaster Situations*, www.idlo.int; Jiri Toman, *International Disaster Response Law: Treaties, Principles, Regulations and Remaining Gaps*, http://ssrn.com/abstract = 1312787; Andrea de Guttry, Marco Gestri, *Gabriella Venturini, International Disaster Response Law*, T. M. C. Asser Press, 2012.

③ 相关的研究成果主要包括姜世波《国际救灾法：一个正在形成的国际法律部门》，《科学·经济·社会》2012年第1期；赵洲《保护责任的核心原则、要素在全球治理中的共生与普适》，《广西社会科学》2012年第11期；龚向前、侯阳《国际法"碎片化"与"问题联接"——基于气候变化与自然灾害协同治理的分析》，《甘肃政法学院学报》2013年第4期；姜世波《国际救灾法中的人道主义与主权原则之冲突及协调》，《科学·经济·社会》2013年第3期；赵洲《论"发生灾害时人员保护"的国际法核心原则、要素》，《中国石油大学学报》（社会科学版）2012年第5期；姜世波《论国际救灾法中的效率原则》，《防灾科技学院学报》2012年第3期；阚占文《论灾害救援的国际法问题——以国际救援队的法律地位为中心》，《行政与法》2009年第11期；姜世波《跨境救灾的国际法问题研究》，北京：知识产权出版社，2017。

④ 范菁文：《天灾与人权国际准则使用手册》，台北：统轩企业有限公司，2010。

的动态的、多层次的国际灾害法律框架已经构建而成，尽管这些规范之间还缺乏综合性和融贯性。①

在外国灾害法方面，更多英文文献的重点在于介绍外国自然灾害立法的现状，比如，红十字会与红新月会国际联合会陆续出版了一批介绍各国自然灾害立法的出版物，包括澳大利亚、巴西、保加利亚、德国、多米尼加、法国、哥伦比亚、海地、加拿大、尼泊尔以及乌干达等国。② 中文文献中，对日本、美国、印度和土耳其的自然灾害立法介绍得较多。此外，牙买加、澳大利亚、秘鲁、菲律宾、尼泊尔、巴基斯坦等国的自然灾害立法也有所涉及。③

在中国灾害法研究方面，根据学科的不同可以将研究成果划分为两个大类。第一类成果的明显特色是其研究对象是灾害法律问题，其学科领域属于法学。这些研究成果从宪法、行政法、民商法、经济法、社会法以及环境法等领域对防灾和减灾中存在的诸多重大问题进行了研究，分析总结了中国灾害法治的现状，剖析了中国灾害法治存在的问题并提出了完善建议。④ 尤其需要强调的是，有学者运用实证研究的方法，采用大量的第一手

---

① 姜世波：《国际救灾法：一个正在形成的国际法律部门》，《科学·经济·社会》2012 年第 1 期。

② 相关文献可参见红十字会与红新月会国际联合会网站，https://www.ifrc.org/en/what-we-do/disaster-law/research-tools-and-publications/disaster-law-publications。

③ 这些文献主要包括：黄云松、黄敏《印度灾害应急管理政策与法律》，《南亚研究季刊》2009 年第 4 期；杨东《论灾害对策立法：以日本经验为借鉴》，《法律适用》2008 年第 12 期；冀萌新《各国灾害管理立法概况》，《中国民政》2001 年第 1 期；祝明《国际自然灾害救助标准比较》，《灾害学》2015 年第 2 期；游志斌《当代国际救灾体系比较研究》，北京：国家行政学院出版社，2011。

④ 学术著作主要包括王建平《减轻自然灾害的法律问题研究》（修订版），北京：法律出版社，2008；罗登亮《汶川地震灾后住房恢复重建的法律选择——以"政府 - 市场"关系为视角》，北京：法律出版社，2010；陈珊《我国自然灾害事件下社会救助法制体系研究——基于汶川地震的实证研究》，北京：中国政法大学出版社，2013；高晋康、何霞等《汶川大地震灾后恢复重建重大法律问题研究》，北京：法律出版社，2009。另外有些著作尽管标题中没有"自然灾害"一词，但灾害法也是其研究的内容，比如孟涛的《中国非常法律研究》，北京：清华大学出版社，2012。代表性学术论文包括应松年《巨灾冲击与我国灾害法律体系的完善》，《中国应急管理》2010 年第 9 期；张鹏、李宁、范碧航等《近 30 年中国灾害法律法规文件颁布数量与时间演变研究》，《灾害学》2011 年第 3 期；康均心、杨新红《灾害与法制——以中国灾害应急法制建设为视角》，《江苏警官学院学报》2008 年第 5 期；（转下页注）

资料介绍了中国政府尤其是中国中央政府在汶川地震灾后住房恢复重建中出台的一系列法规和政策及其具体的实施和运作过程，这些研究资料为本研究评估中国政府在自然灾害发生后履行人权保障义务的成效提供了基础，其坚持的"政府—市场"的关系视角对于本研究确定国家人权保障义务的内容和边界具有一定的借鉴意义。①

第二类成果主要是中国救灾史研究，其主要研究对象是中国历代采取的救灾措施及其原因和效果，其采取的是历史学的视角而不是法学视角，但是由于法律乃是救灾措施的重要组成部分，因此该类成果无疑也可作为本研究尤其是中国灾民人权国家保障历史研究的重要基础。综合梳理中国防灾救灾抗灾史的代表性研究成果后发现，学者们有关中国灾害应对制度以及组织机构的发展和演变、历代政府救灾成效分析以及中国救灾思想的政治社会文化基础和流变等方面的研究成果为本研究提供了丰厚的素材。②

（接上页注④）陈正武《预算法预备费应对自然灾害有关法律问题思考》，《经济体制改革》2009 年第 5 期；陈海嵩《自然灾害防治中的环境法律问题》，《时代法学》2008 年第 4 期；金磊《中国综合减灾立法体系研究——兼论立项编研国家〈综合减灾法〉的重要问题探讨》，《灾害学》2004 年第 4 期；魏华林、向飞《地震灾害保险制度的法律依据和前提条件——兼评〈中华人民共和国防震减灾法〉第 45 条》，《武汉大学学报》（哲学社会科学版）2009 年第 6 期；方印、兰美海《我国〈防灾减灾法〉的立法背景及意义》，《贵州大学学报》（社会科学版）2011 年第 2 期；王建平、李军辰《灾害应急预案供给与启动的法律效用提升——以"余姚水灾"中三个应急预案效用总叠加为视角》，《南京大学学报》（哲学·人文科学·社会科学）2015 年第 4 期。

① "政府 - 市场"关系的视角认为政府在救灾中不要大包大揽，有的事项需要市场自己决定并充分发挥市场功能。参见罗登亮《汶川地震灾后住房恢复重建的法律选择——以"政府 - 市场"关系为视角》，北京：法律出版社，2010。

② 具体参见邓拓《中国救荒史》，武汉：武汉大学出版社，2012；袁祖亮《中国灾害通史》（系列丛书），郑州：郑州大学出版社；阎守诚《危机与应对：自然灾害与唐代社会》，北京：人民出版社，2008；孙绍聘《中国救灾制度研究》，北京：商务印书馆，2004；赫治清《中国古代灾害史研究》，北京：中国社会科学出版社，2007；柯象峰《社会救济》，南京：中正书局，1944；岳宗福、杨树标《近代中国社会救济的理念嬗变与立法诉求》，《浙江大学学报》（人文社会科学版）2007 年第 3 期；高冬梅《1921 - 1949 年中国共产党救灾思想探析》，《中国减灾》2011 年 6 月（下）。

（三）自然灾害下国家人权义务研究

尽管关于自然灾害法律问题的研究成果总体上来说较为丰硕，但是关于自然灾害时期国家人权保障义务的系统研究成果较少。就国内研究来看，还没有专门从人权视角研究自然灾害的著作，学术论文也不多见，主要的研究成果涉及以下领域。王锡锌认为，国家在自然灾害时期对弱小的个体伸出援助之手，既有浓郁的社会契约基础，也彰显了国家的政治智慧和勇气。[1] 黄智宇从自然灾害的社会性和灾害应对实践中忽视权利的现状入手，结合国际灾害法领域人权主流化的新趋势，提出要确立防灾减灾的权利路径。[2] 房亚明等人尽管没有专门研究自然灾害问题，但是他们从国家目的、政治秩序、人权及宪政理论的视角出发，认为在突发性公害危机中国家对公民负有尊重、保障和救济的宪法义务。[3] 施国庆、郑瑞强等人认为，灾害移民权益与保障主要反映在其生命权、发展权、环境权、知情权、平等参与权、受助权、和谐权等方面，由此，政府在移民权益维护方面应负起法律、组织、经济、环境、人权方面的保障和社会管理的责任。[4] 何文强认为，强制农业保险能够使农民原来无法预期的国家无偿救济转化为实实在在的可预期和可救济的权利。[5] 徐静超论证了自然灾害时期人权保障的必要性以及灾害时期侵害人权的主要形式。[6] 张清和廖宁认为，灾民权利在微观上表现在供水及卫生、营养、食品、住所及居住地、医疗五个方面，宏观上表现为以生命权和生存权保障为核心的人权。[7] 杜群和黄智宇

---

[1] 王锡锌：《面对自然灾害的个体与国家》，《南方周末》2008 年 7 月 2 日。

[2] 黄智宇：《论防灾减灾的权利路径》，《法学论坛》2018 年第 1 期。

[3] 房亚明、王晓先、谭丽：《论突发性公害危机中国家对公民的义务》，《长白学刊》2006 年第 6 期。

[4] 施国庆、郑瑞强、周建：《灾害移民权益保障与政府责任——以 5.12 汶川大地震为例》，《社会科学研究》2008 年第 6 期。

[5] 何文强：《灾害救济与权利保护——我国强制农业保险的法理分析》，《行政与法》2012 年第 7 期。

[6] 徐静超：《自然灾害状态下的人权保护研究》，《金卡工程》2008 年第 12 期。

[7] 张清、廖宁：《作为人道权的灾民权利研究》，《金陵法律评论》2011 年春季卷。

认为，当国家在自然灾害管理中出现不作为时，国家应该承担相应的侵权责任。① 杜仪方认为，现代社会的政府需要在特定情形下对自然灾害所造成的损害承担赔偿责任，主张引入预见可能性理念及危险防止型行政责任体系来完善我国自然灾害国家赔偿制度。② 此外，还有些论文探讨了自然灾害时期具体权利的保障以及中国不同历史时期的灾民权利保障。③

　　总之，上述研究成果论证了自然灾害时期人权侵害的主要形式、灾民人权的主要内容、自然灾害时期人权保障的国外经验、国际公约中有关自然灾害时期人权保障的规定以及灾民具体人权保障和中国当代灾民人权保障的具体实践，并提出了一些建议。总体来看，这些成果既没有法理上的论证，保障措施也没能细化。更重要的是，这些成果对自然灾害时期人权保障的国家义务没有进行深入研究，没有系统总结自然灾害时期国家人权保障义务的国际标准，没有对灾民人权国家保障的内容进行完整的梳理以及未能全面分析中国灾民人权国家保障的历史经验、现实进步以及存在的主要问题。

　　就国外研究来说，英语文献中虽然有众多关于紧急状态下人权保障的著作和论文，但是专门研究自然灾害时期人权保障的成果也不多见。根据笔者对 WESTLAW、EBSCO、SPRINGER 等数据库的检索，比较有代表性的成果有泰拉·努斯·赛科（Tyra Ruth Saechao）的《自然灾害与保护责任：从混乱到清晰》，查尔斯·高尔德（Charles Gould）的《自然灾害后恢复住房的权利》，戴维·费舍尔（David Fisher）的《防止因自然灾害而流离失所的人权义务的法律执行》，瓦尔特·凯林（Walter Kälin）的《人权视野下的

① 杜群、黄智宇：《论自然灾害管理不作为的国家侵权责任》，《中国地质大学学报》（社会科学版）2015 年第 6 期。
② 杜仪方：《政府在应对自然灾害中的预见可能性——日本国家责任的视角》，《环球法律评论》2017 年第 1 期。
③ 相关论文包括：廖艳《论自然灾害下健康权的法律保障》，《政法论丛》2014 年第 1 期；廖艳《论自然灾害下生命权保障的国家义务》，《贵州大学学报》（社会科学版）2016 年第 4 期；廖艳《论自然灾害下的住房权保障》，《贵州大学学报》（社会科学版）2013 年第 2 期；廖艳《民国时期灾民的权利保障》，《社会科学研究》2015 年第 2 期；廖艳《中国古代灾民人权保障的思想基础和实践》，《公民与法》（法学版）2016 年第 10 期。

灾后住房重建》等论文，① 这些论文结合国际标准对自然灾害时期如何保障住房权等具体人权或因灾流离失所者等弱势人群人权进行了一定分析。但是，令人遗憾的是，这些论文没有涉及自然灾害时期国家人权义务的具体类型，也没有对哪些人权最可能面临威胁以及政府要重点保障哪些人权作做一个全局性的分析，更没有对政府采取的紧急措施与人权义务之间的冲突与平衡进行分析。

正是由于国内外学者对自然灾害时期的国家人权保障义务问题缺乏深入的研究，也由于当前自然灾害发生的频率和烈度日益增高，笔者认为，自然灾害时期的国家人权保障义务问题在将来会受到越来越多的人权学者的重视，这一主题将成为人权研究的重要领域之一。

三 研究思路、研究方法以及可能的创新

(一) 研究思路

本研究将沿着从理论到实践，从国际到国外再到国内，历史、现在与

---

① 国外有关自然灾害下国家人权义务的成果主要有：Tyra Ruth Saechao, " Natural Disasters and the Responsibility to Protect: From Chaos to Clarity," *Broomlyn Journal of International Law*; Charles Gould, "The Right to Housing Recovery After Natural Disasters," *Harvard Human Rights Journal*, Vol. 22 , 2009; David Fisher, " Legal Implementation of Human Rights Obligations to Prevent Displacement Due to Natural Disasters," in Walter Kalin, Rhodri C. Williams, *Incorporating the Guiding Principles on Internal Displacement into Domestic Law: Issues and Challenges*, http://www. brookings. edu/idp; Walter Kälin, *A Human Rights-Based Approach to Building Resilience to Natural Disasters*, http://www. brookings. edu/research/papers/2011/06/06-disasters-human-rights-kaelin; Hotel Africana, Kampala, Uganda, *Protecting and Promoting Rights in Natural Disasters in the Great Lakes Region and East Africa*, http://www. brookings. edu/idp; Allehone Mulugeta Abebe, "Special report—Human rights in the context of disasters: the special session of UN Human Rights Council on Hatti," *Journal of Human Rights*, 2011, 10; Amanda M. Klasing, P. Scott Moses, Margaret L. Satterthwaite, "Measuring the Way Forword in Haiti: Grounding Disaster Relief in the Legal Framework of Human Rights," *Health & Human Rights: An International Journal*, 2011, Vol. 13 Issue 1; Hope Lewis, "Human rights and Natural disaster: the Indian Ocean Tsunami," *Human Rights*, Fall 2006, Vol. 33, No. 4; Natalia Yeti Puspita, *Legal Analysis of Human Rights Protection in Times of Natural Disaster and its Implementation in Indonesia*, http:// law. nus. edu. sg/asli; Salil Shetty, " Human Rights and Natural Disasters: Mitigating or Exacerbating the Damage?" *Global Policy*, No. 3, 2011.

未来相结合的研究思路展开。在理论方面,本研究将结合社会契约理论、风险社会理论、社会国理论以及政治正当性理论分析国家在自然灾害时期履行人权保障义务的正当性,在实践层面将结合国内外近年来的重大自然灾害事件,分析国内外关于自然灾害管理以及人权保障的经验,参照国际标准和国外经验,梳理中国在自然灾害时期人权保障上取得的成功和存在的不足,并提出一些具体的改善措施。

(二) 研究方法

整个研究综合运用语义分析、价值分析、规范分析、比较分析以及历史分析方法等多种研究方法。其中,语义分析和规范分析主要运用于对国际人权标准以及自然灾害立法的分析;价值分析方法主要运用于对国家保障人权的必要性的分析;历史分析方法主要运用于中国古代和近现代国家对自然灾害防治采取的具体措施、制度建设以及保障实效的分析;比较分析方法主要运用于域外有关国家和地区灾害立法以及实践经验的借鉴。

(三) 可能的创新之处

本研究可能的创新之处体现在四个方面。

一是本研究从人权角度研究自然灾害,改变了国内灾害研究和实践中惯用的人道主义视角,避免了人道主义视角的内在局限性,改变了国家传统的防灾减灾观念,为自然灾害研究和自然灾害应对的国家实践提供了新路径。

二是本研究将以国际人权法为指南,结合国际人道法、国际灾害法和国外灾害立法的相关规定以及全球灾害治理的历史与现实,综合运用文献研究、历史分析、规范分析、比较分析以及价值分析的方法,力求研究上的新方法。

三是本研究在参照国际标准和国外经验的基础上,系统探讨自然灾害下国家人权义务的层次、内容、范围以及原则,最终对中国政府自然灾害治理和人权保障措施提出新思路。

四是本研究系统梳理了中国灾民人权国家保障的历史和现状,论证自然灾害下的人权保障乃是一个复杂的系统工程,传统文化、政治意愿、制度体系以及经济发展水平等变量共同导致了不同历史时期国家保障灾民人权水平的差异,为中国灾民人权国家保障的最优化提供新对策。

四 本书的基本框架

本书除了绪论和结束语外,分七章围绕前述研究目标展开论述。

第一章论证自然灾害是人权风险的特殊制造者,为国家履行自然灾害情形下人权保障义务进行可能性和必要性分析。首先,分析自然灾害的属性。自然灾害是人类与自然界之间不和谐的后果,是自然灾害作用于人类社会的灾难性事件。并且,随着社会的进一步发展,自然灾害的社会性愈加明显。其次,分析自然灾害下的具体人权风险。由于自然灾害具有的人力不可抗性和巨大破坏力,自然灾害可能引发人权风险,其中既包括以生命权和财产权为核心的公民权利和政治权利风险,也包括以适当生活水准权和工作权为核心的社会权利和经济权利风险。

第二章阐述自然灾害下国家履行人权保障义务的法理基础。首先,借助社会契约理论、风险社会理论、政治正当性理论以及社会国理论论证自然灾害下保障人权不是国家的慈善而是其义务和责任。其次,系统梳理自然灾害下国家履行人权保障义务的现实基础。自然灾害情形下人权主体的脆弱性加剧、经济和资源受到限制、社会可能陷入无序状态以及非国家行为体防灾减灾职权上具有局限性,这些因素共同构建了自然灾害情形下国家人权保障义务的现实需求。最后,介绍自然灾害时期国家人权保障义务的国际背景即人权主流化趋势。

第三章介绍自然灾害时期国家人权义务体系与履行原则。首先,梳理自然灾害时期的国家人权义务体系。自然灾害下的国家人权义务是一个多层次和综合性的体系,既包括一般法律义务和具体法律义务,也包括提供基本保障标准的最低核心义务以及国家应负的国际义务。其次,概括自然灾害下国家履行人权保障义务的基本原则。自然灾害事件中，国家履行人权保障义务必须遵循权利位阶原则、最大努力原则、比例原则、非歧视原则和照顾弱者原则。最后，分析自然灾害下国家履行人权保障义务的边界。根据国际人权法的规定，在自然灾害情形下国家既可以对人权进行限制，也可以对人权进行克减。

第四章总结自然灾害下国家人权义务的国际标准及其实施。首先，梳理自然灾害下国家人权义务的国际人权法和国际灾害法法源。国际人权法和国际灾害法共同确立了自然灾害下国家人权义务的国际标准，国际人权法提供了原则性指引，国际灾害法提供了具体操作标准和规程。其次，对既有的自然灾害时期国家人权保障义务国际标准进行检视。国际人权法对灾害问题日渐重视，人权理念在国际灾害法领域逐渐主流化，自然灾害时期易损人权清单及保障标准得到了确立。但是，自然灾害下国家人权义务的既有国际标准也存在一些缺陷，解决问题的最终途径就是通过专门性灾民人权保障的国际公约。最后，介绍自然灾害时期国家人权义务的国际实施。联合国通过人权理事会、人权高专办以及人权条约监督机构对自然灾害下国家人权义务的履行状况进行监督、评估和督促。在区域层面上，欧洲人权法院为自然灾害下国家人权义务提供了司法救济经验。

第五章概述自然灾害下国家人权义务法治保障的国外经验。首先，介绍国外对自然灾害下国家人权保障义务的立法保障。部分国家在宪法中对自然灾害下的国家人权义务有所规定，但是绝大部分国家还是依赖普通法对其进行规制。其次，分析国外政府的灾民人权行政保障成效。整体而言，国外自然灾害时期的人权保障水平有了一定的提升，但也存在一些问题，主要包括歧视和不平等问题、不重视灾后人权保障、漠视灾民的知情权和参与权以及还返权等。最后，梳理国外对自然灾害下国家人权义务的司法救济。国外对自然灾害下国家人权义务司法救济的范围包括尊重义务、排除义务、给付义务和救济义务。

第六章梳理中国灾民人权国家保障的历史演进。首先，分析中国古代社会灾民人权国家保障的思想基础和实践。在民本主义思想的孕育下，历代政府的统治者通过预防和救助等手段采取了一些有利于灾民权利保障的措施。尽管如此，古代社会灾民人权的保障模式为人治型模式以及以反射性利益为特征的模式，并存在阶级之间的不平等。其次，分析民国时期灾民人权国家保障的思想和实践。民国社会中，救济权利以及国家义务观念明确提出，灾民人权保障思想初步形成。与此同时，灾民人权保障法律制度和组织体制取得了重大突破。但是这一时期灾民人权国家保障的实效却不尽如人意。再次，分析新中国成立至改革开放期间灾民人权国家保障的思想和实践。在这一期间，灾民权利保障思想得到了进一步发展，政策主导型的防灾救灾规范体系以及中央主导型的防灾救灾体制形成。尽管"三年困难时期"和"文化大革命"时期防灾救灾工作出现了人为性错误，灾民人权保障出现了局部性的倒退趋势，但是总体而言，新中国成立至改革开放前灾民的人权保障取得了前所未有的进步。最后，总结中国灾民人权国家保障历史的规律和特征。

第七章探索当代中国政府履行自然灾害下人权保障义务的成就、问题与完善。首先，总结当代中国政府履行自然灾害时期人权保障义务取得的巨大成就。在立法方面，中国自然灾害法律框架基本建成，人权理念在灾害立法中日益凸显。在行政保障方面，中国防灾救灾减灾机构发生了重大历史性改革，制定了相应的应急预案以及其他规范性文件落实自然灾害立法，行政救济优势凸显，灾民人权保障实效明显。在司法保障方面，中国各级人民法院非常重视涉灾案件的审判工作，不仅在审判过程中坚持民生至上的基本理念，在办案形式上采取各种司法便民的措施，而且发布了一系列有关涉灾案件的司法解释，在一定程度上弥补了灾民权利救济渠道不通畅的不足。其次，分析当代中国政府履行自然灾害下人权保障义务的不足与完善途径。当代政府履行自然灾害下人权保障义务方面仍然存在一些不完善之处，需要我们进一步予以完善。在立法方面，需要进一步完善自然灾害立法体系，把人权保障确立为自然灾害立法的基本原则，构建"权利—义务—责任"型人权保障模式，进一步拓宽权利种类，并完善灾害给付程序和权利救济途径。在行政保障方面，中国还需进一步加强防灾备灾制度的执行，在灾后重建中充分保障灾民参与决策的权利以及完善行政救济。在司法救济方面，短期内可以从拓宽行政诉讼的受案范围方面寻求突破，未来趋势是建立宪法适用制度。

第一章

自然灾害：人权风险的特殊制造者

自然灾害给人类社会造成了巨大的消极性后果并可能造成人权危机，因此人类孜孜不倦地寻找各种避免或减轻自然灾害负面后果的方法，用以帮助灾民更好地实现人权以及谋求更好的发展。因此，我们首先需要探寻自然灾害的概念、本质及其属性，分析自然灾害与人权之间的关系，了解自然灾害下的具体人权风险，探究自然灾害下国家保障人权的必要性和可能性。

第一节　自然灾害是人类与自然界的不和谐之音

自然灾害是指对人的生命和财产造成损害的自然异变事件。它呈现为20多种不同的形式，包括洪灾、旱灾、台风、冰雹、高温热浪、沙尘暴、地震、地质灾害、风暴潮、赤潮、森林草原火灾和植物森林病虫害等。尽管自然灾害是一种自然异变，但随着工业化的加速和科技的发展，自然灾害的社会属性日益凸显。

一　自然灾害的本质就是自然界与人类的冲突关系

自然灾害又被称为天灾，这既强调了自然灾害的本质属性，也体现了人类对自然灾害的原初认识，随着自然灾害应对实践经验的积累以及科技的进步，人们对自然灾害的认识逐渐深化，自然灾害的属性和特征也日渐清晰。

在古代社会，生产力相对低下，人们对自然灾害的认识较为片面，认为自然灾害是自然界"任意表达其意志"的结果。① 人们将自然灾害的发生看作上天的告诫或者是神的意志，因此自然灾害也常被视为对无德无能君王的惩罚以及国家社稷遭受危难甚至灭亡的征兆。比如，《汉书·董仲舒传》中说道："国家将有失道之败，而天乃先出灾害以谴告之，不知自省，又出怪异以警惧之，尚不知变，而伤败乃至。以此见天心之仁爱人君而欲止其乱也。自非大亡道之世者，天尽欲扶持而安全之，事在强勉而已矣。"② 班固也认为："天所以有灾变者何？所以谴告人君，觉悟其行，欲令悔过修德，深思虑也。"③ 此种消灾禳灾思想根源于远古时代的天命观念，后融合五行灾变和灾异天谴学说而成，一直活跃于后世两千多年的灾害应对实践之中。在此灾害理念的影响下，一旦发生自然灾害，作为政治代言人的君王就会采取不同的禳祈救灾措施，祈求上苍减灾济民。古代人民对自然灾害的认识的局限性主要是由于当时科学技术的不发达，当时的人民对自然灾害知识的了解和掌握有限，很难解释和预测各种自然灾害现象，更无法意识到人类社会与自然灾变之间的本质性关系。

随着对自然灾害认识的进一步加深，人们逐渐发现并非所有的自然异变事件都可以被称为自然灾害。因为并不是所有的自然异变都会对人类社会造成负面或消极的后果，有些自然异变事件甚至会给人类社会带来好处，有学者将这种自然异变称为"益象"。比如，火山的喷发将深埋于地下、人类目前还无法勘探的矿床直接带到地表，智利、秘鲁的露天矿均归

---

① 王建平：《减轻自然灾害的法律问题研究》（修订版），北京：法律出版社，2008，第7页。
② 《汉书·董仲舒传》。
③ 《白虎通·灾变》。

功于此。① 因此，自然灾害尽管也是一种自然现象，但一定是使人类社会产生负面结果的自然异变事件。更具体地说，只有危害到人类生命安全或造成社会财产损失的自然异变事件才可以被称为自然灾害。如果自然异变没有威胁到人类社会，那仅仅是自然界内部的自我调节和自我适应，不构成自然灾害。由此可见，自然灾害不是自然异变事件本身，它是指这种异变对人类造成的消极后果，是自然界与人类之间发生冲突的结果。

二 自然灾害是具有社会性的自然风险事件

从上文的分析我们可以得知，自然灾害是对人类社会造成损害的事件，毫无疑问自然灾害是人类社会的风险事件之一。并且，作为自然界作用于人类社会的消极后果性事件——自然灾害是自然风险和社会风险的交织体。

首先，从根源上来说自然灾害是由自然界的异常活动或运动引起的，因此自然灾害本质上属于自然风险事件。自然灾害是自然力作用于人类社会的结果，这种自然异变本身就具有不确定性和无规律性，并且破坏力较强，因而它与社会风险具有明显的差异，它并不完全听从于人类的意志，人类在多数情况下只能被动地承受其带来的消极影响。其次，自然灾害不仅是给人类社会带来负面影响的风险事件，而且其损害后果除了与自然灾害的危险性（包括自然灾害的强度、烈度以及频率等物理属性）相关外，还与社会本身的弱点（包括承灾体和承灾体所处社会的特性）紧密相关，因此自然灾害是具有社会性的自然风险事件。承灾体的密度、承灾体的脆弱性以及灾区的防灾减灾能力会在很大程度上影响自然灾害的危害程度。正因如此，当相同程度的自然灾害发生在不同经济社会发展程度、不同人口密度、不同防灾救灾能力的区域时，灾害的影响差异明显。比如，物质技术条件远远落后于美国的古巴，于 2004 年 8 月遭受了和"卡特里娜"飓

---

① 益象是指原动力来自自然界，给人类的生存或社会的发展带来帮助且利多于弊的事件。参见汤爱平、谢礼立、陶夏新等《自然灾害的概念、等级》，《自然灾害学报》1999 年第 3 期。

风同样为五级的"伊万"飓风的袭击，由于古巴在"有备程度"上做了努力，在飓风到来之前实施了安全疏散，没有一例生命损失，灾害造成的损失远远低于2005年的美国飓风灾害，极大地减少了救灾和重建的成本。[①]正是认识到自然灾害风险的物理性和社会性，学者们逐渐意识到减灾是一个系统的工程，认为减灾是一个涉及致灾因子、承灾体的脆弱性、危险的干扰因素和人类的应对等方方面面因素的全方位工程。再次，工业社会里人类不当行为的剧增进一步诱发或加速了自然灾害的发生，自然灾害风险的社会性进一步加剧。精耕细作的农业文明敬畏自然，人与自然相处和谐。在他们看来，"天地之所合，四时之所交也，风雨之所合，阴阳之所和也，然则百物阜安"。[②] 人们自觉遵守自然的运动规律，对人类所处的生态环境和资源破坏较小。人类进入工业社会后，一些不合理的发展理念促使人类开始无节制地向自然索求资源，同时大规模地污染环境，人与自然的和谐和平衡被打破，对自然生态环境造成了恶劣的影响，甚至可以说工业社会一度进入"生态掠夺"的时代。当然，人类这些不当的行为也遭到自然的报复，其中突出的一点就是诱发或加快了自然灾害的发生。比如，森林的锐减导致了严重的沙漠化、旱灾和严重的洪涝灾害等。因此，尽管自然灾害本质上是自然风险事件，但是从其负面后果以及爆发起因来看，自然灾害是一个社会属性日益增强的自然风险事件。正是由于自然灾害日益凸显的社会特性，我们才可以采取各种防灾减灾措施增加承灾体的抗灾能力，避免或减少灾害的发生，降低灾害发生的频率、烈度和强度。

第二节　自然灾害下的人权风险

自然灾害一旦爆发，会对人类社会产生多方面的损害，这些都将在不

---

① 童小溪、战洋：《脆弱性、有备程度和组织失效：灾害的社会科学研究》，《国外理论动态》2008年第12期。

② 《周礼》。

同程度上威胁各种人权的充分实现，并且自然灾害对人权的侵害具有一定的特殊性。因为自然灾害往往具有人为不可控性，其侵害力量巨大、范围广泛、时间紧迫、内容多元，因而在大多情况下很难准确预测或预判自然灾害风险，无法像人为灾害一样对其进行严格的预防和控制，这也意味着化解自然灾害时期人权风险的难度在增大。尽管如此，自然灾害下的人权风险还是具有一定的共性，尤其是人权风险内容上具有高度的重叠性。在国内学者们看来，紧急救援阶段的经济和社会权利具有最大的风险，尤其是生存权。[①] 很明显的是，自然灾害下仅仅关注紧急阶段的生存权风险是不够的，原因有二。首先，不可否认的是，灾民对于生命权、食物权、住房权、水权、健康权等满足人体基本生存的权利的需求无疑会比隐私权、工作权等权利需求更为迫切。但是，不应忽视人权之间相互联系和相互依存的关系，漠视或忽略某些人权一定会影响其他权利的实现，并且灾民的人权需求是多元化的。其次，灾害应对是一个系统的工程，自然灾害下人权实现的障碍不仅仅凸显在灾中紧急救援救助阶段，灾前预防和灾后恢复重建阶段人权也面临重重风险。因为灾前预防阶段常常体现出歧视和不平等的特性；而灾后重建是一个长期、持久的过程，最好的重建努力也会深受

---

① 学者们对灾民人权风险的理解略有差异。李步云、张清等学者将灾民权利放至人道权框架下进行分析，认为灾民的权利主要是灾中紧急救助的权利，包括水权、食物权、住房权和健康权四种权利，并参照《人道主义宪章与赈灾救助标准》介绍了灾后供水及卫生、营养、食品、居所及居住地、医疗五个方面的最低救助标准。但是，他们的观点也略有不同，李步云完全参照《人道主义宪章及赈灾救助标准》的内容，认为对灾民的权利保障应包括供水及卫生、营养、食品、住所及居住地、医疗。而张清和廖宁尽管也强调灾民上述五个方面的权利的特别保护，但是他们认为这五个方面只是微观层面上的灾民权利，灾民权利在宏观上表现为以生命权和生存权保障为核心的人权。具体参见李步云《人权法学》，北京：高等教育出版社，2008，第280页；张清、廖宁《作为人道权的灾民权利研究》，《金陵法律评论》2011年春季卷。相比而言，陈珊对灾民权利风险的理解更为全面，她认为灾民在应急救援阶段的诉求偏向于基本权利的实现，包括生命权、健康权和生存权；而恢复重建阶段倚重于发展权利的实现，包括住房、生计、人口重建、灾民迁移、继续医疗、恢复教育以及参与决策的权利。参见陈珊《我国自然灾害事件下社会救助法制体系研究——基于汶川地震的实证研究》，北京：中国政法大学出版社，2013，第101~104页。

漠不关心、灾害疲劳、政治控制、完全歧视以及经济权宜之害。[1] 因此，我们应结合自然灾害应对实践以及相关的国际人权文书全面考察自然灾害下的具体人权风险。[2]

一　公民权利和政治权利风险

公民权利与政治权利是指公民人身权与基本的政治权利和自由，它体现了公民的人格尊严、社会地位和价值。[3] 作为人权体系的重要组成部分，这些权利已经得到了国际人权宪章以及其他诸多国际人权公约的确认。著名的国际人权专家诺瓦克指出，公民权利和政治权利是 18 世纪晚期美国和法国革命以及 19 世纪和 20 世纪其他资产阶级革命最重要并且最具延续性的成就，这两类权利是两种不同自由概念的法律表达：政治权利是通过对政治决策的积极参与而获得集体自由的古代民主概念，公民权利是通过设定要求国家以及其他权力主体加以保护并且免于干涉私人领域而获得个人自由的现代自由概念。在这一意义上，政治权利是民主制度的个人主义表达，公民权利是自由主义的个人主义表达，而政治自由则是政治权利和公民权利及其背后的自由主义与民主自由的概念的连接点。[4]

根据《世界人权宣言》以及《公民权利和政治权利国际公约》的有关规定，公民权利和政治权利包括十几种权利和自由。其中，公民权利包括生命权、不被奴役的权利、不遭受酷刑的权利、隐私以及家庭生活的权利、

---

① Hope Lewis, "Human rights and Natural disaster: the Indian Ocean Tsunami," *Human Rights*, No. 4, 2006, p. 12.

② 比如，《IASC 业务准则：如何保护受自然灾害影响的人》认为自然灾害状态下应关注的权利多达 20 多种，包括生命权、人道主义救助权、食物权、水权、住房权、健康权、受教育权、财产权、工作权、文书保全的权利、移徙自由与重返家园的权利、家庭生活权、言论、集会和结社以及宗教自由和选举权等等权利。参见 The Brookings-Bern Project on Internal Displacement, *IASC Operational Guidelines on the Protection of Persons in Situations of Natural Disasters*, http://www.brookings.edu/idp。

③ 白桂梅：《人权法学》，北京：北京大学出版社，2011，第 89 页。

④ Manfred Nowak, "Civil and Political Rights," in Janusz Symonides (ed.), *Human Rights: Concept and Standard*, Ashgate 2000, p. 69.

财产权、迁徙自由、公正审判权等权利；政治权利包括政治权利与政治自由，其中政治权利包括选举权与被选举权、参与政治的权利，政治自由包括思想、意见表达、宗教信仰、艺术、媒体、结社集会等自由。在自然灾害情形下，权利主体能力的下降和人权实现客观环境的破坏势必将对公民权利和政治权利产生不同程度的消极影响，其中影响较大的权利有生命权、财产权、知情权、家庭权、迁徙自由和参与公共事务的权利。

（一）生命权

生命权作为"最高权利"，是《公民权利和政治权利国际公约》中唯一一种被明确称为每一个人固有权利的人权，在任何时空下都不可克减和限制，甚至当威胁到国家存亡的社会紧急状态时也是如此。① 鉴于生命权首要人权的地位，② 迄今为止只有美国曾对《公民权利和政治权利国际公约》第6条规定的生命权予以保留，③ 当今世界也没有一个国家敢于公然制定侵犯生命权的法律，各个国家往往在宪法中规定不可侵犯或不得剥夺或不得任意剥夺生命或生命权。

前文的数据和案例告诉我们，自然灾害是侵害公民生命权的重要力量之一，它对生命权的侵害方式有两种。首先，自然灾害直接吞噬人的生命甚至造成大规模的生命丧失。自然灾害对生命权的直接侵害又可以分为两种形式。一是地震、海啸、飓风、洪灾以及泥石流等突发性自然灾害造成的侵害，这类自然灾害往往会在瞬间吞噬人的生命；二是由旱灾之类的渐进式自然灾害造成的侵害，这类自然灾害可能使人们缺乏足够的食物或饮水，引发饥荒，最终导致人员死亡。在这两种形式中，地震、飓风和海啸等突发性自然灾害给生命权造成的风险，通常远远高于旱灾等渐进式自然

---

① 国际人权法教程项目组：《国际人权法教程》（第一卷），北京：中国政法大学出版社，2002，第87~89页。

② 〔奥〕曼弗雷德·诺瓦克：《民权公约评注》（上册），毕小青、孙世彦译，北京：生活·读书·新知三联书店，2003，第106页。

③ 随后，美国又撤回了该保留。具体参见国际人权法教程项目组《国际人权法教程》（第一卷），北京：中国政法大学出版社，2002，第89页。

灾害带来的风险。但是，如果政府在灾害管理中不作为或乱作为，旱灾等渐进式自然灾害也可能造成大范围的死亡。其次，因灾导致社会秩序的混乱或者国家在自然灾害应对中采取紧急措施可能会侵害生命权。自然灾害发生后，危机状况下社会的无序、经济和资源的匮乏可能加剧各种暴力行为的发生，进而导致侵害生命权的行为的发生。此外，国家在紧急情况下采取不当的应对措施也可能导致侵害生命权的行为的出现。

（二）知情权

知情权作为一项重要的人权，是确保政府保护基本人权最重要机制之一，因为在保密的外衣之下，个人权利经常性被侵犯。[①]《世界人权宣言》第 19 条宣示了这项权利，该条款规定："人人有权享有主张和发表意见的自由；此项权利包括持有主张而不受干涉的自由；和通过任何媒介和不论国界寻求、接受和传递消息和思想的自由。"《公民权利和政治权利国际公约》第 19 条再次确认了该项权利。

自然灾害情形下，充分享有知情权的重要性是毋庸置疑的，因为民众不愿意把"关乎生死"的事情拱手交托他人，而希望参与到风险规制政策的制定和实施中去。[②] 从公众角度来看，如果公众能够充分获取关于自然灾害的合法信息和资源，就能更好地预防和应对危机。当灾害预警以及其他相关信息公开后，公众不仅可以及时迅速地做出最理性的选择，采取行之有效的自救和互救措施，还可以最大限度地减少灾害损失。从政府角度来看，合法公开自然灾害相关信息可以吸引公众有效监督和参与政府应对灾害的行为、决策以及进展情况，遏制和减少紧急情况下政府权力的滥用行为。以上两个方面相互关联和影响，最终影响政府防灾减灾工作的开展以及救灾抗灾的成效。尽管如此，国家在自然灾害应对实践中常常漠视公民的知情权，尤其是在关乎灾民生存和发展关键环节——灾中紧急救援和灾

---

① 〔美〕斯蒂格利茨：《自由、知情权和公共话语——透明化在公共生活中的作用》，宋华琳译，《环球法律评论》2002 年秋季号，第 272 页。
② 刘恒：《论风险规制中的知情权》，《暨南学报》（哲学社会科学版）2013 年第 5 期。

后恢复重建阶段，国家经常会因各种问题有意或无意地忽视灾民的知情权。比如，在 2004 年印度洋海啸灾害案例中，灾害幸存者完全不知道永久性住房的计划和程序，鲜有人被征求意见，也没有人知道他们将在多久之后搬进永久性住房。[①]

（三）财产权

《世界人权宣言》对财产权进行了确认，该宣言第 17 条规定："1. 人人得有单独的财产所有权以及同他人合有的所有权。2. 任何人的财产不得任意剥夺。"尽管《世界人权宣言》并不是具有法律强制约束力的国际条约，但其约束力得到了各国的公认。《公民权利和政治权利国际公约》以及《经济、社会和文化权利国际公约》虽然都没有专门的财产权条款，但是这两个公约的很多条款都暗含了这一权利，是这一权利的进一步细化。[②] 诸多区域性国际人权公约确认了财产权。比如，《美洲人权公约》的第 21 条、《非洲人权和民族权宪章》的第 14 条以及《欧洲人权公约第一议定书》的第 1 条都对财产权进行了明确的规定。

自然灾害情形下，财产权可能面临三重风险。首先，自然灾害自身可能造成财产的灭失和毁损。海啸、地震、泥石流和洪灾等突发性自然灾害可能会瞬间摧毁汽车、房子以及各种动产。其次，自然灾害发生后，社会出现混乱甚至陷入无序状态，从而可能发生民众哄抢侵占他人财产的行为。最后，出于公益的需要，国家在自然灾害应对中可能会对公民的财产权进行必要的限制。尽管"从来没有哪个制度否认过政府的征用权"，[③] 但是一旦政府在征用公民财产或财产征用后的补偿或赔偿过程中出现了违法或者不当行为，就将侵害公民的财产权。

---

① ActionAid International, *Tsunami Response: A Human Rights Assessment*, 2006, p. 31.

② 上官丕亮、秦绪栋：《私有财产权修宪问题研究》，《政治与法律》2003 年第 2 期。

③ 〔英〕安东尼·奥格斯：《财产权与经济活动自由》，载〔美〕路易斯·亨金、阿尔伯特·J. 罗森塔尔《宪政与权利》，郑戈、赵晓力、强世功译，上海：上海三联书店，1996，第 156 页。

（四）家庭权

家庭作为社会的基本组成细胞，关乎每个社会成员的情感归属和幸福生活。尽管家庭的重要性毋庸置疑，但是国际社会对家庭权的认知较晚，家庭权的国际人权立法也是第二次世界大战后人权国际化浪潮的成果。《世界人权宣言》第 16 条最早宣示了家庭权，明确规定了成年男女自主缔结家庭的权利以及社会和国家保护家庭的义务。随后，《公民权利和政治权利国际公约》第 23 条和《经济、社会和文化权利国际公约》第 10 条不仅确认了这项权利，还强调了国家对于家庭中母亲和儿童的特殊保护义务。

自然灾害的爆发对家庭权的充分实现造成了障碍，主要表现为以下两个方面。首先，在灾害紧急疏散转移或救援过程中可能造成家庭成员的失散或失踪，家庭成员被迫分离。由于家庭是建立在婚姻或血缘关系上的初级群体，成员之间的交往是以情感作为基础的，家庭成员之间互为情感依赖体和心理慰藉体，因而成员地位无可替代，任何一个家庭成员的暂时或永久缺失，都会给其他成员造成极大的心理震动，尤其是未成年人遭受的心理创伤更为明显。其次，自然灾害情形中资源的匮乏以及自然灾害造成的巨大的财产损失可能会影响家庭的存续及其存续质量。破坏性极大、影响范围极广的突发性自然灾害发生后，家庭生存所需生活资料可能被吞噬，生计环境可能被破坏，如果没有强有力的外部力量的支援，家庭的生存质量会降低，甚至可能威胁到家庭的存续。此外，灾害中死亡的亲人能否得到妥善的安置也会影响到家庭权利的充分实现。

（五）迁徙自由

《世界人权宣言》第 13 条和《公民权利和政治权利国际公约》第 12 条都规定了公民的迁徙自由。迁徙自由作为人身自由的一个重要组成部分，不仅是个人实现自由幸福和人生目标的基本条件，而且在一定程度上体现了一个国家的政治自由以及公民人权的广度和深度。正是考虑到迁徙自由对于个体和国家的重要意义，大部分国家在宪法中对迁徙自由进行了确认。荷兰学者马尔赛文和唐对 142 部成文宪法进行了统计，其中规定了迁徙自由的宪法就有 87 部,[①] 另有许多国家通过其他形式对迁徙自由进行了保护。

自然灾害情形下,公民迁徙自由的风险主要存在于以下两种情形之中。第一种情形是破坏力巨大的突发性自然灾害可能会阻碍公民迁徙自由的实现。比如,地震灾害爆发后,道路和交通设施被毁损,通信网络遭到暂时性中断,这些都将从客观上使得公民无法自由迁徙。第二种情形是政府在自然灾害管理中出于抗灾救灾的需要采取了强制性紧急措施阻碍了公民迁徙自由的实现。《公民权利和政治权利国际公约》对迁徙自由限制的理由进行了明确的规定,该公约第 12 条规定:"……上述权利,除法律所规定并为保护国家安全、公共秩序、公共卫生或道德或他人的权利和自由所必需且与本公约所承认的其他权利不抵触的限制外,应不受任何其他限制……"救灾既涉及公共秩序,也关乎公共卫生和道德,同时也与他人的权利和自由相关,在严重自然灾害事件中还可能危及国家安全,因而救灾过程中国家对迁徙自由进行限制有充分的理由。各个国家在自然灾害应对中也是如此实践的。政府往往会基于安全的考虑,强行要求灾区人民迁离原有居住地;政府出于救灾的秩序需要或防止灾区疫病的蔓延,采取临时性限制措施禁止公民随意出入灾区等。当然,尽管《公民权利和政治权利公约》对自然灾害情形下公民迁徙自由的限制进行了规定,但是限制迁徙自由必须要遵守一定的原则。根据国际人权条约以及"第 27 号一般性意见:迁徙自由"的规定,限制迁徙自由的措施必须符合相称原则;必须适合于实现保护功能;必须是可用来实现预期结果的诸种手段中侵犯性最小的一个;必须与要保护的利益相称。[②] 一旦灾害情形下紧急限制迁徙自由的措施远离了上述原则,就侵害了公民的迁徙自由权。

---

① 〔荷〕亨利·马尔赛文、格尔·范·德·唐:《成文宪法的比较研究》,陈云生译,北京:华夏出版社,1987,第 262 页。

② "第 27 号一般性意见:迁徙自由",CCPR/C/21/Rev. 1/Add. 9,第 14 段。

（六）参与公共事务的权利

参与公共事务的权利是指国家不断创造合法途径保障公民可以或者通过自由选择的代表间接参与各种公共事务的权利。作为政治权利重要组成部分的参与公共事务的权利不仅可以保障公民有效有序地参与政治和公共社会事务，同时也可以衡量一个国家政治现代化程度。《世界人权宣言》和《公民权利和政治权利国际公约》都明确规定了该项重要的政治权利。

在自然灾害频繁发生的当代社会里，保障参与公共事务权利的完全实现尤为重要。因为在风险社会里，风险治理者和风险承担者由于对风险原因、程度以及后果认识的不同常常出现背离现象，如果风险治理决策制定过程不透明、群众参与不充分，风险治理的决定者与决定的被影响者之间很容易产生矛盾——决定者犯错而逍遥，被影响者无辜而遭殃。① 因此，要想跨越和缩小自然灾害应对决策的制定者和受灾害影响人员之间的鸿沟，需要双方充分沟通与协商。事实上，如果在自然灾害治理实践中缺乏公众与决策者之间的交流和沟通，灾害治理行为往往难以达到预期的效果；反之，事半功倍。但是，在自然灾害应对实践中政府常常忽视参与公共事务的权利。比如，2004 年印度洋海啸灾害中遭受重大损失的斯里兰卡东部省份，灾民能够获得的关于永久性住房的地点、时间安排以及住房类型的信息少得可怜，他们也没能参与住房建设的过程。②

二　经济权利和社会权利风险

经济、社会和文化权利已经得到了《世界人权宣言》和《经济、社会和文化权利国际公约》的确认，是国际社会公认的与公民权利和政治权利同样重要的两类权利之一，是人权体系的重要组成部分。

尽管经济、社会和文化权利得到了国际人权宪章的确认，在国际上被

---

① 黄学贤、齐建东：《试论公民参与权的法律保障》，《甘肃行政学院学报》2009 年第 5 期。

② ActionAid International, *Tsunami Response：A Human Rights Assessment*, 2006, p. 31.

接受的时间也早于公民权利和政治权利，[①] 但是国际社会对该类权利的认识至今仍未达成完全的共识，尤其在权利属性、权利的可诉性以及权利主体和义务主体等方面仍然争议不断。根据《世界人权宣言》和《经济、社会和文化权利国际公约》的规定，经济、社会和文化权利是由三个较为复杂的综合的相互关联的部分组成：社会权利、经济权利和文化权利。社会权利的核心是包括食物权、水权和住房权在内的适当生活水准权；经济权利主要是指工作权和社会保障权；文化权利稍显复杂，包括参与文化生活的权利、享受科学进步及其应用产生的福利的权利、少数人群体保持文化特性的权利等。在自然灾害事件中，大部分的经济、社会权利的实现都可能面临较大的障碍，需要国家重点进行保障。

（一）食物权

食物权是指人人享有的获得适足食物的权利。根据《世界人权宣言》、《经济、社会和文化权利国际公约》以及 CESCR 发布的"第 12 号一般性意见：食物权"的规定，食物权的内容包括免于饥饿权、适度营养权、食物安全权和食物文化权。食物权是个体维持有尊严生活和体现社会公正的根基性权利，绝大部分国家都在宪法中对其进行了规定。世界粮农组织办公室曾经对全世界 203 部宪法进行研究，发现 203 部宪法都对食物权进行了保障，只是保障模式略有区别：作为政策目标或者政策原则的食物权、被宣示为宪法权利的食物权以及作为宪法推定权利的食物权。[②]

自然灾害下公民食物权的实现也面临阻碍，这点已经得到了 CESCR 的认同和关注。[③] 综合来看，自然灾害时期食物权实现的阻碍主要来自以下三个方面。首先，自然灾害的发生可能造成食物毁损或者供给不足，无法满

---

① 早在 19 世纪后半期，国际社会在国家一级改善工作条件需要国际合作和协调这一点上日益得到了承认。有关国际社会对经济、社会和文化权利认可的介绍可参见〔挪〕A. 艾德、C. 克洛斯、A. 罗萨斯《经济、社会和文化权利教程》（第二版），中国人权研究会组织翻译，成都：四川出版集团、四川人民出版社，2004，第 12～15 页。

② 宁立标：《食物权的宪法保障——以宪法文本为分析对象》，《河北法学》2011 年第 7 期。

③ "第 12 号一般性意见：食物权"，E/C.12/1995/5，第 5 段。

足灾民免于饥饿和适度营养权利的实现。自然灾害可能造成食物短缺，从而导致灾民食不果腹或者营养不良，无法充分满足不同性别以及不同年龄灾民在食物数量和营养方面的实际需求。其次，自然灾害发生后可能会引发疫情，并由此出现食物污染甚至食物中毒的情况，无法满足灾民食物安全权利的实现。最后，在人道主义紧急援助分发食物时，可能没有考虑灾民在食物文化方面的可接受性，无法充分满足灾民食物文化权利的实现。比如，穆斯林无法获取符合其文化习性的食品。

（二）住房权

《世界人权宣言》第25条、《经济、社会和文化权利国际公约》第11条以及《公民权利和政治权利国际公约》第16条都规定了住房权。尽管上述国际人权公约确认了住房权的基本人权地位，但是它们只是原则性地确立了人人享有住房的权利，对于适足住房的概念与标准缺乏明确界定，这无疑给住房权保护实践带来了困难。正因如此，CESCR在1991年发布了"第4号一般性意见：住房权"。该意见对住房权的含义、内容及国家的相关义务进行了清晰的阐释。根据"第4号一般性意见：住房权"的规定，住房权应该被视为"安全、和平和尊严地居住某处的权利"，而不应被狭隘地理解为"头上有一遮瓦的住处或住所"的权利。[①] 从"第4号一般性意见：住房权"对适足标准的解释可以推断，住房权由一系列自由和资格组成。其中自由包括：保障其免于强迫驱逐以及对家的任意破坏，免遭对家、家庭和隐私的任意干涉的权利，选择住所、决定住处以及迁徙自由的权利；资格包括住房保有权，住房、土地和财产还返权，住房获得上的平等与非歧视，国家与社区住房决策上的参与权。[②]

国际人权文书对住房权的规定表达了人类对住房权的崇高理想。像其他人权一样，住房权的理想与住房权的现实之间总是存在差距，自然灾害

---

① "第4号一般性意见：适足住房权"，E/1992/23，第7段。

② Office of the United Nations High Commissioner for Human Rights, UNHABITAT, *The Right to Adequate Housing*, *United Nations*, Geneva, 2009, p. 3.

就是导致这一差距的重要因素。比如，1998 年 10 月洪都拉斯的"米奇"飓风使 21 座城市严重受损，82735 间房屋被破坏，66188 间房屋被摧毁。[1] 2008 年中国汶川地震共损失 8451 亿元，住房损失占总损失的 27.4%。[2] 综合来看，自然灾害情形下住房权的风险主要存在于以下几个方面。首先，灾害情形下住房适足标准存在风险。自然灾害事件尤其是突发性的自然灾害事件可能会损坏或捣毁住房的结构，也可能毁坏适足住房所需的安全、卫生和营养设备。其次，自然灾害可能导致灾民被强制迁离或者流离失所。一些政府可能基于政治或经济的考虑，往往会以灾害易发地带等理由为借口，驱逐或强迫人们从原有居住地进行迁离，使其住房权面临风险。此外，大规模自然灾害发生后，一旦政府救灾不力，许多灾民可能会因为生计问题和安全问题被迫离开自己的住所或家园，其住房权自然也就面临巨大风险。再次，土地、财产和住房还返权存在风险。灾民流离失所后，其土地、住房和财产可能被国家征用或被他人侵占。此外，自然灾害事件中土地、住房和其他财产权利证书可能被毁损或丢失，相关权利人的还返权无法得到充分的保障。最后，灾后恢复重建过程中可能存在住房权保障的歧视风险。政府往往会在灾后针对自然灾害导致的住房权风险积极作为，但是从各国灾后住房安置或重建实践来看，少数人、原居民、妇女、残疾人以及孤儿等社会弱势群体容易遭受歧视，他们很难像其他人群一样平等获得政府的住房保障。

（三）水权

水权是指个人和家庭有权获得充足、安全、可接受、便于汲取、价格合理的供水，用以维持人的生命和健康以及保障人有尊严的生活。尽管国际人权宪章中没有明确规定水权，但是从《经济、社会和文化权利国际公约》第 11 条（即适当生活水准权条款）第 1 款以及第 12 条（即健康权

---

① 《适足生活水准权所含适足住房权以及在这方面不受歧视的权利问题特别报告员拉克尔·罗尔尼克的报告》，A/HRC/16/42，第 31 段。
② 赵亚辉：《汶川地震直接经济损失 8451 亿元》，《人民日报》2008 年 9 月 5 日。

条款）的第 1 款中可以推定出水权。《儿童权利公约》以及《消除对妇女一切形式歧视公约》等国际人权条约和国际人道主义条约以及其他软法性法律文书中都确认了水权。根据 CESCR 发布的"第 15 号一般性意见：水权"的评述，水权也是由自由和资格两项内容组成。其中，自由是指获取享受水权所必需的现有供水的权利，资格是指利用供水和管水系统的权利。①

自然灾害情形下，水权实现的阻碍主要体现在以下方面。首先，供水的充足性和连续性方面存在风险。比如，2009 年秋冬至 2010 年春季中国西南地区发生大规模的旱灾，3334.52 万人口的饮水出现了困难。② 其次，供水质量方面存在风险。自然灾害发生后，原有环境遭到不同程度的破坏，人力、物力、财力受到限制。此时一旦政府没有高度重视灾区的供水质量，不洁和不卫生的饮水可能引发灾民的健康问题甚至灾区的公共卫生问题，无法充分满足灾区人民的健康卫生需求。事实上，供水不足和卫生条件恶劣比任何其他单一原因都容易导致灾民染病和死亡，其中最主要的原因是腹泻和肠道传染病。③ 最后，供水的可获取性方面存在风险。自然灾害发生后，供水时可能出现交通的不便利、文化接受方面的不适应、经济上的不可承受性、未充分考虑性别差异以及歧视等行为。

（四）健康权

健康权意指"人人有权享有能达到的最高的体质和心理健康的标准"，该项权利由一系列的自由和权利组成。其中，自由包括掌握自己健康和身体的权利，性和生育上的自由以及不受干扰的权利；权利包括平等享有获得最佳健康保护系统的权利，预防、治疗和控制疾病的权利，获得基本药

---

① "第 15 号一般性意见：水权"，E/C. 12/2002/11，第 10 段。
② 国家防汛抗旱总指挥部、中华人民共和国水利部：《2010 年中国水旱灾害公报》，《中华人民共和国水利部公报》2011 年第 4 期。
③ 国际红十字会：《人道主义宪章与赈灾救助标准》，上海：中国出版集团东方出版中心，2006，第 87 页。

物的权利、获得基础医疗的权利以及参与与健康相关的决策的权利等。① 健康权对于人的幸福和尊严的实现有着重要价值，并且与生命权、适当生活水准权、工作权以及受教育权等人权密切相关，因此健康权得到了国际人权法和许多国家宪法的确认。

自然灾害情形下，健康权面临四重风险。第一，可提供性方面存在风险。首先，特大突发性自然灾害中伤病人员的大量增加会对医疗资源的需求更为急迫，与此同时，医疗基础设施和医护工作人员会遭到不同程度的毁坏、伤亡，原有的医疗资源难以满足灾区的健康需求。其次，自然灾害的发生可能会破坏基础设施，尤其是交通和通信设施的破坏，这些都将在一定程度上妨碍药品和医疗设施的供给、伤病员的运送以及医护工作人员的调配，给灾区伤病员的救治带来一定的困难。第二，可获取性方面存在风险。自然灾害的发生使健康权在可获取性方面存在四个相互重叠的风险：法律上的歧视、实际获得性差、经济上的不可承受以及获得健康信息受阻。其中，法律上的歧视是指自然灾害情形下健康卫生设施、医疗物资和服务在法律制度上存在歧视，不是平等面向所有的人。实际获得性差是指自然灾害情形下，部分灾民在健康卫生设施、医疗物质和服务方面以及包括供水和排污设施在内的基本健康保障要素可能存在不安全因素，无法切实获取，尤其是边缘地区或边缘人群更是如此。经济上的不可承受是指自然灾害情形下并非所有的灾民都能承担与健康卫生设施、医疗物质和服务相关的经济支出，贫困家庭更是不堪重负。获得健康信息受阻是指自然灾害情形下由于人为和客观的阻碍，灾区人民无法及时、公开地查寻、接受和传递有关健康卫生问题的信息和建议。第三，可接受性方面存在风险。自然灾害情形下由于医疗资源的匮乏和限制以及对健康卫生需求的迅猛增加，医护工作人员和医疗设施面临超负荷的压力，因此可能出现忽略灾民群体

---

① 联合国人权事务高级专员办事处、世界卫生组织：《人权概况介绍第 31 号：健康权》，联合国人权事务高级专员办事处网站，http://www. ohchr. org/Documents/Publications/Factsheet31ch. pdf，最后访问日期：2018 年 6 月 10 日。

文化或性别上的特殊需求的行为；同时，自然灾害情形下医疗机构原有的监管体系难以正常运转，部分自律性不足或职业道德不强的医护工作人员可能出现泄露病人隐私和其他一些违背职业伦理道德的行为，这些现象无疑增加了健康权可接受性方面的风险。第四，质量保障方面存在风险。首先，正如前文所述，自然灾害造成的大量伤病致使医疗卫生机构的压力骤增，因此难以提供常态社会的高质量的医疗卫生服务，在极端危急的情况下为了挽救或医治更多的重危病人，提高医疗救治的效率，降低固有的医疗质量成为紧急状态下一种不得已的选择。其次，自然灾害发生后，在药品和其他医疗物资短缺的情况下，医疗服务在质量保障方面可能存在风险。再次，自然灾害情形下，与健康密切相关的其他权利的风险也可能导致健康权实现出现一定的障碍。灾害情形下，食品和饮用水的低质量、食物和供水的不足、营养不足、住房条件的恶劣、公共卫生设施的破坏以及粪便和生活垃圾的不当处理都可能引发传染性疾病的传播和流行，造成健康权风险。比如，1998 年"米奇"飓风之后，过分拥挤的卫生服务和有限的饮用水造成了胃肠道疾病的爆发。①

（五）受教育权

受教育权作为一项基本的人权，是指由国家保障实现的接受教育的权利，是公民享受其他文化教育的前提和基础。《世界人权宣言》和《经济、社会和文化权利国际公约》都用较多的篇幅规定了这项重要的人权。为了更好地帮助和促进缔约国、有关国际组织和专门机构逐渐有效充分地实现该项重要的权利，CESCR 于 1999 年通过了专门针对《经济、社会和文化权利国际公约》第 13 条的"第 13 号一般性意见：受教育权"。该意见指出，受教育权是一项包括受初等教育的权利、受中等教育的权利、受技术和职业教育的权利、受高等教育的权利、受基础教育的权利、享受教育自由的

---

① 各国议会联盟和联合国国际减灾战略：《减轻灾害风险：一个实现千年发展目标的工具》，日内瓦，2010，第 26 页。

权利、不歧视及平等待遇以及学术自由和机构自主等权利在内的权利，要想充分实现这些权利，必须满足四个相互联系的基本特征：可提供性；可获得性；可接受性；可调试性。

自然灾害情形下，受教育权也面临一定的风险。比如，教学场所和设施的损坏、教学人员和学生的伤亡、学校可能面临次生灾害风险。这些因素都可能影响受教育权的可获得性、可提供性、可调适性以及可接受性。事实上，各种自然灾害对受教育权的影响较为明显。比如，2005 年克什米尔大地震造成巴基斯坦至少 1.7 万名学生死亡，另有 5 万名学生受重伤，许多人致残，30 多万名学生受到影响，另外，上万间校舍被摧毁；在一些地区，80% 的学校被摧毁。2006 年，超级飓风"榴莲"给菲律宾校舍造成的损失高达 2000 万美元，其中三个城市 90% ~ 100% 的校舍和两个城市 50% ~ 60% 的校舍被摧毁。2007 年"锡德"飓风（Sidr）袭击孟加拉国，造成 496 间校舍被毁，2110 多所学校遭到破坏。2008 年中国四川汶川地震，造成 10000 多名学生在教室中死亡，据估计，约 7000 间教室被摧毁。2010 年的海地地震造成了约 1300 名教师和 38000 名学生死亡，摧毁或损坏了 4000 多所校舍。[1]

（六）工作权

工作权不能简单地理解为谋生的权利，它还涉及社会正义和社会秩序以及个体的自由、尊严和全面发展。工作权不仅是经济权利和社会权利的核心，而且是基本人权的核心。[2] 正是由于工作权拥有如此重要的价值，国际劳动立法得以产生，1919 年国际劳工组织成立并颁布了《国际劳工组织宪章》。此后，国际人权法也努力将工作权纳入其中，《世界人权宣言》第 23 条、《经济、社会和文化权利国际公约》第 6 条和第 7 条都确认了工作

---

[1] 各国议会联盟和联合国国际减灾战略：《减轻灾害风险：一个实现千年发展目标的工具》，日内瓦，2010，第 17 页。

[2] 〔波兰〕K. 杰维茨基：《工作权和工作中的权利》，载〔挪〕A. 艾德、C. 克洛斯、A. 罗萨斯《经济、社会和文化权利教程》（修订第二版），中国人权研究会组织翻译，成都：四川出版集团、四川人民出版社，2004，第 182 页。

权，并确立了工作权的基本内容和国家义务。在国际人权宪章的影响下，区域性国际人权公约无一例外地规定了工作权。至此，工作权在国际层面的规范保障基本完成，国际劳动立法和国际人权法在各自领域里发挥效力，同时又相互补充。在国内法层面，与经济和社会权利在国内法律制度中普遍发展较弱且不发达趋势不同的是，工作权属于经济和社会权利在国内立法中最发达的权利。①

自然灾害情形下，充分实现工作权的阻碍主要体现在以下三个不同的方面。首先，自然灾害事件经常会毁损工作场所及其环境，灾区人民的工作机会减少，最终可能引发灾区的失业率上升，有时甚至出现较大范围的失业。其次，自然灾害情形下由于工作机会的减少导致就业紧张，就业歧视和不平等行为也会随之增多，脆弱灾民的就业机会进一步减少。最后，自然灾害的发生会导致工作条件、工作薪酬和工作环境质量的下降，如果政府干预不力，必然会影响工作的稳定度以及就业质量，最终影响灾区的恢复重建速度以及灾民的生存和发展质量。

自然灾害事件中除了上述人权可能遭受较大的风险外，绝大多数的人权在不同程度上都会受到影响，我们除了重点关注上述权利外，也不应忽视其他权利的实现，比如隐私权、公正审判权、宗教自由、言论自由、选举权、参加文化生活的权利等。

综上，我们发现，自然灾害是自然界发生异变并作用于人类社会负面结果的风险性事件。并且，在工业化社会中，自然灾害的社会属性更为凸显。自然灾害不仅造成重大的社会损失，同时也对众多人权的完全实现产生巨大的威胁，这不仅包括生命权、财产权在内的公民权利和政治权利，也包括食物权、工作权在内的经济权利和社会权利。正因如此，我们可以通过提升承灾体的抗灾能力以及控制或减少人类的不当行为来避免或减少

① 〔波兰〕K. 杰维茨基：《工作权和工作中的权利》，载〔挪〕A. 艾德、C. 克洛斯、A. 罗萨斯《经济、社会和文化权利教程》（修订第二版），中国人权研究会组织翻译，成都：四川出版集团、四川人民出版社，2004，第184页。

自然灾害对人权的侵害。事实上，正如前文所述，早在 1755 年就有学者探讨过人权介入自然灾害事件的问题。里斯本大地震后，在伏尔泰悲观感叹"人的命运就是默默痛苦、默默屈服、崇拜和死去"之时，卢梭却尖锐地指出，自然因素并不是破坏里斯本 2 万座 6～7 层房屋的唯一因素。在卢梭看来，居民的分布状况、地震发生后组织撤离和疏散的速度以及灾害发生时人们的富裕程度都严重影响灾民死亡的数量。① 卢梭将地震人员过多死亡的原因直指不适当的人类行为，并且从哲学层面论证了人的理性的合理使用可以帮助减少自然灾害带来的影响。② 尽管卢梭在这里并没有使用人权一词，但是其所说的影响灾民死亡数量的各种因素事实上可以转化为当代的住房权、财产权以及适当生活水准权等人权话语。卢梭的愤慨给我们带来的进一步思考是，自然灾害会给我们带来人权风险，并且这种风险范围和程度深受人类行为的影响，在风险化解时应牢记自然灾害的这种社会属性，减少灾前预防的懈怠和不当行为，同时加强灾后的救援、救助和救济，最大限度地促进自然灾害下各项人权的实现。

---

① Walter Kälin, *A Human Rights-Based Approach to Building Resilience to Natural Disasters*, http://www. brookings. edu/research/papers/2011/06/06-disasters-human-rights-kaelin.

② Walter Kälin, *A Human Rights-Based Approach to Building Resilience to Natural Disasters*, http://www. brookings. edu/research/papers/2011/06/06-disasters-human-rights-kaelin.

第二章

自然灾害下国家人权义务的法理基础

诚如上文所述,自然灾害的发生给人权带来了巨大的风险。面对这些风险,人权主体本身应该积极采取可能措施来应对和减轻风险。与此同时,国家以及其他非国家行为体也应该积极帮助灾民化解人权危机,最大限度地促使灾民实现人权。尽管帮助灾民应对人权风险的主体具有多元性,但是笔者坚持认为,国家是自然灾害时期人权保障的最重要的义务主体。这一论断不仅源于其深厚的理论基础,同时也与自然灾害这一特殊灾难事件的人权实现现实困境以及人权主流化的国际趋势紧密相关。

第一节　自然灾害下国家人权义务的理论根源

正如某学者所言,尽管政府并未像对酷刑一样对自然灾害负有责任,但是他们的确有法律、政治和道义上的责任对灾害给人权造成的影响负责。[①] 而自然灾害下国家负有的人权保障义务不仅源于国家的契约义务,而且是一个政府的正当性根基,同时是国家职能不断拓展的结果以及风险社会治理的必然选择。

---

① Hope Lewis, "Human rights and Natural disaster: the Indian Ocean Tsunami," *Human Rights*, Fall 2006, Vol. 33, No. 4, p. 13.

一　社会契约论：自然灾害下国家人权义务的合法性根基

国际人权宪章和其他众多的国际人权条约都坚持国家负有人权保障的义务，这一规定具有深厚的社会契约基础。作为一种证明政治权力合法性和界定国家与人民权利义务关系的理论，社会契约论认为国家是自由平等的人民自愿同意的产物。至于生活在自然状态下拥有天赋人权的自由的人民为何相约放弃自然权利而创造国家，近代社会契约论者的看法大体一致。在具有理性主义传统的霍布斯看来，鉴于人趋利避害的本性以及自然资源的稀缺性，自然人"基于自我保全的激情"才让渡出自然权利联结成公共权力。① 洛克则认为，为了克服自然状态中由于法律、法官和执行权力的缺失而导致的权利保障的不便，社会成员通过契约的方式构建国家，由国家保障其安全、财产和幸福。卢梭假想人类曾达到过这样一种境地，当时自然状态中存在不利于人类生存的种种自然和社会障碍，在阻力上已经超过了每个个人在那种状态中为了自存所能运用的力量，人类如果不改变其生存方式就会消失。② 理智的人民为了自存，联合起来将部分权利让渡于公共权力，由公共权力机构履行卫护和保障每个结合者的人身和财富的职责。霍布斯、洛克和卢梭等近代契约论者的论述表明，国家存在的理由在于国家从人民的同意中获得了合法的统治，同时国家必须承担起维护社会安全和保障人权的职责。如果国家不履行这些职责，人民则可以收回自己的承诺。许多国家的宪法或权利宣言中明确表达了这一观点。比如，1776 年的美国《独立宣言》宣布："我们认为下面这些真理是不言而喻的：人人生而平等，造物者赋予他们若干不可剥夺的权利，其中包括生命权、自由权和追求幸福的权利。为了保障这些权利，人类才在他们之间建立政府，而政府之正当权力，是经被治理者的同意而产生的。"1789 年的法国《人权与公民权宣言》也在前言中将国家存在的主要目的确定为对不容侵犯的基本人

---

① 〔英〕霍布斯：《论公民》，应星、冯克利译，贵阳：贵州人民出版社，2003，第 59 页。
② 〔法〕卢梭：《社会契约论》，何兆武译，北京：商务印书馆，2003，第 19 页。

权的保障。

如果说近代社会契约者们为国家起源及其合法性做出了可能的解释，那么当代社会契约者罗尔斯的工作提示人们：国家与公民的契约义务不仅仅局限于国家确保公民权利免于各种危险的侵害，而且需要恪守正义原则设置特别的社会制度帮助公民实现人权。罗尔斯认为，"无知之幕"的原初状态的人们会遵守他们达成的契约：公认的正义原则。其中包括最大最小化公正标准——社会和经济的不平等必须有助于最不利群体的最大预期利益原则。良序社会的成员之所以允许基本结构的各种倾向受到社会的、自然的和历史的偶然事件的深刻影响，是基于如下理由：相当大的正常的规避风险（这是原初状态的特别性质决定的）；在信息量上要求不高；更适合成为一个公共原则；较弱的承诺压力。① 那些受惠于社会的和自然的偶然性的人把自己看作已经无人（包括他们自己）对之拥有优先诉求的优势补偿的人，所以他们认为（有利于最不利群体的）差别原则适宜于调控资格权利和不平等体系。这个十分适合于偶然遭遇和事件的原则能够成功调控社会的基本结构以及它对他们个人和相互关系的深刻影响。②

从社会契约理论的内在逻辑和核心精神来看，国家对公民人权实现负有当然的契约义务，是公民人权的主要义务主体。国家不仅要保护公民权利免遭自然或社会危险的侵害，而且有责任通过制度安排帮助社会中最不利人群实现人权。也就是说，国家对公民权利以及社会最不利群体的保障不应局限于常态社会之中，国家不仅需要关注和排除非常社会中的人权危机，而且应有特别制度保护和帮助非常社会中公民人权的实现。因为较之常态社会而言，人们在非常社会里遭遇的威胁以及人权实现的障碍和沦为不利人群的机会可能更多，因而非常社会中国家人权义务的履行不仅在时间上显得更

---

① 〔美〕约翰·罗尔斯：《主张最大最小化标准的几个理由》，包利民译，载包利民《当代社会契约论》，江苏：凤凰传媒出版集团、江苏人民出版社，2007，第14～17页。

② 〔美〕约翰·罗尔斯：《一个康德式的平等概念》，包利民译，载包利民《当代社会契约论》，江苏：凤凰传媒出版集团、江苏人民出版社，2007，第6～12页。

为急迫，在人权义务的内容、层次以及履行方式上也具有特殊性。

自然灾害是社会由常态走向非常态的重要缘由之一，也是人权遭受巨大风险的重要事由之一。从国家契约义务的角度来看，受灾害影响人员有权利要求获得本国政府的保护和援助，这也是受灾国政府的义务和责任。一方面，国家应当按照契约的要求，开展防灾救灾减灾行动，化解灾区人民的人权危机。从这个角度上来说，国家的灾害应对行为也可以被理解为一种"国家保险"行为，[①] 这种"国家保险"本质上是社会与国家之间的一种契约式交易：普通百姓通过向国家纳税等方式"投保"，成为被保险人；当自然灾害发生时，国家作为政治意义上的"承保人"，理应对他们所遭受的损害承担帮助、抚慰等责任。国家承担这种帮助责任，是履行职责而非"恩赐"，这正如商业保险公司向投保人承担保险责任一样。[②] 另一方面，由于自然灾害这一偶发因素必然会产生新的社会最不利群体，按照当代社会契约理论的要求，国家应该运用差别原则调控这种不平等的社会结构。因而国家有责任安排、设计和落实有关受灾害影响人员的专门性照顾性制度，帮助灾民提升抗灾能力和实现人权，最终达至社会的正义。

总而言之，社会契约理论告诉我们，人权所在之处就是国家履行义务之时，"国家的义务应当是满足权利的需要"，"满足权利的需要是国家及其权力存在的正当理由，国家义务的内容是由权利的需要决定的"。[③] 因此，自然灾害时期国家不仅应当恪守契约精神履行人权保障义务，而且应该比照受灾害影响人员的权利需求确定国家义务的范围和内容，这正是社会契约理论的核心价值所在。

二 政治正当性原则：自然灾害下国家人权义务的道德基石

社会契约论告诉我们，正是基于权利保障等方面的考量，人民自愿将

---

① 王勇：《国家起源及其规模的灾害政治学新解》，《甘肃社会科学》2012 年第 5 期。
② 王锡锌：《面对自然灾害的个体与国家》，《南方周末》2008 年 7 月 2 日。
③ 陈醇：《论国家的义务》，《法学》2002 年第 8 期。

部分权利让渡于国家，国家与人民之间签订的互利性契约使国家获得了统治人民的权力，国家有义务保障公民的权利，公民有义务服从政治权力。因此，"人权为国内政治和社会机构的合宜性建立了一个必要的标准，……实现这些人权，是社会的政治机构及其法律秩序合宜性的必要条件"。① 并且，罗尔斯提出的差别原则从政治正义的角度为国家和政府通过再分配对弱势群体进行救助提供了政治合法性证明。② 也就是说，从社会契约的角度出发，国家在自然灾害时期不仅负有消极的防御义务，也有积极的保护以及救助义务，履行这些义务正是政治合法性的根基所在。如果国家违反了契约义务，就会导致政治合法性危机。但是，政治权力的有序维持以及公民对国家的服从仅仅依靠合法的政府是不够的，它更需要的是一个好的政府，一个具有正当性的政府，一个具有更多政治美德、能够给公民带来更多益处的政府。③ 因为，如果一个国家只具有合法性而没有正当性，那么它迟早会因为不能实现公民在赋予其合法性时所期待的那些成就而导致公民收回当初的授权。另外，只要国家具备了一定程度的正当性，公民便有一

---

① 需要说明的是，罗尔斯在这里所指的人权的内容与国际人权宪章的人权体系有较大的区别。罗尔斯这里的人权仅指"特殊种类的人权"，具体包括《世界人权宣言》中的第3条到第18条、与种族灭绝和种族隔离相关的人权以及罗尔斯所称的与"公共善"相关的人权。具体可参见〔美〕约翰·罗尔斯《万民法：公共理性观念新论》，张晓辉、李仁良等译，长春：吉林人民出版社，2001，第84～85页。

② 邹海贵、曾长秋：《罗尔斯差别原则对弱势群体利益的关注——基于社会救助（保障）制度之道德正当性与政治合法性思考》，《天津大学学报》（社会科学版）2010年第5期。

③ 在政治哲学中，一些学者认为政治合法性与政治正当性是同一回事，但是在一些学者看来，两者有明显的区别。比如，在西蒙斯看来，政治正当性指的是国家具有的一些道德属性或美德；政治合法性指的是公民个人与国家之间建立起了一种特殊关系，这种关系使得公民有服从义务，使得国家有统治权力。周濂用约翰·麦克里兰《西方政治思想史》里一句漫不经心的话，"詹姆斯二世是不好的国王，但统治资格名正言顺"，区分了政治的正当性和合法性。笔者也主张区分合法性与正当性，这里的政治正当性更多强调的是政治的道德或者国家所能提供的公共"善"（goods）。有关政治合法性和政治正当性的辨析可参考〔美〕J. 西蒙斯《正当性与合法性》，毛兴贵译，《世界哲学》2016年第2期；杨伟清《政治正当性、合法性与正义》，《中国人民大学学报》2016年第1期；许纪霖、刘擎等《政治正当性的古今中西对话》，桂林：漓江出版社，2013；毛兴贵《政治合法性、政治正当性与政治义务》，《马克思主义与现实》2010年第4期；周濂《现代政治的正当性基础》，北京：生活·读书·新知三联书店，2008。

般的自然责任来支持它。① 总之，缺失正当性的政府会催生政治合法性危机，而具备正当性的政府会加深公民对政府的认同和服从。

作为哈贝马斯所说的"一种政治秩序被认可的价值"，政治正当性的最终目标在于通过善政为民众谋取"优良的生活"或者说"善良的生活"。② 当代政治社会已经形成了一些公认的政治道德。其中，秩序有助于民众过上安全稳定的生活；自由能够释放民众个性促进经济繁荣；法治给予民众平等机会的保障；人权赋予民众分配正义和矫正正义的当然资格。国家保障公民人权不仅是公民服从和认同国家的前提，而且是促进公民过上"优良生活"的重要手段。因此可以说，国家人权义务不仅是政治合法性基础，也是政治正当性的道德根基。

当然，政治正当性不仅要体现在常态社会中，非常社会里更能体验出政治权力所追求和贯彻的道德。因为灾难是人类生活永远的可能，应急状态所需要的国家正面伦理责任是国家发展所必需的。③ 正如哲学家卡尔·施密特所言，主权者真正活跃的状态其实是例外状态，在这个意义上，例外状态便成为个体认知和检测国家的角色、意义以及政治的智慧、德行的重要情景。④ 自然灾害发生后，社会处于危急状况中，政治伦理道德以一种更为集中和极端的方式凸显出来。比如：政府对于公正问题、义利以及群己关系的看法；政府和从政者的道德感召力和道德情操；不同政治权力主体之间的责任与义务的冲突与边界；等等。当然，在自然灾害这一特定时空背景下，国家最起码的政治伦理道德底线应该是救助和保护深陷灾害中的民众，通过精神和物质的帮助确保灾民生存和发展的基本人权。

历史事实表明，许多受自然灾害影响的国家往往在灾后不久经历政权的变更，并且这种政权的变更更有可能发生在统治者漠视民众苦难、财富

① 毛兴贵：《政治合法性、政治正当性与政治义务》，《马克思主义与现实》2010年第4期。
② 戴木才：《论政治的正当性》，《伦理学研究》2010年第1期。
③ 田飞龙：《自然灾害、政治动员与国家角色》，《中国减灾》2008年第4期。
④ 王锡锌：《面对自然灾害的个体与国家》，《南方周末》2008年7月2日。

分配不公以及有社会政治冲突历史的地方。这是因为自然灾害作为引起社会混乱和造成生命财产损失的事件，它可能引发尊重价值的问题，甚至会影响和危及政体这一权威性分配主体自身的存废。① 换句话说，政府必须尽其所能对发生于其疆域之内的重大灾害进行持续性救援，这是保持国家政权正当性和合法性存续的基本前提。② 政权变更的历史规律正好也证实了这一点：自然灾害应对实践中政府的不作为以及对灾民权利的摒弃可能降低或消散民众对政府的认同感，最终引发政治正当性和政治合法性危机甚至引发政治革命。反之，政府若能在自然灾害应对实践中充分保护灾民权益，则能更好地提升民众对政权的认同感，形成更为良好的政治秩序，这也正是"多难兴邦"的意蕴之所在。

三　风险社会理论：自然灾害下国家人权义务的现实依归

自然灾害下国家履行人权保障义务还与风险社会治理紧密相关。随着科技的发展和工业化的推进，社会发展达到人类历史前所未有的高度，人类迈入高度发达的现代社会。在发达的现代社会里，财富的社会生产伴随着风险的社会生产，③ 社会发生了结构性的变革，套用贝克的日常语言就是：社会已从"我饿！"的第一现代世界即工业社会向"我害怕！"的第二现代世界即风险社会转变。④ 在第二现代世界里，人们惬意享受丰盛社会财富的同时，也时刻感受到风险引致的危机和不安全的威胁。

自然灾害是由自然界的异常活动或运动引起的风险事件，因此从本质上来看自然灾害仍然属于自然风险事件，它绝非高度发达的现代性的直接后果。但是与前工业社会明显不同的是，现代社会的自然灾害正在由"自

---

① 李翔：《灾害政治学：研究视角与范式变迁》，《华中科技大学学报》（社会科学版）2012年第4期。

② 王勇：《国家起源及其规模的灾害政治学新解》，《甘肃社会科学》2012年第5期。

③ 〔德〕乌尔里希·贝克：《风险社会》，何博闻译，南京：译林出版社，2004，第15页。

④ 贝克、邓正来、沈国麟：《风险社会与中国——与德国社会学家乌尔里希·贝克的对话》，《社会学研究》2010年第5期。

在的自然风险"向"社会的自然风险"转变。贝克也认为被视作人为的和灾难性的气候变化引起的日益频繁或日益严重的自然事件（洪水、飓风等）正以自然和社会间一种新的综合形式表现出来。① 现代社会对自然灾害风险的影响可以从以下两个方面进行理解。

首先，现代社会的很多自然灾害事件与人类决策和行为紧密相关。伴随着科技的迅猛发展，人类征服和改造自然的能力和信心不断增强，人类对自然的不适当、不文明的改造和征服行为诱发或催生了自然灾害的形成和发生。英国社会学家吉登斯对此进行了深刻的反思："在某个时刻（从历史的角度来看，也就是最近），我们开始很少担心自然能对我们怎么样，而更多地担心我们对自然所做的。"② 比如，美国加州马里布火灾看似天灾，实际上却是人为的结果，加州政府不顾自然生态、忽视气候模式、缺乏法制规范及错误开发等，使得这一地区灾害风险不断增加。③ 其次，正如前文所述，自然灾害的负面后果与承灾体的脆弱性以及社会制度安排紧密相关。一方面，不同个体处理、避免和补偿灾害的可能性和能力不同；另一方面，外部力量尤其是公权力的不适当或不平等的干预。正因如此，灾害应对不仅可能巩固原有的社会不平等，也可能引发新的社会不平等。这种不平等伴随着灾害应对的全过程，贯穿于灾害防御工程和承载体密度的分布、灾害信息的发布、救灾决策的制定和救灾物资的分配以及灾后重建的过程之中。于是，"自然力"这个说法有了一个新的含义："自然"灾害的自然法证据使得不平等和权力的社会关系自然化了。这种情况的政治后果是人类自然平等的观念被颠倒了，被嵌入由自然灾害造成的人类自然不平等的观念之中。④ 于是，最终的结果正如贝克睿智的总结："与财

---

① 具体的论述可参见贝克、邓正来、沈国麟《风险社会与中国——与德国社会学家乌尔里希·贝克的对话》，《社会学研究》2010 年第 5 期。

② 〔英〕安东尼·吉登斯：《失控的世界》，周红云译，南昌：江西人民出版社，2002，第 23 页。

③ 周利敏：《社会建构主义与灾害治理：一项自然灾害的社会学研究》，《武汉大学学报》（哲学社会科学版）2015 年第 2 期。

④ 贝克、邓正来、沈国麟：《风险社会与中国——与德国社会学家乌尔里希·贝克的对话》，《社会学研究》2010 年第 5 期。

富一样，风险是附着在阶级模式上的，只不过是以颠倒的方式：财富在上层聚集，而风险在下层聚集。"① 也就是说，（自然）灾害风险是人类与自然共构的结果，由于社会群体、个体与自然关系并非独立于社会，经常受到社会经济条件的限制，这使得自然作为一种机会或风险往往以一种不公平方式分配。② 事实证明确实如此。国际减灾战略的统计数据表明，当洪水、地震和风暴发生时，穷人受灾害的影响最大，最有可能失去生命和生计，并且灾害和贫困形成恶性循环。在灾害人口数量相等的情况下，低收入国家的死亡风险几乎比经济合作组织（OECD）国家高200 倍。③

因此，无论从成因还是从后果来看，自然灾害都深受现代性和社会的干扰，"自然"和"人为"的区分标准逐渐消除，一个"自然的"自然仅仅存在于过去的壁龛里。④ 正是由于自然灾害具有社会属性，我们可以肯定地说，人类不仅可以而且必须避免或减轻自然灾害的消极后果。我们既可以通过约束人类行为减少自然灾害的人为诱发机遇及其爆发程度，也可以通过改变承载体的密度和能力减轻灾害的损失、减少由灾害引发的新的不平等。而在巴杜拉看来，风险治理的主体——国家干预风险的义务主要表现为国家保障基本权利的义务。⑤ 事实上，人权的实现能够在较大程度上预防和减轻灾害带来的破坏和侵害，尤其是积极的经济、社会与文化权利通过给予身处风险的人们最低的生存保障，不仅能提升人们预防灾害的能力，而且能增强人们抵御灾害的信心。阿玛蒂亚·森曾经对此进行过精辟的论述，

---

① 〔德〕乌尔里希·贝克：《风险社会》，何博闻译，南京：译林出版社，2004，第 36 页。
② 周利敏：《社会建构主义与灾害治理：一项自然灾害的社会学研究》，《武汉大学学报》（哲学社会科学版）2015 年第 2 期。
③ 各国议会联盟和联合国国际减灾战略：《减轻灾害风险：一个实现千年发展目标的工具》，日内瓦，2010，第 13～14 页。
④ 〔德〕莱纳·沃尔夫：《风险法的风险》，陈霄译，载刘刚编译《风险规制：德国的理论与实践》，北京：法律出版社，2012，第 79 页。
⑤ 〔德〕巴杜拉：《法治国家与人权保障义务》，陈新民译，载陈新民《法治国公法学原理与实践》（下），北京：中国政法大学出版社，2007，第 48 页。

森认为，经济、政治和社会权利对于减轻饥饿者的脆弱性是非常重要的。森有关风险脆弱性问题的论述也同样适用于其他自然灾害情形。[①] 因此，人权保障是国家应对自然灾害这一风险事件最基本的目标以及至关重要的手段。

自然灾害情形下国家的人权保障义务又可以具体化为两个不同的义务：灾前预防义务和灾后减轻灾害损失的义务。由于现代社会的自然灾害在影响范围和破坏力上存在明显的不同，因此仅凭单个个体的理性和能力予以避免和承担风险已经成为一种苛求，而运用公权力弥补个人防范风险能力的不足成为一种广泛而又必要的选择，并且已经从单一的"生存预防"发展为全面的"系统预防"。[②] 积极系统的预防和干预措施对灾害风险后果的化解和减轻的效果显而易见。[③] 具体而言，国家应在灾前建立预防工程和制度，避免或减少灾害发生率或降低灾害的烈度和强度，提升承灾体的抗灾能力，减少人权风险和避免人权危机。此外，由于自然灾害的不可逆性，国家还需在灾后履行减轻灾害损失的义务。从另一角度上来看，国家的灾后义务其实也是对其灾前在灾害预防和人权保障上的懈怠或者不当行为的一种救赎。[④] 国家的灾后义务主要包括灾害紧急阶段中的救援救助义务，以及灾后恢复阶段中的重建义务、救助义务、官员追责义务以及相应的救济义务。

四 社会国理念：自然灾害下国家人权义务的民生基础

自然灾害下国家履行人权保障义务的第四个理由是国家职能不断拓展。随着人口的激增以及工业化和城市化的加快，19 世纪的西欧社会出现了许

---

① Amartya Sen，*Development as Freedom*，New York：Oxford University Press，1999，pp. 170 - 175.

② 〔德〕乌尔里希·K. 普罗伊斯：《风险预防作为国家任务：安全的认知前提》，载刘刚编译《风险规制：德国的理论与实践》，北京：法律出版社，2012，第 152 页。

③ 比如，有研究成果表明，加固医疗设施的非结构性部分，在大多数情况下，只占整体成本预算的 1%，有时却能保护医院 90% 的价值。参见各国议会联盟和联合国国际减灾战略《减轻灾害风险：一个实现千年发展目标的工具》，日内瓦，2010，第 27 页。

④ 廖艳：《中国自然灾害立法的人权审视》，《湖南大学学报》（社会科学版）2014 年第 2 期。

多新的问题，贫富悬殊，阶层分化严重，社会矛盾重重，国家处于急剧的动荡之中。"夜警国家"恪守对社会领域自我克制的职责，社会陷入无序状态。为了化解这些社会矛盾与危机，国家转变了传统"夜警国家"的消极职能，积极干预社会，社会国理念应运而生。① 随着 1918 年社会国理念进入《魏玛宪法》，西方各国竞相将社会国或福利国制度纳入宪法之中。作为一种关注民众福祉的国家制度，社会国强调国家必须为国民的福利负责，国家必须具备基本的福利功能并将民众福利作为其基本目的之一。社会国制度的确立使得人们享有福利成为一种权利资格，而不是一种慈善，它意味着个人有资格要求国家对其福利承担责任，与过去将福利作为恩赐的社会制度有了本质上的区别。在社会国里，人真正成为国家的目的，而不是国家的工具。

尽管社会国制度已经成为许多国家的基本制度以及社会国理念已经成为许多国家共同追求的价值理想，但这并不意味着各国在社会国功能的认识上达成了一致。这是因为社会国功能的实现不仅需要一定的财力和资源作为支撑，而且需要政府积极的态度。尽管如此，德国社会法典为我们勾勒出了社会国的典型功能范畴：社会形成、社会安全、社会正义与社会衡平。也就是说，社会国意味着国家必须调控经济、扶助弱势群体；国家应积极帮助处于危险的社会个体并给予他们合乎尊严的生存条件；国家应通过税收、财政等多元方式缩小社会的不平等。② 在社会国制度的辐射下，基本权的功能也发生了重大变革：由传统的防御扩张发展为要求国家提供积极的社会给付。为了达到这一目的，社会国不仅对传统的自由权进行了补充和加强，而且重新塑造了基本权的功能和体系，即社会权。③

---

① 社会国是《德国基本法》中的称谓，英美国家称之为福利国，我国台湾地区则将其称为民生福利国家或民生国。
② 赵宏：《社会国与公民的社会基本权：基本权利在社会国下的拓展与限定》，《比较法研究》2010 年第 5 期。
③ 赵宏：《社会国与公民的社会基本权：基本权利在社会国下的拓展与限定》，《比较法研究》2010 年第 5 期。

从社会国的功能及其理念内核可以看出，社会国最基本也是最核心的目标还是人的"生存照顾"，尤其是社会弱者的"生存照顾"，国家应通过制度的保障或者其他方式给予社会弱势群体更多的机会和资源以有助于他们过上与人的尊严相符合的生活，满足民生需求。根据社会状态的不同，社会国可以通过"济困"和"扶危"两种不同方式来达至这一目的。在常态社会中，社会国通过提供经济或机会的帮助，保障弱势人群最低的生活水平，维护社会和经济的正义与稳定。而一旦进入像自然灾害之类的非常社会时，国家必须履行其安全保障的义务，尤其应该伸出其温暖的给付之手，帮助人们摆脱临时的危机，尽快恢复到常态社会之中。因此可以这样说，（社会）法治国不仅完全允许国家的防卫，而且有义务排除那些日益严重且若不采取措施将造成具体的损害的危险，其在基本权利教义上的结论就是保护义务，[1] 而社会国中的"福利行政法"的角色从保护自由的排除侵犯法被改写为分配秩序。[2] 实际上，社会国功能的扩展在自然灾害应对方面就表现为自然灾害管理职权的进一步扩展，这也体现在现代行政法的最新发展：已超越了单一的防御功能阶段，而更多地要求国家在授益功能、保护功能等方面有所作为。换言之，公民对国家管理自然灾害的要求也随着国家行政管理权的进步而提高：由夜警国家转为福利行政，由消极退出转为积极介入，由传统不作为转为现代作为。[3]

第二节　自然灾害下人权实现的现实困境

自然灾害情形下国家履行人权保障义务除了有其深厚的理论基础之外，另一重要理由是较之常态社会而言自然灾害状态下的人权实现存在更多的

① 〔德〕莱纳·沃尔夫《风险法的风险》，陈霄译，载刘刚编译《风险规制：德国的理论与实践》，北京：法律出版社，2012，第84~87页。
② 〔德〕迪特儿·格林：《宪法视野下的预防问题》，刘刚译，载刘刚编译《风险规制：德国的理论与实践》，北京：法律出版社，2012，第125页。
③ 胡建淼、杜仪方：《依职权行政不作为赔偿的违法判断标准》，《中国法学》2010年第1期。

现实阻碍。这种阻碍既体现在自然灾害环境中权利主体的脆弱性加剧,也体现在权利实现常规客观环境的严重破坏,同时体现在非国家行为体的职权和能力的局限性。

一 人权主体的脆弱性

在常态社会中,除非人权主体自身能力存在缺陷或者社会制度出现结构性缺陷,人们依靠自身的努力基本上能保障权利的实现,但在自然灾害事件尤其是突发破坏性强的自然灾害事件面前,人权主体实现权利的能力被减弱、限制甚至丧失,权利主体的脆弱性明显加剧。

灾害脆弱性一词最早来源于工程技术领域,随后人文社会科学领域开始频繁使用该概念,自然灾害研究也实现了人文转向。[1] 由于学者的学科领域和研究视角的差异性,人文社会科学研究者们对灾害脆弱性概念的理解略有不同。有学者认为脆弱性与个人处理危险或事件的能力有关;有学者关注个人风险能力的形成与相互作用的过程;而有的学者将脆弱性视为"社会建构的议题",也就是说,脆弱性是社会不公造成的部分群体易受到灾害干扰并塑造着人们灾变中的行为。[2] 有学者甚至认为,灾害带来的脆弱性是一种大范围的公共恶:因为灾害侵袭的是公众,而不是独立的个体;同样的道理,减少脆弱性的措施被认为是一种大范围的公共善。[3] 而国际减灾战略将灾害的恢复能力看作脆弱性的对立面,灾害的脆弱性是指承灾体在抵御和回应灾害能力方面存在不足。灾害脆弱性依赖于许多因素,其中既包括微观层面的因素,比如年龄、素质、健康状况、经济水平等;也包括中观层面的因素,比如建筑物水平和选址以及对灾害的重视程度;还包

---

[1] 童小溪、战洋:《脆弱性、有备程度和组织失效:灾害的社会科学研究》,《国外理论动态》2008 年第 12 期。

[2] 陶鹏、童星:《灾害社会科学:基于脆弱性视角的整合范式》,《南京社会科学》2011 年第 11 期。

[3] James K. Boyce, "Let Them Eat Risk? Wealth, Rights and Disaster Vulnerability," *Disasters*, 2000, 24 (3), p. 256.

括宏观层面的因素，比如当地环境以及公共卫生条件等。①

　　仔细分析灾害脆弱性概念的众多定义，我们发现，人文社会科学学者更多关注的焦点在于自然灾害的社会、人为、制度与文化特征方面，同时也暗含了一个共识：灾害脆弱性与社会的消极面紧密相连，灾害的负面结果与脆弱程度呈正比例关系。当然，不同学科的学者关注点略有不同。伦理学学者眼中的脆弱性和自然灾害的"公共恶"属性紧密勾连；经济学密切关注灾害脆弱性与贫困之间的关系；社会学学者认为脆弱性是受灾害影响人员个体的经济、社会阶层以及种族特征的结果；法学和政治学学者喜欢从自然灾害应对中法律执行和政治行为的负面因素来研究脆弱性；② 而人权视野下的灾害脆弱性表现为权利实现过程中的歧视和不平等，脆弱灾民常常难以满足基本的生存需求，比如充足的食物、住处与健康照顾等，他们在灾害应对过程中很难平等享有各种基本人权。

　　脆弱性在自然灾害情形中常常表现为两个不同的层面。一方面，与非灾民相比，灾民具有脆弱性。自然灾害爆发后，身处灾区的人们会受到自然灾害的负面影响，灾民实现权利的能力不同程度地下降。正如贝克所说，风险在其范围内以及它所影响的人中间表现为平等的影响，阶级界限在我们都呼吸的空气面前消失了，人们在化学烟雾面前都是民主的。③ 换句话说，自然灾害事件引发的这种大规模的"公共恶"是灾民群体共同承受的。另一方面，灾民内部的脆弱性也呈现一定的层级性，这种层级性外显为灾民的自然特征和社会特征差异。其中，自然特征差异是指灾民的生理差异，年幼者、老年人、妇女以及残疾人在灾害面前更为脆弱；社会特征差异是指灾民的脆弱性受到了社会因素的影响和制约，受教育程度、

---

① 详情请参考联合国国际减灾战略网站关于脆弱性的专题介绍，http://www. unisdr. org/2004/ campaign/booklet-eng/Pagina8ing. pdf，最后访问日期：2018 年 6 月 11 日。

② John Handmer, Rebecca Monson, "Does a Rights Based Approach Make a Difference? The Role of Public Law in Vulnerability Reduction," *International Journal of Mass Emergencies and Disasters*, No. 3, 2004, pp. 45 – 46.

③ 〔德〕乌尔里希·贝克：《风险社会》，何博闻译，南京：译林出版社，2004，第 38 页。

阶级地位、社会关系网络、宗教文化以及经济收入都会对脆弱性产生影响。因此，可以这样认为，尽管风险社会并不等同于阶级社会，但是风险总是以层级的或依阶级而定的方式分配，个体的风险位置与阶级地位部分重叠而又互为条件。① 综上，我们发现，灾民内部脆弱性的影响因素主要由灾民的个人资本和社会资本构成。其中，个人资本包括个体的年龄、性别、知识、技能、民族、经济能力以及健康程度等，而社会资本就是指遭受自然灾害后，灾民能从亲属或社会关系中获得的抵御和恢复灾害的各种帮助。两种资本交织在一起并相互影响，促成了灾民内部的分化，那些原本处于底层社会的灾民更为脆弱。正因如此，灾害专家列举的最脆弱性人群清单的特征也主要涵盖了性别、年龄、健康、残疾以及社会经济因素等。②

事实上，这些人群面临自然灾害的实际威胁和潜在风险也是最大的。相关统计数据显示，1975 年至 2000 年，自然灾害致死的所有人中，94% 的死亡人口来自低收入或中低收入国家，所有自然灾害死亡人数中最贫困人口的死亡人数占了 68%，全球大约有 10 亿 0~14 岁的儿童生活在高危或非常高危的地震易发地带。③

总而言之，自然灾害使得权利实现环境遭到破坏，人们的脆弱性明显加剧，权利实现能力骤降；并且风险往往与阶级位置叠加，使原来的弱势人群更为脆弱，部分最脆弱灾民可能完全丧失了实现权利的能力。不仅如此，相关证据还显示，各国民众和资产受灾风险的增长速度高于脆弱性下降的速度，从而产生了新的风险。④ 正是由于脆弱性的普遍存在，社会与国

① 〔德〕乌尔里希·贝克：《风险社会》，何博闻译，南京：译林出版社，2004，第 36~38 页。
② John Handmer, Rebecca Monson, "Does a Rights Based Approach Make a Difference? The Role of Public Law in Vulnerability Reduction," *International Journal of Mass Emergencies and Disasters*, No. 3, 2004, pp. 45–46.
③ 各国议会联盟和联合国国际减灾战略：《减轻灾害风险：一个实现千年发展目标的工具》，日内瓦，2010，第 14~17 页。
④ 数据来源于联合国大会第 69 届会议通过的《2015–2030 年仙台减少灾害风险框架》，A/69/L.67，第 3 页。

家责任理论都必须以人类的脆弱本性为中心。[①] 这不仅需要国家预防减轻缓解自然灾害导致的人类脆弱性，而且需要国家为其提供缓解危机的资源，最后成就公民应对自然灾害的韧性。

二 经济和资源困境

权利的实现除了权利主体必须具备一定的能力之外，还需要一定的物质条件的支持。自然灾害情形下，权利实现依赖的物质经济资源受到了一定的限制、破坏甚至摧毁权利实现所需的基本经济资源条件，增加了权利实现的难度和成本。尤其是突发性破坏力强的自然灾害大范围地侵袭一个国家时，受灾国可能会在瞬间面临大规模持续性的资源匮乏和经济衰退，灾民权利难以得到完全实现。比如说，持续性的干旱会造成生存所需的基本生活资料的匮乏；海啸、地震以及泥石流等特大突发性自然灾害的发生，不仅可能吞噬人的生命以及危害人的健康，也可能造成房屋倒塌、食物短缺、通信中断、道路损毁以及社会失序。

自然灾害的破坏力量有时会严重危及甚至超出一个国家或地方政府的经济发展或资源承受能力。比如，马拉维每年由于干旱和水灾造成的农作物损失平均占国内生产总值的1.7%，单是干旱就使马拉维的贫困人口增加1.3%。[②] 2004年的"伊凡"飓风摧毁了格林纳达90%的基础设施，造成的经济损失相当于该国国内生产总值的200%。2005年的克什米尔大地震给卫生部门带来的损失是巴基斯坦全国卫生预算的60%。[③] 2008年汶川地震造成的巨大经济损失超出了四川省政府的承受范围，中国只能采取中央财政直接拨款、民间捐赠以及地方政府对口支援的方式化解这一危机。"纳尔吉

---

① 〔美〕玛萨·艾伯森·法曼：《脆弱性的人类与回应性的国家》，李霞译，《比较法研究》2015年第2期。

② 各国议会联盟和联合国国际减灾战略：《减轻灾害风险：一个实现千年发展目标的工具》，日内瓦，2010，第13页。

③ 各国议会联盟和联合国国际减灾战略：《减轻灾害风险：一个实现千年发展目标的工具》，日内瓦，2010，第13~14页。

斯"气旋风暴给缅甸造成的直接损失是该国 2008 年国内生产总值的 2.7%，淹没 60 多万公顷农田，50% 的耕畜死亡，摧毁了渔船、粮食储备和农具。2010 年的海地地震造成的损失高达 79 亿美元，超过该国 2009 年国内生产总值的 120%。① 正如学者所言，所有权利都是积极权利，权利的实现需要钱，没有公共资助和公共支持，权利就不能获得保护和实施，权利仍旧只能是空头支票。② 可想而知的是，面对如此严重的自然灾害事件，即使是富饶的国家和睿智的政府都很难确保灾民的权利能够得到完全实现，也很难在短时间内帮助受灾地区恢复至灾前水平。

三　国家紧急措施的威胁

自然灾害情形下人权的实现还可能面临国家紧急措施以及社会秩序带来的威胁。自然灾害的爆发，往往会在极短的时间内打破原初的平静有序的社会秩序，一旦政府应对不力，容易造成大规模的社会恐慌。此外，在自然灾害复杂情形下，灾区人民的人权还可能面临他人以及其他组织侵害的风险。自然灾害发生后，一部分人可能担心生活没有保障或者缺乏生活保障，一部分人为了满足一己私欲，可能利用灾害造成的混乱秩序，浑水摸鱼，趁机侵害他人人身和财产安全。比如，海地地震发生之后，海地政府没有采取特别措施有效预防妇女遭受性暴力以及禁止儿童的贩卖交易，给部分家庭造成了许多难以想象的伤害。③

正是考虑到自然灾害可能引发社会骚乱，国家往往会采取各种紧急手段努力恢复社会秩序并尽量将灾害造成的损失降至最低，在某些极其危急的情况下甚至可能宣布进入紧急状态。由于法律赋予了例外情形更多的自

① 各国议会联盟和联合国国际减灾战略：《减轻灾害风险：一个实现千年发展目标的工具》，日内瓦，2010，第 25 页。
② 〔美〕史蒂芬·霍尔姆斯、凯斯·R. 桑斯坦：《权利的成本——为什么自由依赖于税》，毕竞悦译，北京：北京大学出版社，2004，第 3 页。
③ Salil Shetty, "Human Rights and Natural Disasters: Mitigating or Exacerbating the Damage?" *Global Policy*, No3, 2011, p. 334.

由裁量空间，此时政府权力相对集中、扩大和独裁，即便政府并非有意侵害公民的人权，但是一旦操作不当，就会侵蚀和挤压人权的空间，对原本脆弱的人权产生一定的破坏性，国家可能由人权应然保护者变成了人权的实然侵害者。一个简单的例子是，在紧急救灾过程中，政府可能会以救灾和维护社会秩序需要为名，采取一些不必要的或者超出必要限度的强制性限制人权甚至侵害人权的措施。比如，在灾情没有危及灾区人民安危无须撤离或转移的情况下，政府采取强制驱逐的手段强迫人民离开原有居住地，同时未对灾区人民的住房和财产加以必要的保护，这不仅侵害了灾区人民的人身自由权，也侵害了灾区人民的财产权和住房权。另外，在自然灾害期间一旦出现违法行为，政府考虑到社会秩序的复杂性以及增强威慑力，不仅可能出现任意拘禁和逮捕的现象，而且可能对犯罪嫌疑人采取酷刑以及其他不人道待遇，以便震慑潜在的犯罪分子，警示大众，这些做法可能侵害公正审判权、免遭酷刑以及不人道待遇的权利。自然灾害情形下，由于政府的不当行为导致人权遭到侵害的事例不在少数。其实，在政府权力扩大并且监督机制缺失或执行不力的情况下，必然会造成这一负面后果。

四　非国家行为体职能的局限性

国家是自然灾害下人权保障的主要义务体的另一重要理由是，相对而言非国家行为体在自然灾害应对中职能的有限性。首先，正如上文所述，非国家行为体与国家在自然灾害应对职权方面是有区别的。非国家行为体在法律上仅仅承担协同保护的义务，其实施的救灾行为在本质上乃是一种人道和慈善行为。作为仅承担协同保护义务的人道主义救灾行为，法律所要求承担的责任限度完全不能等同于国家。因为作为一种慈善活动，非国家行为体实施的人道主义救灾行为往往缺乏稳定性和持久性。对于深受灾害影响的灾民来说，灾中救援尤其是灾后重建中的救助和支援是一个长期持续的过程，而临时的、短暂的和偶然的人道主义救灾行动显然难以满足灾民不同阶段的多元需求。并且，人道主义救灾行为建立在人性的同情和怜悯的基础之上，因而施予者与被施予者之间无法享有平等的地位。被施予者没有资格要求施予者如何行动，他们面临困境时，很多时候只能被迫抛弃尊严，等待被施舍，尤其是那些被"标签化"的弱势人群更是难以得到平等的帮助和支援。灾民在人道主义救灾行动中的被动特性也意味着灾民能力提升空间的狭窄。在人道主义救灾行动中，灾民很少有机会参与救灾计划和方案的制定和实施，他们将自己的未来和命运交予一个不确定的他人负责，因而难以激发灾民救灾和灾后重建的积极性，影响救灾减灾的效果。

其次，非国家行为体的能力有限。自然灾害应对是一个全面系统的工程，从时间上看，它包括灾前的预防、灾中的救助以及灾后的重建；从内容上来看，它包括防灾、减灾、救灾、灾后恢复、重建和发展等方面；从手段来看，它包括制度构建、物资储备、技术支持、信息网络和基础设施建设以及专业人员培养等多种形式。显而易见的是，非国家行为体既没有权威的执行手段也没有强大的资源整合和调配能力，因此不可能构建全面有效的自然灾害应对系统，也无法覆盖自然灾害应对的全部过程。其实施的自然灾害应对行为更多的是，在灾害发生后对灾民生命和财产进行挽救以及对灾民基本生活保障进行援助，主要的手段是给予灾民物资上的帮助和精神上的抚慰，因而无论是从权限上来看还是从能力上来看，都无法系统地应对复杂的自然灾害事件。

第三节　人权话语在国际灾害应对立法领域的主流化趋势

国家之所以要在自然灾害状态下保障人权，还有一个基本的国际背景就是人权主流化的趋势。自1948年制定《世界人权宣言》以来，人权问题在全世界日益得到重视。全球性以及区域性的国际人权公约频繁制定，国际人权监督机制日益完善，人权逐步成为一种全球性的意识形态。特别是在联合国的推动下，人权正与和平与发展一样得到重视，并因此成为建立国际新秩序的重要维度。① 人权主流化获得了国际组织、政府和非政府组织的认同，成为国际社会着力推动的基本目标。② 人权主流化意味着人权已经成为社会发展的基本价值，成为衡量社会文明和正义的标准，成为国家立法、政策制定的重要手段和目标，成为国际组织、政府以及非政府组织的行动指南。当前来看，无论是联合国系统内的机构，还是联合国的成员国，人权问题都已经成为政治、经济、文化、外交乃至军事等领域政策考量的基本要素，人权已从一个过去不受重视的问题变成一个日益主流化的问题。正是基于这样一种趋势，联合国人权高专办主张，必须将基于人权的方式纳入为减少灾害风险而专门制定的政策与措施当中。③ 尽管人权方法已经成为当前国际社会处理自然灾害问题的基本趋势，但是人权在国际灾害应对立法领域的主流化经历了一个较为缓慢的过程。

一 20 世纪 20 年代～70 年代：强调人道主义

国际社会早期对非常社会的关注更多集中在战争和武装冲突情形，与此形成鲜明对比的是，国际社会早期并不重视自然灾害问题。当然，对灾害问题的不重视并不意味着国际社会对此没有做过任何的努力和尝试。自然灾害的国际法规制肇始于 1927 年，当年国际联盟制定了一部具有普遍性的、直接与灾害有关的唯一多边条约——《建立国际救济联合会公约和规约》。同年，根据该条约的规定成立了国际救济联合会。该公约规制的内容在于国际救灾援助和灾害合作，采用的援助方法是人道主义。④ 毫无疑问，《建立国际救济联合会公约和规约》对于推动国际灾害防治合作以及国际救

---

① 柳华文：《以人权促进世界和谐》，《人权》2007 年第 2 期。

② 柳华文：《论人权在中国的主流化与本土化》，《学习与探索》2011 年第 4 期。

③ 详情可参见联合国网站有关减灾议题的介绍，http://www.un.org/zh/humanitarian/disaster/ohchr.shtml，最后访问日期：2018 年 6 月 11 日。

④ 《建立国际救济联合会公约和规约》第 2 条明确指出，成立国际救济联合会的目标是"在任何不可抗力引发的灾难事件中，其严重性超过受打击人的承受限度时，应给其提供第一手的援助以及为此目的提供资金、资源和其他形式的援助"。

灾援助立法有着重要的作用。但是非常遗憾的是，由于财政上存在严重的困境，国际救济联合会从未真正提供过灾害救助，《建立国际救济联合会公约和规约》也因条款软弱不再施行。

此后近 50 年，尽管国际社会多次努力，但国际灾害立法的进展不甚顺利。[①] 这一时期国际社会的灾害援助实践中基本上沿用国际人道主义公约中有关人道主义援助的原则性规定，国际灾害应对立法不仅数量甚少而且没有人权话语的表达，国际灾害应对基本上未能突破人道主义的框架。

二　20 世纪 80 年代～20 世纪末：提倡尊重人权

20 世纪 80 年代以后，国际灾害应对立法开始有所作为，出现了一些新的发展趋势。首先，尽管这一时期国际自然灾害应对的规范来源仍然是人道主义法律文书，并且该领域的大部分关键文书仍然以人道主义作为救灾的基本准则，但是已经开始提倡尊重人权。比如 1992 年国际人道主义法研究所通过的《人道主义援助权利指导原则》的原则 1 指出："每个人享有人道主义援助权是为了确保尊重人的生命、健康的权利，不受残忍和侮辱对待的权利以及确保生存和安康的其他权利。"1994 年联合国人道主义事务协调厅通过的《在救灾中使用外国军事和民防资源的准则》（即《奥斯陆准则》）的核心原则指出："必须尊重和保护所有受害人的尊严和权利。"1995 年联合国人道主义事务协调厅通过的《复杂紧急情况下人道主义援助问题莫洪克准则》也使用了和《奥斯陆准则》一模一样的措辞。

其次，联合国通过了一些专门性救灾决议或决定，某些区域性条约或专业领域的条约开始关注自然灾害问题，这些法律文书都热切关注灾害带来的人权问题。比如，联合国 1988 年 12 月 8 日通过的第 41/131 号《向自

---

① 20 世纪中叶，国际社会多次提出制定国际救灾公约的建议，但最终都以失败告终。1976 年，UNDRO（即联合国救灾事务协调办公室）和国际红十字会共同推动制定《加快国际救援措施的公约》，但是由于某些国家担心"紧急救助会成为一种对抗有关国家进步政策的手段"，这个努力也没有在联合国框架内取得成功。具体参见姜世波《国际救灾法：一个正在形成的国际法律部门》，《科学·经济·社会》2012 年第 1 期。

然灾害和类似紧急情况的灾民提供人道主义援助》的决议中提及要深切关注自然灾害带来的苦难以及因此导致的生命损失、财产破坏和大批流离失所的现象，认为听任灾民自生自灭是危害生命和伤害人的尊严的行为。此外特别值得一提的是，1987 年通过的《非洲儿童权利和福利宪章》是第一个确认灾民权利的国际人权公约，该宪章明确指出要保障自然灾害时期儿童的各项人权。该宪章第 23 条规定，各缔约国必须确保因自然灾害等原因成为难民或境内流离失所的儿童"得到适当保护和人道主义援助，以享有本宪章和各国作为缔约国的其他国际人权和人道主义文书规定的权利"。

三 20 世纪末至今：尝试构建灾民人权保障的国际标准

20 世纪末，国际灾害应对立法加强了对人权问题的关注，国际社会开始尝试构建灾民人权保障的标准，并形成一批与人权相关的灾害法律文书。比如，1998 年由联合国人权理事会通过的旨在保障包括因自然灾害等原因而流离失所者的权利的《国内流离失所问题指导原则》。由于"受自然灾害影响或因自然灾害而背井离乡的人数越来越多，但对他们面临的众多人权挑战常常注意不够"，因而该原则成为"保护国内流离失所者的重要国际框架"。① 该指导原则不仅针对流离失所者的需要确定了权利的内容，而且使用 30 条原则规定了流离失所者权利保障的一般原则以及流离失所者公民权利、政治权利以及经济和社会权利的具体保障。最能体现国际社会在自然灾害问题上人权倾向的法律文书是联合国机构间常设委员会制定的《IASC 业务准则：如何保护受自然灾害影响的人》（下文简称《IASC 业务准则》）。机构间常设委员会作为人道主义援助机构间协调的主要机制，对灾害问题非常关注，《IASC 业务准则》的出台就是该机构对自然灾害问题做出的重要贡献之一。该准则不仅规定了灾民人权保护的一般性原则，还根据权利的重要性以及灾害的紧急程度，将灾民人权分为四组权利群，并详细规定

---

① 2009 年国内流离失所者人权问题秘书长代表瓦尔特·卡林的报告：《增进和保护所有人权、公民、政治、经济、社会和文化权利，包括发展权》，A/HRC/10/13，第 5、25 段。

了每项权利的具体保障标准和实施细则。

在这一时期，不仅国际灾害应对立法关注了人权问题，联合国以及一些区域性组织制定的人权公约、人权条约机构发布的一般性意见以及人权理事会通过的决议中，也多次提及自然灾害问题，试图构建自然灾害下人权保障的标准，使人权成为国际救灾行动的主流话语。2006 年的《残疾人权利公约》是联合国核心人权条约中唯一一个专门规定了包括自然灾害在内的危机情形人权保障的公约。2012 年人权理事会通过的《在灾害背景下的适足生活水准权所含适足住房问题》的决议对灾民住房权保障进行了详细的规定。此外，各人权条约机构发布的多个"一般性意见"中也对自然灾害时期的具体人权进行了规定，具体包括：经济、社会和文化权利委员会发布的"第 12 号一般性意见：食物权"、"第 14 号一般性意见：健康权"、"第 15 号一般性意见：水权"以及消除对妇女一切形式歧视委员会发布的"第 28 号一般性意见：缔约国在《消除对妇女一切形式歧视公约》第 2 条之下的核心义务"。

综上可见，在人权主流化的驱动下，国际灾害应对立法领域也开始日渐关注人权问题，这一趋势为自然灾害状态下加强人权保障提供了恰好的国际背景。但是，必须强调的是，尽管国际社会对灾民的人权保障问题已经高度重视，但是灾民人权在国际层面的保障并不完善，因为以灾民权利保障为主题的国际法律文书只有《IASC 业务准则》。

从本章我们得知，正是基于国家的契约义务、政治正当性的要求、干预风险的需要以及社会国的应有责任的理论基石，也由于自然灾害环境下权利实现困境的现实需求，同时考虑到人权话语在国际灾害应对立法领域的主流化趋势，国家在自然灾害事件中必须履行相应的人权保障义务。

第三章

自然灾害下国家人权义务的体系
构建与原则确立

上文的论述已经表明，国家是自然灾害时期人权保障的首要义务主体。并且，自然灾害时期的人权保障面临一个悖论：一方面，自然灾害的发生为人权实现带来了风险，加大了人权保障的难度；另一方面，自然灾害时期的人权危机更加提升了人权保障的必要性和紧迫性。这一悖论实乃任何一个勇于对其民众负责的、真正重视人权的政府必须认真面对的问题，它直接决定了一个国家在自然灾害期间人权保障的质量和水平。在笔者看来，这一悖论的解决，既关系到自然灾害情形下国家人权义务的层次、范围和内容，也取决于国家解决这一问题所遵守的基本原则，因为义务和原则乃是自然灾害时期人权保障具体制度的基础和指南。

第一节　自然灾害下的国家人权义务体系

诸多的国际法律文书都强调了国家的人权义务，为自然灾害下国家人权义务体系的构建提供了指引。自然灾害下的国家人权义务体系是一个多层次和综合性的义务体系，它由一般法律义务，包括尊重、保护和实现三重义务在内的具体法律义务，提供最基本保障标准的最低核心义务以及国际义务构成。① 国家义务的内容具体涉及灾害预防、灾害紧急救援、灾害恢复和重建以及灾害应对中的腐败防治等方面。自然灾害时期人权的完全实现需要上述不同层面和内容的国家人权保障义务的充分履行。

一 一般法律义务

一般法律义务是指国家在人权保障方面负有的原则性和一般性法律义务，其规范依据来源于国际人权公约中的一般性义务条款以及具体权利条款中的义务条款。其中，国际人权公约中的一般性义务条款是专门规定该公约所含人权的一般法律义务的条款，而部分具体权利条款中也有关于国家履行该项人权一般法律义务的规定。

《经济、社会和文化权利国际公约》规定了经济、社会和文化权利的一般法律义务。该公约第 2 条为一般性义务条款（该条款规定的义务既包括行为义务，也包括结果义务），② 该条款具体规定了国家履行经济、社会和文化权利保障的一般法律义务。③ 为了更好地理解《经济、社会和文化权利国际公约》第 2 条的立法意图以及指导和督促缔约国履行义务，CESCR 针对第 2 条的第 1 款发布了"第 3 号一般性意见：缔约国义务的性质"，该意

---

① 笔者之所以将自然灾害时期的国家人权义务层次分为一般法律义务、具体法律义务、最低核心义务和国际义务，是借鉴和吸收了 CESCR 的做法。该委员会发布的"第 13 号一般性意见：受教育权"、"第 14 号一般性意见：健康权"和"第 15 号一般性意见：水权"都将国家义务分为上述四个层次。

② "第 3 号一般性意见：缔约国义务的性质"，E/1991/23，第 1 段。

③ 《经济、社会和文化权利国际公约》第 2 条明确规定："1. 每一缔约国应尽最大能力个别采取步骤，或经由国际援助和合作，特别是经济和技术方面的援助和合作，采取步骤，以便用一切适当方法，尤其包括用立法方法，逐渐达到本公约中所承认的权利的充分实现。2. 本公约缔约各国承担保证，本公约所宣布的权利应予以普遍行使，而不得有例如种族、肤色、性别、语言、宗教、政治或其他见解、国籍或社会出身、财产、出生或其他身份等任何区分。3. 发展中国家，在适当顾及人权及它们的民族经济的情况下，得决定它们对非本国国民的享有本公约中所承认的经济权利，给予什么程度的保证。"

见进一步详细阐述了国家在该类人权上的一般法律义务。① 结合《经济、社会和文化权利国际公约》第 2 条和 "第 3 号一般性意见：缔约国义务的性质" 进行分析，笔者发现国家在经济、社会和文化权利方面的一般法律义务包括四个紧密相连的内容。其中，"最大努力" 的义务意指国家应尽自身最大的能力采取各种必要措施来促进权利的实现。"逐步实现" 的义务既承认因资源限制而无法充分实现全部的经济、社会和文化权利，同时也确立了国家尽可能迅速和有效地实现即刻生效的权利的各项义务；"逐步实现" 的义务要求国家用一切适当方法，尤其是立法方法，但不排除其他有效方法的使用；"逐步实现" 还意味着在该类权利实现方面的任何后退措施都需要最为慎重的考虑，必须有充分的理由。"平等与非歧视" 的义务是指国家必须平等地保障经济、社会和文化权利的实现，不能基于生理或社会理由进行歧视。"与国家社会经济条件相适应" 的义务既承认不同国家之间社会发展和经济水平的差异，同时当缔约国将未能履行经济、社会和文化权利的最低核心义务归咎于资源匮乏时，该缔约国必须有充足理由证明已经尽最大努力、利用了一切可用的资源。《经济、社会和文化权利国际公约》除了第 2 条对公约所含人权的一般法律义务有所规定外，一些具体人权条款也对该权利的一般法律义务进行了规定。比如，《经济、社会和文化权利国际公约》第 6 条（即工作权条款）第 1 款要求国家 "采取适当步骤来保障这一权利"。第 7 条（即良好工作条件权利条款）的第 1 款规定："公平的工资和同值工作同酬而没有任何歧视，特别是保证妇女享受不差于男子所享受的工作条件，并享受同工同酬；……"

与经济、社会和文化权利一样，《公民权利和政治权利国际公约》对公

① "第 3 号一般性意见：缔约国义务的性质" 认为，《经济、社会和文化权利国际公约》规定逐步实现权利并确认因资源有限而产生的局限，但它同时也规定了立刻生效的各种义务，其中有两项对于理解缔约国义务的准确性质特别重要。其中之一是 "保障" "在无歧视的条件下行使" 有关权利，另一项是 "采取步骤" 的义务，要求缔约国在生效之后的合理较短时间之内就必须采取争取这一目标的步骤，此类步骤应当周密、具体、以尽可能明确地履行《公约》义务为目标。参见 "第 3 号一般性意见：缔约国义务的性质"，E/1991/23，第 1～2 段。

民权利和政治权利的一般法律义务进行了规定。《公民权利和政治权利国际公约》的第 2 条也是一般性义务条款，但是与经济、社会和文化权利相比，该条款关于公民权利和政治权利一般法律义务的规定有重大差异。该条款规定："人人有资格享受本宣言所载的一切权利和自由，不分种族、肤色、性别、语言、宗教、政治或其他见解、国籍或社会出身、财产、出生或其他身份等任何区分。并且不得因一个所属的国家或领土的政治、行政的或者国际的地位之不同而有所区别，无论该领土是独立领土、托管领土、非自治领土或者处于其他任何主权受限制的情况之下。"该条款表明，尽管与经济、社会和文化权利一样，国家在保障公民权利和政治权利时必须履行平等和非歧视义务，但是公民权利和政治权利是即刻实现的权利，国家具有立即尊重和确保一切公民权利和政治权利的义务。① 为了达到这一目标，CCPR（即联合国人权事务委员会）特别承认，权利的执行工作并不完全依靠颁布宪法或法律，国家可以选择在该条范围内规定的所有执行方法。② 正是由于公民权利和政治权利是即刻实现的权利，因而在《公民权利和政治权利国际公约》的具体权利条款中没有关于一般法律义务的规定。

一般法律义务是国家履行人权保障义务最根基性的规定以及原则性要求，它适用于任何时期。因此，自然灾害时期国家应履行的一般法律义务既包括在充分考虑社会经济水平的前提下，尽最大努力逐步实现经济、社会和文化权利的义务，也包括即刻实现公民权利和政治权利的义务，同时应在自然灾害人权立法和人权保障实践中履行平等和非歧视义务。

二 具体法律义务

传统上，国家义务被分为消极义务和积极义务。消极义务是指国家必

---

① 联合国人权事务委员会在 1981 年发布了专门针对该公约第 2 条的"第 3 号一般性意见：各国执行工作"，该意见也明确表示，"《公约》规定的义务不限于尊重人权，各缔约国也已承担保证在其管辖下人人享有其权利"。参见"第 3 号一般性意见：各国的执行工作"，HRI \\ GEN \\ 1 \\ Rev. 7, 125（2004），第 1 段。

② "第 3 号一般性意见：各国的执行工作"，HRI \\ GEN \\ 1 \\ Rev. 7, 125（2004），第 1 段。

须保持克制，不干涉个人的自由，相对应的是自由权；积极义务是指国家积极作为，为个人自由和利益的实现提供条件、资源或机会，相对应的是社会权。国家义务传统的两分法有助于我们理解两类权利中国家保障义务之间的差异，但这种二元对立的划分方法显然忽视了国家义务的复合性。正如日本学者大沼保昭所言："在传统的理解上，社会权使国家负有积极的义务。这种理解只强调满足的义务，而忽视了尊重、保护和促进的义务等其他方面。而且，将自由权理解为国家的消极义务的传统性认识，也只强调了国家对自由权尊重的义务，而忽视了自由权的其他方面。这任何一种认识都忽视了国家为人权综合性实现所负义务的复合性特征。"[1] 亨利·舒也认为传统的"消极/积极"的分法太过于简单，他强调所有的权利既有"积极"的相关义务，也有"消极"的相关义务，需要多种义务的履行才能得到充分实现。[2] 他首次将基本权利对应的义务分为三类：避免剥夺的义务、保护个人不受剥夺的义务以及帮助被剥夺者的义务。著名人权学者 A.艾德在亨利·舒的义务层次理论的基础上，将三个层次的义务提炼为尊重义务、保护义务和实现义务。其中，尊重义务要求国家尊重个人拥有的资源，不得侵害个人的自由。保护义务要求国家保护个人免受第三者的干涉。实现义务包括两个层面，第一层面要求当个人穷其所能而无法实现权利时，国家应积极增加机会促其实现；第二层面需要的是直接提供机会或资源帮助其实现权利。尊重义务不需要消耗太多的资源就可以实现，保护义务和实现义务需要国家积极行动并需要消耗较多资源，因而在义务履行的难易程度上，尊重义务最易实现，保护义务次之，实现义务最难实现。事实上，任何基本权利，即使它表面上看起来有多"消极"，如果三个层次的义务不

---

[1] 〔日〕大沼保昭：《人权、国家与文明：从普遍主义的人权观到文明相容的人权观》，王志安译，北京：生活·读书·新知三联书店，2003，第 221 页。

[2] 转引自〔美〕杰克·唐纳利《普遍人权的理论与实践》，王浦劬等译，北京：中国社会科学出版社，2001，第 113 页。

能履行，那么它要想完全得以实现是不可能的，[①] 区别在于实践中以哪种义务作为主要的保障手段。其中，社会权以国家的积极义务作为主要手段达到期待利益的保护、促成和提供，以国家的消极义务作为次要手段达到现有利益的尊重；自由权以国家消极义务为主要手段、国家积极义务为次要手段达到现有利益的尊重。[②] CESCR 吸收了 A. 艾德的观点，从此"国家义务三层次说"成为众多人权学者分析国家义务的理论工具。"国家义务三层次说"为国家人权义务的履行指明了方向，也为具体人权法律义务确立了标准。自然灾害下人权的实现也需要国家充分履行尊重、保护和实现三重具体法律义务。

（一）尊重义务

自然灾害情形下国家的尊重义务意指国家在自然灾害时期不得直接或间接干扰公民享有人权，不得在自然灾害立法或国家政策中采取歧视性的做法，不得在自然灾害应对实践中限制或剥夺公民平等享有人权的权利和机会。此外，自然灾害情形下的国家尊重义务还包括国家不得阻止国际组织、其他社会组织以及社会个体合法参与自然灾害应对相关的事务。这里的"平等"和"无歧视"可以从两个层面进行理解。一是针对非灾民而言，不得歧视灾民。当然，对灾民的区别对待不属于歧视行为。二是指在灾民之间不得基于任何理由进行歧视。以住房权为例，自然灾害时期住房权的尊重义务主要关系住房权的自由，也就是说国家负有不侵害住房自由和住房保有权的义务。"第 4 号一般性意见：住房权"已经规定住房所有人享有免遭强迫驱逐和骚扰的自由，在自然灾害情况下，国家同样负有不强迫驱逐的义务。尊重义务还要求在自然灾害情况下，国家不应没收或剥夺住房权利人的保有权尤其是因灾流离失所者的住房保有权。根据《IASC 业务准

---

① Henry Shue, *Basic Rights: Subsistence, Affluence and U. S. Foreign Policy*, Second Edition, Princeton University Press, 1996, p. 63.

② 龚向和：《作为人权的社会权——社会权法律问题研究》，北京：人民出版社，2007，第 18 页。

则》的规定，只有在缺乏替代性住所并且不再绝对必要时，才能占有未用的私人财产，相关私人财产的所有人有权获得补偿。此外，国家不得采用立法或政策以及行政手段阻止或限制国际组织、社会组织以及社会个体依法参与自然灾害时期的住房保障。

自然灾害情形下尊重义务的首要义务主体是国家立法机关。立法机关对人权的尊重义务主要包括以下几个方面。首先，立法机关不得制定侵犯灾民人权的法律法规。立法机关拥有巨大的权力，一旦权力被滥用，就可能侵害人们的自由和权利，因而必须对立法机关加以防范。其次，立法机关不得在灾民人权立法中采取歧视性做法。最后，立法机关不得在自然灾害应对及其相关立法或政策中阻止或限制其他主体合法参与灾害应对和灾民权利保障的行为。自然灾害情形下除了立法机关必须严格履行尊重义务外，行政机关也负有尊重义务，具体体现在行政机关应严格依法参与自然灾害管理，不得滥用行政裁量权，侵害公民权利；行政机关不得在没有任何法律依据的情况下，在自然灾害管理中直接或间接地侵犯公民的权利。

（二）保护义务

尽管保护义务已经得到了原则上的承认，但是对于国家在实际生活中保护私人的程度仍在理论和实践中存在争议，[①] 保护义务是否应该涵盖自然力侵害人权的行为就是其中的争议之一。有学者明确反对，在他们看来，"保护义务只针对第三人侵害，不涉及公权力和自然力的侵害"，因为"面对自然力的侵害，基本权利主体要求国家采取各种措施保障其生存权益，是典型的社会权主张，直接与国家给付义务对应。所以，国家对自然力侵害的防止和救助的义务，也不属于基本权利保护义务"。[②] 这种分析貌似有理，但是被自然力侵害的影响生存权益的权利并不仅仅局限于社会权，还包括自由权，比如生命权。况且，为了预防、排除自然力对权利的侵害以及对

---

① 〔奥〕曼弗雷德·诺瓦克：《国际人权制度导论》，柳华文译，北京：北京大学出版社，2010，第48页。

② 龚向和、刘耀辉：《论国家对基本权利的保护义务》，《政治与法律》2009年第5期。

受侵害权利进行救济而采取相关积极保障措施就是典型的保护义务，而非给付义务。对此，我国学者陈征明确表示，自然力可能成为保护义务的侵害主体，应属于国家保护义务的理论范畴。① 而我国台湾学者李建良详细论述了国家保护义务涵盖自然灾害的理由及其自然灾害时期保护义务的范围。在他看来，"吾人若要承认基本权利保护义务的存在，自无理由将'自然的灾害'排除于保护义务的范围之外"。他从"法益保护取向""基本权利保护的有效性"以及基本权利的规范效力三个方面认为国家不应"无视于特定危险源的存在"，因此"足堪认定'自然力'亦属国家保护义务所应防卫的对象"。② 至于国家对于自然灾害等非人类行为造成的人权危机的保护义务的程度，李建良先生建议从"危险防免程度"和"保护世代"两个方面进行探讨。③

自然灾害情形下国家的保护义务意指国家应采取必要措施预防和减轻自然力对人权的侵害以及在灾害情形下防止第三方干涉公民的人权。换句话说，自然灾害情形下的保护义务包含两个方面：防灾减灾义务和防止第三方侵害人权的义务。具体而言，自然灾害时期的国家保护义务主要包括国家有责任通过法律或其他措施预防自然灾害的发生或采取预防措施将自然灾害的影响降至最低，保障灾民的权利免遭其他组织或他人的干涉或限制，保障有平等的机会得到第三方的救援和救助服务，保证第三方救援和救助服务的可接受程度以及质量，阻止第三方胁迫灾民接受其文化或习俗不允许的救灾物资或服务。国家还应排除限制侵害人权的相关因素，比如确保第三方不得限制灾民获得与自然灾害相关的信息和服务。此外，当国家未能履行预防或排除义务导致权利受侵时，国家应采取相应措施予以救济。以住房权为例，自然灾害情形下的国家保护义务要求国家采取预防措施防止和减轻自然灾害对个体住房的伤害以及保护灾民的住房权免遭其他

① 陈征：《基本权利的国家保护义务功能》，《法学研究》2008 年第 1 期。
② 李建良：《宪法理论与实践》（二）（第二版），台北：新学林出版股份有限公司，2007，第 87~88 页。
③ 李建良：《宪法理论与实践》（二）（第二版），台北：新学林出版股份有限公司，2007，第 88 页。

个人和组织的侵害，同时当住房权利受损时可以获得相应的救济。这些义务不仅体现在灾民的住房自由权层面，也体现在灾民的住房权资格层面，它不仅关系到住房权的人身维度，也关系到住房权的财产维度。

自然灾害情形下国家保护义务的义务主体是全体国家机关。首先，自然灾害情形下侵害人权的主体主要是自然力，立法机关应根据自然灾害的特性周密考量和提前防备以降低自然力可能造成的侵害，并据此制定出专门性的防灾救灾抗灾法律。其次，行政机关应调动所有的资源和权力积极应对自然灾害，建立相应的灾害应急机制和预防预警机制以及责任机制，尽最大能力避免或减少自然灾害事件或第三人对公民权利的侵害。再次，自然灾害情形下当公民的人权受损而诉诸司法程序时，司法机关必须严格适用法律以及遵循相应的程序，对预防和保障人权的灾害应对行政行为进行合理的判断，对不适当和不尊重人权的保护和给付措施进行纠正，从而对人权受侵害者施以救济。

（三）实现义务

自然灾害情形下国家的实现义务意指国家应采取适当的立法、行政、司法、宣传、预算以及其他措施，提升灾区人民的人权实现能力，创造或提供人权实现的便利，并且当灾民凭借自身能力和努力无法实现人权时，国家可以通过直接提供资源的方式帮助灾民实现人权。[①] 自然灾害情形下国

---

① 需要说明的是，我国一些宪法学学者在分析基本权利的国家义务时，认为国家义务应分为尊重义务、保护义务和给付义务三个层次。在他们看来，"实现"一词在语义上一般指某一行为的结果状态，而不在于该行为的履行方式和手段，是故"实现"不仅包含了"保护"，而且事实上也囊括"尊重"在内。但是笔者认为，将人权的国家义务三层次界定为尊重、保护和实现更为合适，这既能与国际人权法律文书和国际人权理论的惯常用法相对应，又能避免给付义务可能导致的义务范围缩小之嫌。因为给付义务更多强调的是国家提供的经济或物质利益的帮助，而实现义务既包括帮助个体提升获取资源机会的促进义务，也包含直接履行物质或经济帮助的给付（提供）义务。有关给付义务主张的详细论述可参见龚向和《基本权利的国家义务体系》，《云南师范大学学报》（哲学社会科学版）2010年第1期；龚向和、刘耀辉《基本权利给付义务内涵界定》，《理论与改革》2010年第2期；张翔《基本权利的受益权功能与国家的给付义务——从基本权利分析框架的革新开始》，《中国法学》2006年第1期；侯猛《从校车安全事件看国家的给付义务》，《法商研究》2012年第2期。

家的实现义务尤为重要，因为自然灾害的发生使人权实现的常规客观环境骤变、灾民人权实现能力突降，这时往往必须借助外部力量才能渡过难关。自然灾害情形下国家实现义务的内容非常广泛，主要包括但并不限于：灾害救援救助法律或政策的构建；灾中紧急救援和救助；灾后基础设施的重建和恢复，重建过程中住房、教育、就业、医疗以及生活保障方面的便利和帮助；等等。以住房权为例，自然灾害时期国家对住房权的实现义务主要体现在住房救助上，该义务要求当灾民没有适足住房或者无能力获得适足住房时，国家应该为灾民提供临时性居所，并在灾后恢复重建阶段创造机会和条件帮助灾民获得适足的永久性住房。此外，住房权的实现义务还要求国家给予必要的财政或技术援助，以促进因灾流离失所者在安全和有尊严的情况下有效地自愿返回。①

　　自然灾害情形下国家实现义务的履行同样需要所有国家机关的共同参与。首先，立法机关应制定灾害救援和救助的法律。由于实现义务涉及财政负担与利益分配，因而实现义务的制度规范只能由立法机关来制定。其次，行政机关应严格执行灾害救援和救助的法律和政策，并在危急时刻且法律无明确规定的情况下合理行使行政裁量权，在紧急或危及生存等情形下直接履行给付义务。最后，司法机关应及时和公正地进行司法审查，对自然灾害时期权利受侵害者施以救济，尤其可以从给付主体、手段、程序及其范围等方面进行矫正和救济。

　　上文的论述告诉我们，自然灾害情形下国家需要从尊重、保护和实现三个层面履行人权保障义务，缺一不可。但是，由于侵犯人权主体的特殊性以及类型的多元性，再加上自然灾害的阶段性以及人权风险的广泛性，自然灾害情形下国家保障人权所依仗的具体法律义务类型不仅与常态社会有一定的差异性，而且还体现出一定的阶段性。首先，与常态社会不同的是，自然灾害情形下绝大部分人权的实现依赖的是国家积极义务，尤其是

---

① Principles on housing and property restitution for refugees and displaced persons, E/CN.4/Sub.2/2005/17.

在重大突发性自然灾害事件以及持久性自然灾害事件中，即使生命权之类的典型的自由权的实现都必须依仗保护义务和实现义务。其次，由于自然灾害具有阶段性，而灾害应对不同阶段的人权保障目标和重心有明显的区别，因此相对应的国家积极义务类型也不尽相同。

在灾前预防阶段，国家实施人权保障措施的主要目标是提升公民抵抗灾害因子的能力、避免或降低因灾所致的人权风险，因而需要重点保障的人权是住房权、参与公共事务的权利等，相对应的义务类型是保护义务。这是因为尽管侵害人权的自然异变还没有发生，但是自然灾害有可能侵害生命、财产、住房等方面的权利，因而国家必须在灾前履行预防和排除侵害人权因素的保护义务。国家有义务在公民的有效参与下制定和实施预防性的制度规范和程序规范，并将相应的信息及时透明地对社会大众予以公开，具体包括：制定自然灾害防治的法律和政策；制定防灾建筑标准；设立自然灾害管理机构；完善灾害应急救援人员和灾害应急物资的准备机制；建立自然灾害预警预报机制和应急响应机制；成立自然灾害信息交流和共享平台以及对公民进行救灾常识宣传；等等。

在灾中紧急救援救助阶段，国家实施人权保障措施的主要目标是减少自然灾害事件导致的生命和财产损失以及保障灾区人民的基本生存条件，该时期国家重点关注的人权包括生命权、财产权、食物权、住房权、水权、健康权、知情权以及家庭权等，相对应的义务类型是保护义务和实现义务。自然灾害发生后，强大的破坏力可能会侵害公民的生命和财产安全，这时首先需要国家履行保护义务，排除妨碍人权实现的各种因素，保护灾区人民的生命财产安全。具体措施包括：及时启动灾害响应机制；准确迅速通知灾民灾情；组织灾区人民进行紧急疏散和撤离；迅速组织人员进行营救；等等。在灾中紧急救援救助阶段，国家除了履行保护义务外，更需要履行实现义务来帮助灾区人民脱离暂时性的困境，具体措施包括：及时营救受灾人员的生命；为灾区人民提供救生设备、交通工具和通信设施；抢救和医治受伤的灾民以及提供确保灾区人民生存所需的充足的食物、安全干净的饮水、安全的住所、适足的卫生条件、基本的医疗服务以及安全的社会环境等。

在灾后恢复重建阶段，国家实施人权保障措施的主要目标是帮助灾区人民尽快恢复生产生活以谋求更好的发展，需要重点保障的人权是住房权、工作权、知情权、受教育权、财产权、家庭权、参与公共事务的权利等，相对应的义务类型是实现义务。在恢复重建阶段，侵害人权的主要力量已经消退，但是灾区人民的财产、住房、健康以及赖以生存的生计环境和设施遭到了不同程度的毁损或破坏。尽管灾后重建的主体应为灾民自身，恢复重建应以自力救济为主，但是国家应牢记灾区和受灾人员的脆弱性。国家应该帮助灾区恢复基础建设、维护良好的社会秩序，同时应采取经济、税收等多种手段为灾民权利实现创造便利和机会，并在灾后一段时间内给予那些无力维持生命存续的灾民直接的物资和经济上的帮助，尤其应特别关注那些因灾致残和因灾致贫灾民的生存状况。

三　最低核心义务

前文已经论及，经济、社会和文化权利的国家义务履行方式和内容与公民权利和政治权利有一定的差异。公民权利和政治权利是即刻实现的权利，而经济、社会和文化权利不是即刻实现的权利。两类权利的这一差异告诉我们，国家对于公民权利和政治权利应承担的义务在任何时候都必须遵循以国际人权宪章为核心构建起来的国际标准；相对而言，国际社会对于经济、社会和文化权利的内容和国家义务的规定较为宽泛和模糊，有些权利的全面充分实现可能需要一个较为长期的过程。

尽管如此，每项经济、社会和文化权利都有一个最核心的内容，否则该项权利就没有存在的基础，每项经济、社会和文化权利的核心内容也确立了国家对于该项人权的最低核心义务。因而，最低核心义务是指国家应履行的根本义务，即某项人权必须达到的最低水平。著名的人权学者阿尔斯通直言："每项权利必须有一个绝对的最低要求，如果没有了这个最低要求，那么缔约国就违反了相应的义务。"① CESCR 在 "第 3 号一般性意见：缔约国义务的性质" 中也指出："每个缔约国均有责任承担最低限度的核心义务，确保至少使每种权利的实现达到一个最基本的水平。"② 该委员会还认为："如果在一缔约国内有任意较大数目的个人被剥夺了粮食、基本初级保健、基本住房或最基本的教育形式，该缔约国就等于没有履行《经济、社会和文化权利国际公约》下的义务。"③ 该委员会还在 "第 14 号一般性意见：受教育权" 和 "第 15 号一般性意见：水权" 中规定了受教育权和水权的最低核心义务。④

自然灾害情形下人权风险的加剧凸显了国家保障人权的急迫性，因而任何受灾国都不得以任何理由拒绝履行人权保障的最低核心义务，如若受灾国确因资源缺乏不能履行最低核心义务，受灾国必须有充分的理由证明该国已尽最大能力保障人权，其中也包括寻求外部援助。当然，考虑到自然灾害情形下人权保障的特殊性，自然灾害时期人权保障的最低核心义务不仅要参照常态社会的标准，还需结合自然灾害事件的特点予以确定。综合国际人权公约以及 CESCR 发布的一般性意见来看，自然灾害情形下国家需要履行的最低核心义务应包括以下四个方面：一是不允许大规模的人权被剥夺；二是在人权保障中拒绝歧视和不平等；三是即使最危急时刻都必须遵守《公民权利和政治权利国际公约》的克减条款（即第 4 条）以及确保公民生存必需的社会权利和经济权利；四是特别关注自然灾害情形中脆弱人群的人权。以健康权为例，常态社会健康权的最低核心义务包括：免于饥饿；基本住所、住房、饮水和卫生条件的保障；必需药品的提供以及流行病的防控；平等与非歧视；等等。⑤ 与常态社会相比，自然灾

---

① Phillip Alston, "Out of the Abyss: The Challenges Confronting the New U. N. Committee on Economic, Social and Cultural Rights," *Human Rights Quarterly*, Vol. 9, 1987, p. 351.

② "第 3 号一般性意见：缔约国义务的性质"，E/1991/23，第 10 段。

③ "第 3 号一般性意见：缔约国义务的性质"，E/1991/23，第 10 段。

④ "第 13 号一般性意见：受教育权"，E/C. 12/1999/10，第 43 段；"第 15 号一般性意见：水权"，E/C. 12/2002/11，第 37 段。

⑤ "第 14 号一般性意见：健康权"，E/C. 12/2000/4，第 43 段。

害事件对健康权带来的最显性的挑战来自自然灾害事件可能造成的大量伤病以及医疗卫生资源的紧缺，因而自然灾害情形下国家要履行的健康权的最低核心义务内容有所不同，具体包括保障紧急治疗权、预防和控制灾区传染病的流行、基本药品的供给以及禁止歧视和关注弱势人群的健康权。

四　国际义务

自然灾害情形下人权的实现除了需要国家履行一般法律义务、具体法律义务以及最低核心义务之外，还需履行相应的国际义务。自然灾害情形下国家的国际义务是指国家有义务通过国际灾害防治合作或灾害援助，履行他们的国际承诺，实现国际法律文书规定的各项人权。CESCR 发布的一些一般性意见为自然灾害时期国家的国际义务提供了规范依据。"第12号一般性意见：食物权"指出："按照《联合国宪章》，各国负有共同和单独的责任，在紧急情况下合作提供救灾和人道主义援助，包括对难民和国内流离失所者的援助"，要求"各国应该按照其能力对这项任务做出贡献"，并对粮食援助标准提出了具体的要求。[①] "第14号一般性意见：健康权"和"第15号一般性意见：水权"不仅规定了各缔约国在健康权和水权方面负有国际义务，而且对自然灾害时期健康权和水权的国际义务进行了具体的规定。在健康权方面，国家应尽最大努力提供国际医疗援助，并在医疗援助、分配和管理资源方面，如安全和洁净的饮水、食物和医疗资源以及财政援助中，优先考虑人口中最脆弱和边缘的群体。[②] 在水权方面，缔约国应在他国受灾或紧急援助时提供足够的水。[③] 综上，我们认为自然灾害时期国家的国际义务主要包括：国家应承认国际合作在自然灾害时期人权保障中的重要性；国家有共同和单独的责任，在提供救灾和人道主义援助方面进

---

① "第12号一般性意见：食物权"，E/C. 12/1995/5，第38~39段。
② "第14号一般性意见：健康权"，E/C. 12/2000/4，第40段。
③ "第15号一般性意见：水权"，E/C. 12/2002/11，第34段。

行合作；国家不得实施相关手段，限制向受灾国提供救援；国家应提供便利，保障本国的其他组织和个人对受灾国进行救灾和提供人道主义援助；受灾国因灾情严重或能力制约无法确保本国公民生命或财产安全，有义务寻求国际援助。

从上文的分析我们已经得知，自然灾害情形下的国家义务层次是多方面的，自然灾害时期人权的实现既需要国家履行一般法律义务和国际义务，也需要国家履行由尊重、保护和实现义务构成的具体法律义务，同时在任何情形下国家都必须坚守最低核心义务的底线。

第二节　自然灾害下国家人权义务的基本原则

自然灾害时期不同层次的国家人权义务的履行决定自然灾害时期的人权保障质量和保障水平。当然，国家义务的履行依赖的是相关具体制度的制定和实施。为了更好地落实相关的制度，我们需要遵循一些基本原则，这些基本原则作为国家义务履行的灵魂和根基，对自然灾害时期国家履行人权保障义务具有非常重要的指引作用。

一　权利位阶原则

权利位阶原则类似于我们日常生活和工作中所谓的抓重点或者中心点，意指在不同情形下不同种类的人权并非同等重要，国家在履行人权保障义务时必须根据具体情况进行充分的分析和权衡。尽管《世界人权宣言》"给人的印象是所有人权均同等重要"，《维也纳宣言和行动纲领》也指出"所有人权均为普遍、不可分割、相互依存和相互联系的"，并要求"国际社会在同等地位上、用同样重视的眼光，以公平和平等态度全面看待人权"，但是在笔者看来，联合国这一主张的特定语境是针对冷战时期西方国家所坚持的公民权利和政治权利比经济、社会和文化权利重要的主张，其根本目的乃是强调《公民权利和政治权利国际公约》中的权利并不比《经济、社会和文化权利国际公约》中规定的权利重要。但是，从两个公约的文本来看，联合国其实也坚持了权利位阶原则。

自然灾害情形下，国家履行人权保障义务首先应该遵守权利位阶原则，这不仅仅是因为权利本身的价值具有差异性，而且还考虑到自然灾害这一极端危难而又时空受限、资源稀缺的特殊情形下权利实现所需的经济成本和时间成本。因此，自然灾害情形下国家首先应保障对公民生存更有价值的人权。灾害情形下权利位阶原则可以表述为三个子原则。第一个子原则是生命权至上原则。生命权乃所有人权中最为重要的人权，没有了生命权，所有人权都将失去其存在的依靠和意义。正因如此，在自然灾害情形下，如果出现几种权利发生冲突的情况，国家首先要全力保障生命权，对其他人权可以进行适当限制或者依法克减。第二个子原则是以生存权为核心的经济权利和社会权利优位原则。自然灾害情形下当生命保全后，就应考虑延续生命的问题，即生存权问题。生存权作为"最低限度合于人性尊严的生活"的权利，至少应包括两个层面的含义：第一层是维持人的生活的基本的物质需要，如食物、衣着、住房和医疗；第二层是人们能有尊严地享有这些基本需要。[①] 自然灾害情形下，国家对生存权的保障也应该满足这两个层面的需求。第三个子原则是公民权利优先于政治权利原则。该项原则意味着自然灾害时期公民权利保障相比政治权利保障具有一定优先性。之所以要坚持公民权利优先原则，有两方面的原因。首先，公民权利比政治权利对人的尊严和生存具有更加重要的意义。公民权利大抵相当于古典自然法理论所主张的国家存在之前就必须具有的权利，而政治权利只是参与国家政治生活的权利，前者的重心在于实现自由，后者的重心在于实现民主。从价值的位阶来看，由于民主更多情况下被视为一种工具性价值，或者说是一种用来实现其他价值的价值，因此以追求自由为目的的公民权利相比民主权利性质的政治权利无疑具有优先性。从社会现实来看，在当代

---

① 龚向和：《生存权概念的批判与重建》，《学习与探索》2011 年第 1 期。

社会中，无论是发展中国家，还是法治水平较高的发达国家，人们对政治权利的狂热显然不及对公民权利的关注，没有人不珍惜自己的人身自由、安全权以及隐私权等公民权利，但是对政治权利漠不关心的人却不在少数，即便是自称非常民主的西方发达国家，不参加投票的公民也不少。产生这一现象的原因除了民众对政治的不信任之外，一个更加重要的原因是人们心中不自觉地坚持了公民权利优先原则。其次，发生自然灾害时，公民权利保障显然比政治权利更加具有紧迫性。因为自然灾害对公民权利造成的风险明显大于政治权利的风险，自然灾害可能吞噬人的生命，毁坏人们的财产，但是自然灾害通常不会给选举权与被选举权等带来毁灭性的后果。即使自然灾害可能使选举无法举行，甚至可能损毁选民的投票，但是一旦自然灾害终止，可以继续或者重新进行选举工作。显然，在自然灾害发生期间，任何一个理性的政府或公民，在情势需要以及条件允许的情况下，都可能将公民权利置于优先地位，延缓政治权利的实现。

与自然灾害人权保障相关的国际法律文书明示或暗含了这一原则，其中最为典型的就是《IASC 业务准则》。该准则明显遵循了权利位阶原则，它将自然灾害时期的权利分为四大类型，其中与人身安全与完整相关的权利和与基本的生活必需品相关的权利是紧急事态的权利，是挽救生命阶段最重要的权利。[1]

二　最大努力原则

《公民权利和政治权利国际公约》第 2 条要求各缔约国尊重和确保该公约的一切人权。考虑到当今世界的现实和每个国家争取充分实现经济、社会和文化权利面临的困难，[2]《经济、社会和文化权利国际公约》第 2 条第 1 款要求国家逐步实现公约中的权利。但是，逐步实现并非怠于行动的理由。

---

[1] The Brookings-Bern Project on Internal Displacement, *IASC Operational Guidelines on the Protection of Persons in Situations of Natural Disasters*, http://www.brookings.edu/idp.

[2] "第 3 号一般性意见：缔约国义务的性质", E/1991/23, 第 9 段。

实际上，它确立了尽可能迅速和有效地争取目标的义务。而且，在这方面任何后退的措施都需要最为慎重的考虑，必须有充分的理由，同时顾及《经济、社会和文化权利国际公约》规定的权利的完整性，并以充分利用了所有可能的资源为条件。[①] 因而，国家在履行人权保障义务时应该坚持最大努力原则，即使在自然灾害时期也不例外。事实上，这一原则在自然灾害时期人权保障的专门性文件中也有所体现。比如，《国内流离失所问题指导原则》原则 7 第 2 款规定："监督迁移的当局应在最大可行的范围内确保被迁移的人得到适当的居住条件，确保这种迁移是在较令人满意的安全、营养、健康和卫生的条件下进行，并确保同一家庭成员不被拆散。"[②]《归还难民和流离失所者住房和财产的原则》第 21 条（即赔偿条款）第 2 款规定，国家只有在住房、土地或财产已毁坏或经独立或公正法庭确定住房、土地或财产已不复存在时才可被认为实际无法归还。即便如此，住房、土地或财产权的拥有者也应有选择进行修理或重建的权利。在特殊情况下，国家还必须考虑将赔偿和归还相结合的方式作为住房、土地或财产归还权最适当的补救办法。[③]

不过，最大努力原则并不意味着国家要保证每个人的每项人权得到充分实现，因为权利的实现不仅与权利主体自身的能力以及国家的政治意愿紧密相关，同时也取决于一定的社会物质条件。自然灾害的发生，不仅影响权利主体的能力以及国家实现人权的政治意愿，也影响权利实现的社会物质生活条件。正因如此，衡量国家是否已经做出最大努力时，必须考虑客观的社会物质生活条件，严格区分履行不能和不愿履行两种情况，判断国家是否已经通过现有的保障机构采取了应急措施，在资源以及物质条件允许的情况下，最大限度地履行了尊重、保护和实现义务。

---

① "第 3 号一般性意见：缔约国义务的性质"，E/1991/23，第 9 段。

② 《国内流离失所问题指导原则》，E/CN. 4/1998/53/Add. 2。

③ 《归还难民和流离失所者住房和财产的原则》，E/CN. 4/Sub. 2/2005/17。

三　比例原则

自然灾害发生后，国家基于安全或秩序的需要在痛苦抉择后可能会对公民的部分人权进行限制和克减，但是人权的限制与克减必须遵循比例原则，必须以必要性和合理性为前提，必须在最低限度内对公民的自由和权利进行限定。比例原则始于警察法学，用来制约警察权力的违法行使，此后该原则向整个行政法学扩展，成为约束行政权力的基本原则，被称为行政法的"帝王条例"和"皇冠原则"。① 随着法治的进一步发展，比例原则扩展至宪法学领域，成为公民人权保障的最有效手段和公权力行使的最高指导原则。作为规制国家公权力的重要原则，比例原则集中体现了平衡的正义，它旨在要求国家权力之行使必须适当、必要、均衡、不过度、符合比例，不得对公民权利和利益造成非法侵犯。② 从这种意义上来说，比例原则是对限制的限制，意味着国家限制公民人权必须局限在必要的最小限度之内。自然灾害情形下，国家常常会采取一些应急措施对公民权利进行限制，一旦限制措施过度或不当，容易对公民人权造成不必要的侵害。因此，比例原则对于自然灾害时期公民的人权保障具有重要的价值，许多国际灾害人权法律文书中都强调了这一原则。比如，《在灾害背景下的适足生活水准权所含适足住房问题》决议要求，永久性重新安置的手段仅运用于所有替代性措施和干扰较小的其他备选方案已经耗尽以及存在明显的公共安全问题的情况之下，应将永久性重新安置情形控制在最低限度。③

此外，尽管国际人权宪章规定自然灾害可以构成一个国家依法宣布进入紧急状态的理由，但是根据《公民权利和政治权利国际公约》第 4 条的规定，即使在紧急状态下公民也享有最低限度的人权。如果自然灾害没有

---

① 黄学贤：《行政法中的比例原则研究》，《法律科学》2001 年第 1 期。
② 戴激涛、刘薇：《政府应急处理中的人权保障——以比例原则为视角》，《广州大学学报》（社会科学版）2008 年第 5 期。
③ 第 19/4 号《在灾害背景下的适足生活水准权所含适足住房问题》的决议，A/HRC/19/L.4。

威胁到国家和民族的存亡，不能被宣布进入紧急状态，国家便不得对各项人权进行克减，只能基于该公约承认的理由对权利进行限制。而《经济、社会和文化权利国际公约》没有人权克减条款，因而可以推断，即使由于自然灾害爆发而被宣布进入紧急状态，公民的经济、社会和文化权利是不可克减的，只能根据该公约的限制性条款对部分经济、社会和文化权利进行必要的限制。需要强调的是，基于自然灾害事件中时空以及资源的局限性，在自然灾害应对和灾害人权保障实践中常常会出现各种紧急或复杂的情形，因而在采取权利克减和限制的措施时必须坚持比例原则。

四 平等和非歧视原则

平等和非歧视原则乃是人权保障中基本而普遍的原则。《公民权利和政治权利国际公约》与《经济、社会和文化权利国际公约》的第2条都确认了该项原则，规定国家尊重和保证公约的各项权利，不因种族、肤色、性别、语言、宗教、政治见解、国籍或者社会出身、财产以及其他身份等原因有任何区别。自然灾害情形下国家履行人权保障义务时也理应遵守这一基本原则，国家在防灾减灾过程中以防止或减少灾害损失、维护社会公共利益以及保障灾区人民权益为基本出发点，在制定防灾减灾立法和政策、灾害救援和救助、灾后恢复重建、处理灾民的权利诉求以及需要对权利进行限制或克减时，防止或避免任何直接的和间接的歧视，平等对待灾区人民，不得基于任何理由实施不公正的行为。事实上，在自然灾害应对实践中，许多灾民因其种族或身份等方面的原因，无法平等地享有人权。比如，美国"卡特里娜"飓风后非裔美国人的住房权危机就是由于种族歧视造成的；印度达利人在灾期食物分发时受歧视；斯里兰卡泰米尔人因政府与猛虎组织的冲突在人道主义支援时受限制。①

几乎所有的与自然灾害时期人权保障相关的国际法律文书都确认了平

---

① Hope Lewis, " Human rights and Natural disaster: the Indian Ocean Tsunami, " *Human Rights*, No. 4, 2006, pp. 13 – 14.

等和非歧视原则。比如,《国内流离失所问题指导原则》在原则4第1款中强调在该原则适用时不得有任何歧视,例如基于种族、肤色、性别、语言、宗教或信仰、政治或其他见解、国籍、族裔或社会阶层、法律或社会地位、年龄、残疾、财产、出身或任何其他类似的标准的歧视。① 《民防援助框架公约》指出:"提供援助时不得有歧视,特别是种族、肤色、性别、语言、宗教、政治或任何其他意见、原籍或社会出身、财富、出生或任何其他方面的歧视。"《在灾害背景下的适足生活水准权所含适足住房问题》决议要求:"确保所有受影响的人,不论其灾前的保有权地位如何,可不受任何歧视地平等获得住房","尊重不歧视和性别平等的原则"。② 但是,必须强调的是,平等和非歧视并不等同于毫无差别,因为平等和非歧视容忍合理区别,当救灾公益以及人道原则有此需要时,在权利保障上允许对社会弱者加以特殊照顾。比如,考虑到自然灾害期间妇女面临性侵犯的可能性大大增加,可以在临时住房分配和安保设施上,向妇女做适当倾斜。《IASC业务准则》也认为:"根据人权法律,遭受自然灾害的人员应与本国其他公民享有同等权利和自由,不应遭到歧视。如若基于而且仅限于一定程度上基于不同的需要、为援助和保护受灾人口中的特殊群体而采取的有针对性措施不构成歧视。"③

五 照顾弱者原则

对社会弱者给予更多的照顾不仅不构成歧视,相反,国家必须采取特别手段或措施履行保障和帮助社会弱者的义务。自然灾害情形下,儿童、残疾人、妇女、老人等脆弱灾民面临的人权风险更大,实现人权的能力更为低下。比如,联合国的统计数据显示,妇女和儿童在自然灾害中的死亡

① 《国内流离失所问题指导原则》,E/CN. 4/1998/53/Add. 2。
② 第19/4号《在灾害背景下的适足生活水准权所含适足住房问题》的决议,A/HRC/19/L. 4。
③ The Brookings-Bern Project on Internal Displacement, *IASC Operational Guidelines on the Protection of Persons in Situations of Natural Disasters*, http://www. brookings. edu/idp。

概率比男性高出 14 倍。① 因此，国家在执行人权保障措施时，应该对这些群体予以更多的关注，这样更符合人权与人道原则。

实际上，由于在灾难面前人性的脆弱以及社会制度的缺陷，弱势人群更容易成为受歧视的对象，这种现象甚至会一直延伸到灾后重建阶段。众多的社会学研究成果也证实了这点。比如，社会学研究者发现，灾后恢复重建的过程中存在诸多的社会不平等：在灾后物质援助方面，个人和社区在一定程度上直接受其社会背景的影响；包括老年人、少数民族群体以及社会经济劣势地位者在内的弱势群体不仅受灾害影响的程度更大，灾后恢复重建的状况也更加不理想。尤其是受灾严重的地区，原有的社会不平等可能导致部分底层人士面临绝境。在这些研究者看来，灾后的资源分配遵循的并不是"按需分配法则"，而是"相对优势分配法则"。那些在社会中拥有相对优势的群体和个人更容易得到灾后支持，利于恢复正常生活。②

正是缘于自然灾害应对中国家负有的帮助弱者的义务以及弱势人群更易被边缘化的现实，国家在制定和执行自然灾害立法和政策时应充分关注和照顾弱势人群。当前这一原则也得到了众多国际法律文件的强调。《使用军事和民防资源救灾的指导方针》和《在复杂紧急情况下的人道主义援助莫洪克标准》都强调应特别关注人口中最脆弱者。《国内流离失所问题指导原则》在原则4第2款中要求："若干国内流离失所者，如儿童、特别是无人照顾的未成年者、孕妇、幼童的母亲、单身妇女家长、残疾人、老年人等等，应有权按照他们的情况得到保护和援助，并得到考虑到他们的特殊需要的待遇。"③《IASC业务准则》不仅在一般原则1中提及要对特殊群体采取有针对性的措施，而且在每一类具体权利保障的规定中都有保护弱势群体的专门性条文。

---

① 陈桂明：《汶川地震灾后恢复重建主要法律问题研究》，北京：法律出版社，2010，第7页。
② 赵延东：《社会资本与灾后恢复：一项自然灾害的社会学研究》，《社会学研究》2007年第5期。
③ 《国内流离失所问题指导原则》，E/CN.4/1998/53/Add.2。

第三节　自然灾害下国家人权义务的边界

自然灾害时期国家履行人权保障义务时除了应该坚持上文所论及的各项原则外，还需要坚守一定的边界。因为自然灾害事件不仅会为人权保障带来诸多的困难，而且基于救灾或社会秩序的需要也可能引发个人权利与公共利益或他人权利之间的冲突，同时自然灾害事件还可能导致国家能力的局限使得它无法像常态社会一样履行其全部的人权保障义务。此时，国家要么采取适当的干预措施来协调这种冲突，要么在法律允许的前提下限制或中止某些人权义务。从这种意义上来看，自然灾害情形下国家对人权的保障义务是相对的和有限制的，具有一定的界限。自然灾害情形下国家人权保障义务的边界体现为国家可以在防灾减灾管理行动中对公民人权加以限制和克减，其规范来源就是国际人权法中关于人权限制与克减的相关规定。

一　自然灾害下人权的限制

权利限制意指国家为了维护公共利益或其他个人的权利或自由，而依法对个人权利的行使施加必要的干预。[①] 在经济、社会和文化权利限制方面，《经济、社会和文化权利国际公约》的第 4 条是专门的一般性权利限制条款。该条规定："本公约缔约国承认，在对各国依据本公约而规定的这些权利的享有方面，国家对此等权利只能加以同这些权利的性质不相违背而且只是为了促进民主社会中的总福利的目的的法律所确定的限制。"该条款表明国家依照法律规定可以为了社会的总的福利对某些经济、社会和文化权利做必要的限制。此外，该公约中涉及具体权利限制的条款并不多见，只有第 8 条（即工会权条款）有权利限制的规定，该条第 1 款规定，基于

---

① 毛俊响：《国际人权条约中的权利限制条款研究》，北京：法律出版社，2011，第 4 页。

"国家安全、公共秩序的利益以及为保护他人的权利和自由的需要"可以对工会权利进行限制。

而在公民权利与政治权利限制方面，《公民权利和政治权利国际公约》并没有专门的一般性权利限制条款，但是其具体人权条款中包含了大量明示或者暗示的限制性规定，具体包括第 8 条（即不被强制劳动的权利条款）、第 12 条（即迁徙自由条款）、第 14 条（即公正审判权条款）、第 18 条（即宗教自由条款）、第 19 条（即表达自由条款）、第 21 条（即集会自由条款）和第 22 条（即结社自由条款）。根据这些条款的规定，我们发现上述公民权利和政治权利都是可限制的权利，限制的理由主要包括国家安全、公共秩序、公共卫生、公序良俗以及保障他人的基本权利和自由等。

尽管自然灾害并非权利限制的直接理由，《公民权利和政治权利国际公约》和《经济、社会和文化权利国际公约》在论及权利限制时，也仅有一处提到了"灾难"一词，① 但是由于自然灾害可能使国家安全面临威胁、公共秩序遭到破坏、公共卫生遭受侵害以及妨碍他人的权利和自由，因此自然灾害当然构成了人权限制的事由之一。比如，当国家发生严重自然灾害并引起社会骚乱时，国家可以限制迁徙自由。2013 年中国四川芦山地震时，为了救灾的需要，国家就一度实施交通管制，所有社会车辆一律不得自行前往灾区，这一措施虽然对人们的迁徙自由施加了一定限制，但是大大提高了救灾的效率，更好地保障了灾民的其他人权以及维护了灾区的秩序。② 此外，基于《经济、社会和文化权利国际公约》相关条款的规定，政府的人权义务容易遭受一个本质性的限制，因为这些人权义务是可以通过"采取步骤"和"尽最大能力"来实现的。因而，自然灾害情形下限制经济、

---

① 《公民权利和政治权利国际公约》第 8 条第 3 款指出，"威胁社会生命或幸福的紧急状态或灾难情况下"被强制的服务不属于强制劳动，这一限制性解释本质上是对不被强制劳动权的限制，它表明包括自然灾害在内的紧急状态和灾难情况乃可能引起限制该项权利的原因。

② 曹惠君：《四川禁止所有社会车辆自行前往地震灾区》，中国新闻网，http://www. chinanews. com/gn/2013/04 - 21/4750069. shtml，最后访问日期：2018 年 5 月 19 日。

社会和文化权利是可以被合理解释的。①

尽管在自然灾害事件中为了国家安全、公共秩序以及他人自由和权利等理由可以限制人权，但是正如前文所述，限制人权时必须遵守非歧视原则和比例原则。CCPR 在"第 22 号一般性意见：思想、良心和宗教自由"明确指出，"施加的限制不得基于歧视性目的或者采取歧视性做法"。② 尽管这一表述针对的是宗教信仰自由的限制，但是事实上，这一表述无疑也可以适用于自然灾害时期所有权利的限制，因为非歧视原则适用于人权保障的所有环节。同时，自然灾害情形下对人权的限制必须出于情势所需，需要对人权限制到什么程度就限制到什么程度，不能做不必要的限制，更不能做违背人权保障目的的限制。

二　自然灾害下人权的克减

人权克减意味着在威胁国家安全和民族存亡的紧急状态下，国家可以依法拒绝遵守人权保障的有关规定，中止履行相关人权的保障义务。根据《公民权利和政治权利国际公约》第 4 条规定以及 CCPR 发布的"第 29 号一般性意见：紧急状态的克减问题"的规定，一个国家援引《公民权利和政治权利国际公约》第 4 条克减人权时，必须符合两个基本条件：一是情况之紧急威胁到民族之存亡；二是缔约国已经正式宣布进入紧急状态。③ 尽管《公民权利和政治权利国际公约》第 4 条并没有对威胁国家和民族生存的紧急状态进行明确的界定，也没有明示自然灾害可能导致紧急状态，但是"第 29 号一般性意见：紧急状态的克减问题"在规范国家紧急状态时，明确列举了国家克减公约权利的情形，包括发生自然灾害、大规模示威游

---

① Gabriella Venturini, "International Disaster Response Law in Relation to Other Branches of International Law," in Andrea de Guttry, Marco Gestri, Gabriella Venturini, *International Disaster Response Law*, T. M. C. Asser Press, 2012, pp. 49 - 50.

② "第 22 号一般性意见：思想、良心和宗教自由"，HRI \\ GEN \\ 1 \\ Rev. 7, 155 （2004），第 8 段。

③ "第 29 号一般性意见：紧急状态期间的克减问题"，HRI \\ GEN \\ 1 \\ Rev. 7, 186 （2004），第 2 段。

行或发生重大工业事故。该意见还强调国家宣布进入紧急状态时必须证明这些情形已经威胁到了国家和民族的存亡，国家采取相应的克减措施乃是情势所需。① 显然，这一解释不仅表明自然灾害是引发人权克减的重要事由之一，而且确认了人权克减时必须遵守比例原则，即需要克减到什么程度就克减到什么程度。

　　事实上，当灾难性事件侵袭一个国家时，国家保障所有的公民权利和政治权利、经济社会权利的能力可能遭到严重削弱。比如，在极端情形下，如洪水般的灾民被迫迁离已经危及软弱无能的国家的生命，在这种情形下，受灾国可能依法实施人权克减措施。② 不过，正如"第 29 号一般性意见：紧急状态的克减问题"指出的那样，即使在威胁到国家安全依法宣布进入紧急状态时，国家也不能克减所有人权。根据《公民权利和政治权利国际公约》第 4 条第 2 款规定，不得克减的权利包括第 6 条（即生命权条款）、第 7 条（即免受酷刑以及不人道待遇和刑罚的权利条款）、第 8 条第 1 款和第 2 款（即免受奴役的权利条款）、第 11 条（即不因无力履行契约而被监禁的权利条款）、第 15 条（即不受溯及既往的法律定罪和量刑的权利条款）、第 16 条（即法律上的人格的权利条款）以及第 18 条（即思想、良心和宗教信仰自由条款）。此外，尽管第 4 条没有将第 14 条（即公正审判权条款）纳入不可克减的权利范围之中，但是由于公正审判权乃是所有人权程序保障的基础，对公正审判权的克减可能妨碍对其他不可克减的权利的保护，因此，对第 4 条的援引不得造成不可克减的权利被克减，并且法律原则和法治原则要求在紧急状态下必须遵守公正审判的基本规定。③ 从上述的规定我们发现，紧急状态下公民的政治权利基本上可以克减，公民权利大

---

① "第 29 号一般性意见：紧急状态期间的克减问题"，HRI \\ GEN \\ 1 \\ Rev. 7，186（2004），第 5 段。

② Gabriella Venturini，"International Disaster Response Law in Relation to Other Branches of International Law," in Andrea de Guttry，Marco Gestri，Gabriella Venturini，*International Disaster Response Law*，T. M. C. Asser Press，2012，p. 50.

③ "第 29 号一般性意见：紧急状态期间的克减问题"，HRI \\ GEN \\ 1 \\ Rev. 7，186（2004），第 15 - 16 段。

多不得克减。而《经济、社会和文化权利国际公约》尽管没有专门关于权利克减的规定，但是基于经济、社会和文化权利的非即刻实现性的属性，并考虑到自然灾害所造成的人权实现条件艰巨性，国际灾害应对法应当根据国际人权条约和条约实施的相关规则，构建灾害应对中不可克减的原则和范围。并且特别值得注意的是，大量的经济、社会和文化权利与灾民密切相关，国际灾害应对法中不可克减的权利的重心应当被拓展为确保灾民生命以及生存基本需求的食物、水、健康以及保护脆弱群体的义务。①

综上，我们发现，自然灾害下的国家人权义务是一个系统化的规范体系，包括一般法律义务、具体法律义务、最低核心义务和国际义务四个不同的义务层次，其中最低核心义务是底线性义务。国家履行自然灾害下人权义务时必须坚持权利位阶原则、平等和非歧视原则、最大努力原则、比例原则和照顾弱者原则，同时还需严格遵循权利限制和权利克减的相关规定。

---

① Gabriella Venturini, "International Disaster Response Law in Relation to Other Branches of International Law," in Andrea de Guttry, Marco Gestri, Gabriella Venturini, *International Disaster Response Law*, T. M. C. Asser Press, 2012, p. 50.

第四章

自然灾害下国家人权义务的国际
标准及其实施

　　自然灾害下国家人权义务的国际法律规范主要来源于国际人权法、国际灾害法和国际人道主义法，它们为自然灾害时期国家履行人权保障义务提供了国际标准。其中，国际人权法和国际人道主义法规定了自然灾害下国家人权义务的原则和范围；① 国际灾害法是国际社会自然灾害应对规范的主要来源，它不仅将人权作为自然灾害应对的基本原则，而且还规定了自然灾害时期国家人权义务的具体内容以及具体人权的义务履行标准。当然，

---

① 需要说明的是，国际人道主义法针对冲突情形存在一大批关于援助问题的法律，这不仅可以促成关于灾害发生时人员保护的规则，而且甚至可以将适当的规则比照适用于武装冲突之外的灾害情形。因此，国际人道主义法对国际灾害应对以及自然灾害时期人权保障问题也有所规制。其主要的贡献在于原则的适用，因为除战争法之外的其余国际人道主义法包含了大量满足灾民需求的原则性规则。但是令人遗憾的是，国际人道主义法最终能提供的帮助甚少。一方面，国际人权法使用了与国际人道主义法同样的脆弱人群人权保护原则，并且相比而言，国际人权法律文书的基础性保障更坚实；另一方面，有关的国际战争冲突法的条款不甚精细化，在可操作性方面存在不足。因此本章没有对国际人道主义法进行单独的分析，而是将与灾害主题直接相关的人道主义法融入国际灾害法中进行分析。有关国际人道主义法对国际灾害法以及灾害时期人权保障的贡献的详细论述可参考 Gabriella Venturini, "International Disaster Response Law in Relation to Other Branches of International Law," in Andrea de Guttry, Marco Gestri, Gabriella Venturini, *International Disaster Response Law*, T. M. C. Asser Press, 2012, pp. 49 – 52；《关于发生灾害时的人员保护问题的初步报告》，A/CN. 4/598，第 8 页。

为了促进和监督国家履行这些义务，联合国以及区域性机构采取了相关的监控或救济措施。

第一节　国际人权法中灾民保障的国家义务

国际人权法对灾民保障的国家义务的规定主要存在于以下三类规范性法律文书：国际人权公约、联合国人权条约机构发布的一般性意见和其他国际人权法律文书。国际人权公约对自然灾害时期的国家人权义务做出了最根本性的规定，但是由于国际人权公约制定的着眼点是常态社会，因此一般性意见以及其他一些国际人权法律文书对自然灾害时期国家义务的规定更为具体。

一　国际人权公约

国际人权公约作为国际法的"硬法"，对于缔约国具有国际法上的法律约束力。尽管绝大多数国际人权公约没有单列的自然灾害时期人权保障的条款，但是由于国际人权公约是任何时候皆适用的法律，因此，国际人权公约本身对自然灾害情形也适用。也就是说，即便是自然灾害时期，也应遵守国际人权公约的一般标准，在特殊情况下还需要遵守国际人权公约有关人权限制和克减的规定。此外，国际人权公约还为自然灾害情形下脆弱人群的人权保障提供了特别标准。

《经济、社会和文化权利国际公约》和《公民权利和政治权利国际公约》乃国际人权宪章的重要组成部分，得到了世界上绝大多数国家的批准，因此这两个公约无疑是自然灾害时期国家人权义务法律框架中最重要的组成部分。国际人权宪章对自然灾害情形下国家人权保障义务的规定具体体现在有关人权保障的一般原则以及人权克减和限制的规定中。这些具体的规定已经在前文进行了详细介绍，此处便不再赘述。

除了国际人权宪章外，区域性人权公约以及特定人群的人权公约中也

包含了一些自然灾害时期人权保障的规定，其中《残疾人权利公约》和
《非洲儿童权利与福利宪章》有专门的自然灾害时期人权保障的条款，规定
了自然灾害情形下脆弱人群的国家人权义务。《残疾人权利公约》第 11 条
（即危难情况和人道主义紧急情况条款）是联合国核心人权公约中唯一直接
规定自然灾害下国家人权义务的法律条款。据此条款可以类推出，自然灾
害等危急情况下国家负有保护脆弱人群人权的义务。《非洲儿童权利和福利
宪章》第 23 条规定了国家对因自然灾害等原因而成为难民或国内流离失所
的儿童的人权保障义务；第 25 条第 2 款 b 项进一步确认了自然灾害时期家
庭权的国家义务，该条款规定："在因……自然灾害产生的境内外流离失所
造成分离时，应采取一切必要措施，对有关儿童进行追踪，并使其与父母
和亲属团聚。"

　　尽管国际人权公约对自然灾害情形下人权保障的基本原则、人权限制
和克减以及脆弱人群的人权进行了规定，但是必须指出的是，国际人权公
约大多只是采取一般性授予权利和设定义务形式，其保障的重心在于常态
社会的权利保障，并没有包含关于自然灾害情形下国家人权保障义务的详
细规定。因此，尽管它们是自然灾害时期国家人权保障义务的"硬法"，也
是灾民捍卫人权的最终法律依据，但是从具体操作的层面来看，显然还需
要一些专门性的国际标准和操作规程来予以辅助。

二　联合国人权条约机构发布的一般性意见

　　联合国人权条约机构在审理个人来文以及当事国报告的基础之上，针
对人权条约具体条款发布一般性意见，对人权条约具体条款中模糊或原则
性的规定和实践中的难题进一步予以阐释或说明。一般性意见代表了联合
国人权条约机构对该人权问题的基本立场。尽管国际人权条约甚少提及自
然灾害情形下的人权保障问题，但是人权条约机构发布的多个一般性意见
都提到了自然灾害情形下的人权保障，要求国家履行自然灾害时期的人权
保障义务。

（一）CESCR 发布的一般性意见

CESCR 作为《经济、社会和文化权利国际公约》落实情况的独立专家委员会，迄今为止已经发布了 25 个一般性意见。其中，直接提及自然灾害的一般性意见有 5 个，涉及适足住房权、食物权、健康权、水权和社会保障权，这些意见明确指出了国家在自然灾害时期所负有的一些具体人权义务。"第 4 号一般性意见：适足住房权"指出，国家有义务为包括灾民以及易受灾地区人民在内的处境不利的群体提供充分和持久的适足住房资源。① "第 12 号一般性意见：食物权"中 5 次提及自然灾害时期的食物权保障问题，该意见不仅深切关注自然灾害可能引发的饥荒问题，而且详细规定了自然灾害时期食物权国家保障的具体义务。该意见强调，国家负有核心义务采取必要的行动减缓由于自然灾害造成的饥饿状况；国家应特别重视遭受自然灾害者以及灾害多发区居民，优先照顾他们获取食物；国家对灾民负有直接的食物提供义务；缔约国有责任提供救灾和人道主义援助，并应该首先为最脆弱的受灾人口提供粮食援助。② "第 14 号一般性意见：健康权"认为，国家应建立一套能够提供救灾和人道主义援助的应急医疗保健制度；各缔约国有责任尽最大能力提供国际救灾和在紧急状况下提供国际医疗援助。③ "第 15 号一般性意见：水权"强调要特别重视在水权上历来有困难的个体和群体，指出应给遭受自然灾害者、灾害易发区居民和干旱、半干旱地区人民或小岛屿居民提供足够和安全的水，并呼吁缔约国重视国际人道主义法规定的自然灾害期间水权的国家义务，具体包括保护人口赖以生存的物体，如饮水设施、供水管道和灌溉工程；保护自然环境不受广泛、长期和严重的破坏；确保公民得到足够的水。此外，该意见还强调了缔约国在履行国际减灾义务时，应为灾民提供足够的水。④ "第 19 号一般性意见：

---

① "第 4 号一般性意见：适足住房权"，E/ 1992/23，第 13 页。
② "第 12 号一般性意见：食物权"，E/C. 12/1995/5，第 5、6、13、15、38 段。
③ "第 14 号一般性意见：健康权"，E/C. 12/2000/4，第 16、40 段。
④ "第 15 号一般性意见：水权"，E/C. 12/2002/11，第 16、22、28、34、44 段。

社会保障的权利"强调要特别照顾容易受灾地区的人们，要求国家保障社会保障权实际获取途径的通畅，具体途径包括：及时发放津贴；受益人能实际利用社会保障服务，以便获得津贴和信息并交纳有关的保费。为了进一步确保社会保障权的实现，国家应采取其他措施来补充社会保障权，其中就包括为小农提供自然灾害保险。此外，该意见还强调了国家在社会保障权上的提供义务，要求特别注意确保在发生自然灾害等紧急状况之时以及之后，社会保障制度能够做出反应。①

综合分析上述 5 份一般性意见，我们会发现 CESER 对于自然灾害时期人权保障有两大重要的贡献。一是初步确定了灾后最易损害的经济社会权利名单。CESER 之所以在上述 5 份一般性意见中提及自然灾害，是因为这些权利在自然灾害事件中风险最大，同时对灾民生存和灾区稳定的意义最为重大。二是初步确立了灾后经济权利和社会权利保障的国家义务：重点保障紧急救援时期与生命安全和健康安全联系紧密的权利；强调国家的直接提供义务；特别重视弱势群体权利的保障；建立相应的应急机制；国际灾害合作和救灾义务。

（二）CCPR 发布的一般性意见

CCPR 是《公民权利和政治权利国际公约》落实情况的独立专家委员会，迄今为止已经发布了 35 个一般性意见。与自然灾害事件已经被 CESER 高度关注的情形产生鲜明对比的是，CCPR 似乎并不重视自然灾害时期的公民权利和政治权利保障，在 CCPR 发布的涉及具体人权的一般性意见中都没有提及自然灾害。唯一直接提及自然灾害的一般性意见就是"第 29 号一般性意见：紧急状态期间的克减问题"。该意见明确了国家在自然灾害下援引克减《公民权利和政治权利国际公约》的权利的实质性要件和程序性要件。并且，在 CCPR 看来，面对自然灾害，一般情况下可采取措施限制《公民权利和政治权利国际公约》规定的某些权利，如迁徙自由（第 12 条）或集会

---

① "第 19 号一般性意见：社会保障的权利"，E/C.12/GC/19，第 27～28、50 段。

自由（第 21 条），往往还不足以成为克减有关条款的理由。① 尽管 CCPR 只有一份一般性意见与灾害情形相关，但是该一般性意见对于自然灾害时期人权保障的意义却非常重大，因为它为自然灾害时期国家保障人权提出了底线性的要求。

（三）其他人权条约机构发布的一般性意见

除了 CESER 和 CCPR 通过的一般性意见直接规定了自然灾害时期的国家人权义务外，联合国其他人权条约机构发布的部分一般性意见中也直接涉及该问题。CEDAW（即联合国消除对妇女歧视委员会）发布的"第 28 号一般性意见：缔约国在《公约》第 2 条之下的核心义务"强调自然灾害情形下国家对妇女权利的特别保障义务，该意见认为："缔约国的义务不因政治事件或自然灾害导致武装冲突或紧急状态而停止。此类情况对妇女平等享有、行使其根本权利产生严重影响和广泛的后果。缔约国应针对武装冲突和紧急状态时期妇女的特殊需求，制定战略并采取措施。"② CRC（即联合国儿童权利委员会）特别关注自然灾害时期的儿童权利保障问题，其发布的一般性意见中多次直接提及。CRC 发布的"第 1 号一般性意见：教育的目的"强调，国家要特别重视自然灾害影响下的教育体系以及执行教育方案方式与儿童教育目的及其价值观的契合度，这样会有助于紧急局势下的相互理解、和平和容忍以及对暴力和冲突的预防。③ "第 3 号一般性意见：艾滋病毒/艾滋病与儿童权利"中提及，国家"必须在受冲突和灾害影响的地区结合对儿童提供咨询展开积极的宣传运动，建立预防和早期发现针对儿童的暴力和虐待的机制，并且成为国家和社区对艾滋病毒/艾滋病所作的回应的一部分"。④ "第 7 号一般性意见：在幼儿期落实儿童权利"强调了因自然灾害形成的孤儿或者长期失散者的发展权会受到严重威胁，国家

---

① "第 29 号一般性意见：紧急状态期间的克减问题"，CCPR/C/21/Rev. 1/Add. 11，第 3、5 段。
② "第 28 号一般性意见：缔约国在《公约》第 2 条之下的核心义务"，CEDAW/C/2010/47/GC. 2，第 11 段。
③ "第 1 号一般性意见：教育的目的"，CRC/GC/2001/1，第 16 段。
④ "第 3 号一般性意见：艾滋病毒/艾滋病与儿童权利"，CRC/GC/2003/3，第 34 段

应根据他们个人的不同情况调整支持和照护方案，尽量减少消极影响。① 这些直接提及自然灾害的一般性意见的共性就是强调自然灾害时国家对脆弱人群人权的特殊保障。

需要提请注意的是，上文所提到的都是直接规定自然灾害时期特定人权或特定人群人权保障的一般性意见，但是这并不意味着其他人权条约机构忽视自然灾害时期的人权保障问题，也并非意味着人权条约机构忽视自然灾害时期的其他人权或其他人群。事实上，人权条约机构对自然灾害时期的人权保障问题的关注远远不只这些，它经常通过其他两种方式间接关注自然灾害时期的国家人权义务问题。第一种方式是关注紧急时期的国家人权保障义务。② 人权条约机构发布的许多一般性意见中都关注紧急时期的人权问题，其中就包含了自然灾害情形。比如，CRC 发布的"第 6 号一般性意见：远离原籍国无人陪伴和无父母陪伴的儿童待遇"规定了大规模紧急状态下无父母陪伴儿童权利的国家义务。③ CEDAW 通过的"第 23 号一般性建议：政治和公共生活"承认危机时期政治生活和决策进程中对妇女的排斥。④ 第二种方式是强调国家对脆弱人群人权保障的区别对待。⑤ 自然灾害时期脆弱性明显加剧，尤其是灾民中的弱势人群更是如此，因此灾民也属于区别对待的对象。比如，CERD（即联合国消除种族歧视委员会）发布的"第 22 号一般性建议：《公约》关于难民和流离失所者的第五条"规定了国家保障流离失所者自由安全返回祖国的权利、财产返还权、充分平等地参与公共事务以及接受复原援助的权利。⑥

---

① "第 7 号一般性意见：在幼儿期落实儿童权利"，CRC/C/GC/7/Rev.1，第 36 段。

② 一般性意见中对于紧急情况的用词略有差异，常用的有"紧急""危机""危难""灾难"等，但是这些词所指向的内涵具有较强的共性。

③ "第 6 号一般性意见：远离原籍国无人陪伴和无父母陪伴的儿童待遇"，CRC/GC/2005/6，第 38、40 段。

④ "第 23 号一般性建议：政治和公共生活"，CEDAW/C/GC/25，第 9 段。

⑤ 一般性意见中经常提及的需要区别对待的人群不限于脆弱人群，常被提及的还有处境不利人群、边缘人群、贫困人群、弱势人群、国家流离失所者以及最易受害人群等，受自然灾害影响人员与这些人群在特征上存在着诸多的重叠性和交叉性。

⑥ "第 22 号一般性建议：《公约》关于难民和流离失所者的第五条"，CERD/C/GC/22，第 6 段。

上述一般性意见直接或间接提及自然灾害情形下的国家人权保障义务，表明了各人权条约机构密切关注自然灾害这一特殊情形下的人权风险，但是与国际人权公约一样，一般性意见关注的重心仍然在于常态社会的人权保障，因而也很难成为自然灾害时期国家人权保障义务的具体操作指南。

三　其他国际人权法律文书

在有关自然灾害情形下国家义务的国际人权法律文书中，除了国际人权公约和联合国人权条约机构发布的一般性意见之外，联合国大会、人权理事会等国际机构做出的一些决议、宣言也为其提供了规范依据。联合国大会和人权理事会在具体人权，特殊情境下的人权，特殊人群的人权或其他主题的决议、宣言或准则常常提及自然灾害下的国家人权义务。比如，2010 年第 64 届联合国大会未经发交主要委员会通过的《紧急情况中的受教育权利》的决议中提到，自然灾害造成了大批儿童辍学，国家在自然灾害应急、重建以及紧急之后的受教育权保障上负有相应的义务。[①] 人权理事会 2013 年第 22 届会议未经表决通过的《儿童权利：儿童享有可达到的最高标准的健康的权利》的决议中强调，国家应保障儿童在自然灾害情形获得医疗服务和药品的权利以及关注残疾儿童和因灾致残儿童在自然灾害时期的特殊医疗需求。[②] 人权理事会 2016 年第 31 届会议未经表决通过的《危难情况和人道主义紧急情况下的残疾人权利》的决议中有 21 处提及灾害，详述了国家在自然灾害情形下对残疾人的人权义务。该决议促请国家在自然灾害时期采取特别的措施保障残疾人的权利，具体包括促进参与信息和设备的无障碍、实现专门性备急和应急机制、加强信息建设等方面。[③] 2016 年第 71 届联合国大会通过的《关于难民和移民的纽约宣言》中提及要

---

① 《紧急情况中的受教育权利》，A/RES/64/290，第 2~4 页。
② 第 22/32 号《儿童权利：儿童享有可达到的最高标准的健康的权利》的决议，A/68/53，第 98 页。
③ 第 31/6 号《危难情况和人道主义紧急情况下的残疾人权利》的决议，A/71/53，第 35~39 页。

着手解决因自然灾害等原因造成大规模流动，强调国家的合法援助和保护义务。[①]

仔细分析近 10 年以来联合国大会和人权理事会发布的各项决议、宣言和准则，自然灾害被提及的频率明显增多，这代表了联合国越来越重视自然灾害问题。并且需要特别强调的是，国际组织发布的一些人权法律文书已经详尽地列举了自然灾害下某种人权或某类人群国家义务的内容和范围，并且提出了全面可操作的保障措施。比如，《紧急情况中的受教育权利》和《危难情况和人道主义紧急情况下的残疾人权利》就可以直接成为自然灾害下国家保障受教育权以及残疾人权利的操作手册。

综上，我们发现，国际人权公约为自然灾害下国家人权义务提供了原则和指引，此后这些原则或指引不断被有关灾民人权保障的国际软法（包括一般性意见、决议、宣言等）强调，共同构建了自然灾害下国家人权义务的国际人权法律框架。需要提请注意的是，这些原则或指引并非任何全新规范而需要重新缔结条约、公约或任何国家的再次同意。相反地，这些原则或指引的内容，不过是重申《公民和政治权利国际公约》及《经济、社会和文化权利国际公约》已经清楚明白予以保障的人权。更重要的是，两公约所保障的人权，许多已经具有强行国际法或习惯国际法的地位，即便对没有加入两公约的国家，也有拘束力。[②] 尽管如此，现有的国际人权法的立法重心并不在于自然灾害，因此还需要国际灾害法对其进行具体规制和精细化操作。

第二节 国际灾害法中灾民人权保障的国家义务

自然灾害下国家人权义务国际法律规范的另一重要组成部分是国际灾

---

① 《关于难民和移民的纽约宣言》，A/RES/71/1，第 1~12 段。
② 张文贞：《正视灾民的国际人权保障——从人道关怀到人权本位》，载范菁文《天灾与人权国际准则使用手册》，台北：统轩企业有限公司，2010，第 10~11 页。

害法。① 由于国际社会早前对自然灾害问题并未引起足够的重视，国际灾害法乃国际法中新兴的领域，起步较晚且进展缓慢。迄今为止，还"没有明确的，被广泛接受的，并且细列了有关应灾和救灾援助的法律标准、程序、权利和义务的国际法法源"，② 尚未公布关于灾害应对的世界一般性国际公约。但是，全球性和区域性的一些多边条约（大多是部门性的条约）和150多个双边条约及谅解备忘录对灾害预防和救灾援助以及发生灾害时的人员保护进行了规定，③ 这些文书搭建了一个多元立体的国际灾害法律框架。从内容上来看，国际灾害法为自然灾害的应对和自然灾害下国家人权义务提供了最为直接的标准和具体的操作指南。

一 联合国制定的灾害文书

联合国制定的灾害法律框架由一些防灾救灾和环境防治的公约以及数量庞大的灾害软法文书构成，他们对于灾害应对和灾民人权保障发挥着不同程度的作用。

（一）灾害公约

继《建立国际救济联合会公约和规约》实施效果欠佳后，联合国又分别于1943年和1946年制定了《关于联合国善后救济总署的协定》（已失效）和《联合国善后救济总署》，但是都未能实现公约的目标。④ 此阶段的国际社会在灾害问题上作为甚小，多次尝试都未成功。

直至20世纪末，与自然灾害有关的国际公约略有增加，关注的领域主要是两个方面。一是有关环境保护和防灾的公约。1994年通过、1996年正

---

① 需要说明的是，国际灾害法不仅包括以防灾抗灾减灾和灾害救济或援助为主题的国际法律规范，也包括直接以灾害情形人权保障为主题的国际法律文书以及有关流离失所者保障的国际法律文书。并且，绝大多数的国际灾害法律文书都没有明确区分自然灾害和人为灾害。

② 《发生灾害时的人员保护秘书处的备忘录》，A/CN.4/590，第10页。

③ 《发生灾害时的人员保护秘书处的备忘录》，A/CN.4/590 的摘要部分。

④ 《关于联合国善后救济总署的协定》，贝文斯（第六卷），第845页；《联合国善后救济总署》，《联合国条约汇编》（第一卷），第6号。

式生效的《联合国关于在发生严重干旱和/或沙漠化的国家特别是在非洲防治沙漠化的公约》就是此类典型。该公约的制定目标就是应对荒漠化，减少自然灾害风险。到目前为止，已有191个国家加入了该公约。为了更好地督促该公约的履行、减少荒漠化的侵害，公约设立了相应的实施机制。联合国大会也从该公约通过的第二年开始（即1995年），直至2016年每年都通过《〈联合国关于在发生严重干旱和/或荒漠化的国家特别是在非洲防治荒漠化的公约〉的执行情况》的决议来监督和公开该公约的执行情况。① 不过，尽管该公约受到了联合国的高度重视，但该公约的履行也深受资金不足的困扰。二是有关救灾减灾国际合作的公约。比较典型的有《为减灾救灾行动提供电信资源的坦佩雷公约》（1998年）和《民防援助框架公约》（2000年）。《为减灾救灾行动提供电信资源的坦佩雷公约》为灾害应对时的电信资源国际协作提供了便利。国际民防组织制定《民防援助框架公约》是考虑到灾害的危险性和后果的跨国性，督促缔约国承诺支持民防机构间的防灾合作以及减少灾害紧急援助障碍。上述世界性灾害公约的关注重心是环境保护和灾害合作，在一定程度上减少了灾害风险，并为灾民人权保障的国际合作和援助提供了依据。

（二）灾害软法性文书

由于世界一般性国际灾害公约制定进程缓慢，同时考虑到单纯依靠防灾救灾国际公约应对灾害以及保障灾害时期人权产生的困难，联合国陆续制定了众多有关灾害的宣言、指导性纲领和原则，这些文件虽然缺乏直接的法律约束力，但是它们为自然灾害时期的人权保障提供了具体的标准和操作规程。

1. 总体情况

联合国制定的以灾害为主题的软法性文书数量较多，按照内容可以分

---

① 文件编号分别为 A/RES/51/180、A/RES/52/198、A/RES/53/191、A/RES/54/223、A/RES/55/204、A/RES/56/196、A/RES/57/259、A/RES/58/242、A/RES/59/235、A/RES/60/201、A/RES/61/202、A/RES/62/193、A/RES/63/218、A/RES/64/202、A/RES/65/160、A/RES/66/201、A/RES/67/211、A/RES/68/213、A/RES/69/221、A/RES/70/206、A/RES/71/229。

为四类。第一，减灾文书。比如，联合国在 2015 年和 2016 年的第 69 届会议和第 71 届会议上发布的《2015—2030 年仙台减少灾害风险框架》和《减少灾害风险》的决议。① 这些文书主要规定了减灾的重要性、减灾规划以及减灾手段，为自然灾害时期国家履行人权保障义务提出了政治和国际要求。第二，针对近期发生的严重自然灾害事件的灾后紧急救济、恢复与重建问题的专门性文书。比如，在 2007 ~ 2016 年 10 年间，联合国大会针对印度洋海啸、萨尔瓦多飓风灾害、海地地震、巴基斯坦洪灾发布了 5 份专门性的决议，人权理事会也发布了一些专题性的决议或决定，其中最典型的就是人权理事会发布的《人权理事会对 2010 年 1 月 12 日地震之后海地恢复过程的支持：从人权角度》。② 这些决议都强调了严重自然灾害所导致的人权风险，确认了国家保障灾民权利的义务，提出了减灾以及满足灾民权利需求的对策。③ 第三，专门性的灾害人权保障的文书。自从 1998 年联合国大会通过了《国内流离失所问题指导原则》之后，④ 联合国越来越关注灾民的人权问题，联合国多个机构加快了制定灾害时期人权保护国际标准的步伐。其中

---

① 文件编号分别为 A/RES/69/283 和 A/RES/71/226。

② 第 S - 13/1 号《人权理事会对 2010 年 1 月 12 日地震之后海地恢复过程的支持：从人权角度》的决议，A/65/53。

③ 具体内容参见联合国 2007 年第 62 届会议和 2008 年第 63 届会议通过的《印度洋海啸灾难后加强紧急救援、恢复、重建和预防工作》的决议（文件编号分别为 A/RES/62/91 和 A/RES/63/137）；2009 年第 64 届会议通过的《对遭"伊达"飓风破坏性影响的萨尔瓦多的人道主义援助、紧急救济和善后》的决议（文件编号为 A/RES/64/74）；2010 年第 64 届会议通过的《因应海地地震造成的破坏性影响提供人道主义援助、紧急救济和善后》和《在巴基斯坦发生严重洪灾后加强紧急救济、恢复、重建和预防工作》的决议（文件编号分别为 A/RES/64/250 和 A/RES/64/294）。人权理事会 2010 年通过的第 S - 13/1 号《人权理事会对 2010 年 1 月 12 日地震之后海地恢复过程的支持：从人权角度》的决议，A/65/53。

④ 该原则的导言中提及造成国内流离失所的重要原因是天灾人祸。此后，联合国大会、人权理事会以及其他机构在各种有关国内流离失所主题的法律文书中都反复确认和强调：自然灾害是导致国内流离失所的重要原因。比如，人权理事会 2012 年第 20 届会议未经表决通过的《国内流离失所者的人权》的决议："确认自然灾害是导致国内流离失所的一个原因……，国内流离失所者人权问题特别报告员……继续探讨灾害所致国内流离失所现象对人权的影响及其规模。"《非洲联盟保护和援助非洲国内流离失所者公约》更是明确将受自然灾害影响人员纳入其保护范围。因此，笔者将有关国内流离失所主题的国际文书归入了国际灾害法。有关《国内流离失所者的人权》的决议的详细内容可参见第 20/9 号《国内流离失所者的人权》的决议，A/67/53，第 146 ~ 150 页。

较为典型的文书包括：2005 年促进和保护人权小组委员会通过的《归还难民和流离失所者住房和财产的原则》；2006 年机构常设委员会通过的《IASC业务准则》；人权理事会在 2012 年通过的《在灾害背景下的适足生活水准权所含适足住房问题》以及《国内流离失所者的人权》的决议，① 2013 年通过的《在灾后和冲突后增进和保护人权》的决议，② 2013 年和 2016 年通过的《国内流离失所者人权问题特别报告员的任务》的决议。③ 第四，促进世界性国际灾害公约制定的文书。为了推进世界灾害公约的顺利制定，联合国相关机构进行着不懈的努力。比如，2016 年联合国大会根据第六委员会的报告（A/71/509）通过了《发生灾害时的人员保护》的决议。④ 该决议的目标正是制定一份世界层面的灾害公约，联合国大会在国际法委员会制定的《发生灾害时人员保护条款（草案）》的基础上，充分考虑国际法委员会有关邀请各国政府在草案基础上拟订公约的建议，决定将题为"关于发生灾害时的人员保护"的项目列入大会第 73 届会议临时议程。⑤ 此外，人权理事会在 2013 年通过了《在灾后和冲突后增进和保护人权》的决议，2014 年又通过了同一主题的决定，其内容都是督促人权理事会咨询委员会编写一份关于在灾后和冲突后增进和保护人权的主要挑战和最佳做法的研究报告，提交人权理事会审议。人权理事会认为，研究报告的讨论重点应是救灾、恢复和重建工作中人权问题的主流化，以及灾后和冲突后尊重人道、公正、中立和独立的人道主义原则的贯彻和立足于需求的人道主义援助方针的实施。⑥

---

① 第 19/4 号《在灾害背景下的适足生活水准权所含适足住房问题》的决议，A/HRC/19/L.4；第 20/9 号《国内流离失所者的人权》的决议，A/67/53，第 146～150 页。
② 第 22/16 号《在灾后和冲突后增进和保护人权》的决议，A/68/53，第 51～52 页。
③ 第 23/8 号《国内流离失所者人权问题特别报告员的任务》的决议，A/68/53，第 146～150 页；第 32/11 号《国内流离失所者人权问题特别报告员的任务》的决议，A/71/53，第 191～196 页。
④ 《发生灾害时的人员保护》的决议，A/RES/71/141。
⑤ 《发生灾害时的人员保护》的决议，A/RES/71/141。
⑥ 第 22/16 号《在灾后和冲突后增进和保护人权》的决议，A/68/53，第 51～52 页；第 26/116 号《在灾后和冲突后增进和保护人权》的决定，A/69/53，第 213 页。

综观联合国机构制定的自然灾害软法文书，我们发现其规制的领域和内容较为全面和具体。从领域来看，涉及自然灾害应对周期的各个方面，包括环境保护、防灾、减灾、迅速的人道主义救援、灾害早期恢复以及灾后重建等。从内容上来看，主要包含了三个方面。首先，界定了自然灾害情形下的国家义务。在自然灾害应对领域，国家应该履行的主要义务包括：预防或减轻灾害、适当救援灾民以及反对已经成为自然灾害管理实践中主要问题的腐败。其次，规定受灾国与其他国家或国际组织的关系。受害国是自然灾害应对的主要义务体，其他国家或国际组织需要承担相应的援助、国际合作以及其他义务。其中涉及的主要问题有接受援助和提供援助的方式，在任务中被派遣人员的身份，费用分配，任务的指挥系统，与当地政府的关系、责任、索赔，紧急任务中的赔偿方法以及货物和人员的进出管理。最后，规定自然灾害情形的人权保障，既包括灾民的政治权利和经济社会文化权利保障，也包括自然灾害情形下脆弱群体的权利保障。①

2. 几份重要的文书

联合国制定的灾害软法文书成为自然灾害情形下国家保障人权义务国际标准的核心组成部分，指导着自然灾害人权保障实践，其中最具指导意义的是下列灾害文书。

（1）《国内流离失所问题指导原则》

1998年，联合国大会第182号决议通过了《国内流离失所问题指导原则》，该原则旨在为全世界流离失所者的权利保障提供原则性指导。该原则宣布国内流离失所者平等享有各种权利和自由，并根据其权利需求确定了国内流离失所者的权利框架以及义务内容。首先，确立了国内流离失所者权利保障的一般性原则——平等原则、非歧视原则和弱者照顾原则。其次，规定了国家是保护国内流离失所者以及为其提供人道主义援助的首要义务主体。最后，确定了国内流离失所者权利保障的具体原则和措施，具体包

① Andrea de Guttry, "Surveying the Law", in Andrea de Guttry, Marco Gestri, Gabriella Venturini, *International Disaster Response Law*, T. M. C. Asser Press, 2012, p. 9.

括保护人不受迁移的原则，迁移过程中的保护原则，人道主义援助的原则，返回、重新安置和重新融合的原则。每项原则都包含了具体的权利内容和实施手段。《国内流离失所问题指导原则》提供了自然灾害时期大概的权利清单及其对应的义务，并且，虽然该原则没有法律效力，但正如学者指出的那样，它"在很多地方被当成法律引用"，① 是自然灾害时期国家履行人权义务的重要根据之一。

（2）《归还难民和流离失所者住房和财产的原则》

2005 年，联合国促进和保护人权小组委员会第 2005/21 号决议通过了《归还难民和流离失所者住房和财产的原则》。该原则是有关难民和国内流离失所者返回时归还住房和财产问题特别报告员保罗·塞尔吉奥·皮涅罗起草的，因此该原则又被称为《皮涅罗原则》。该原则制定的根本性原因在于全世界有几百万难民和流离失所者，这些人群处于岌岌可危或不稳定的生活状态，为了促进所有难民和流离失所者都有权安全和有尊严地自愿返回其原来住所和土地制定了该原则。由于该原则并未明确提及自然灾害，因此对该原则是否适用于自然灾害情形曾有争议。但是，联合国人类住区规划署、难民高级专员以及人权高级专员编著的《皮涅罗原则执行手册》强调把所有流离失所者纳入原则的适用范围中，因自然灾害而流离失所者显然属于该原则的保护范围之内。② 该原则规制了流离失所者住房权和财产权的五个基本问题：基本人权内容（回家的权利、适足的居住权、自由迁徙与选择住居的权利）；充分地咨询与参与；自愿与知情原则；肯认集体权主张；避免任意的时限规定。③

该原则的重要意义在于其彰显出 20 世纪 90 年代开始逐渐确立的人权主

---

① Allehone Mulugeta Abebe, "Special report—Human rights in the context of disasters: the special session of UN Human Rights Council on Hatti," *Journal of Human Rights*, 2011, 10, p. 103.

② Charles Gould, "The Right to Housing Recovery After Natural Disasters," *Harvard Human Rights Journal*, 2009, p. 194.

③ 范菁文：《天灾与人权国际准则使用手册》，台北：统轩企业有限公司，2010，第 14～17 页。

张与发展，也就是"还返原住居土地与财产的权利"（还返权）；①并且体现当代人权实务工作的历史性转变，也就是从人道救助导向（humanitarian-driven）的做法，回归到以基本人权为基础的人权本位做法（rights-based approach），为的是要确保具有持久性解决根本问题的永续性办法（durable solution）。该原则主张的永续性办法不是单纯法律面的救济，重点是让灾民能够回到自主自立的状态远离贫穷或依赖。②

（3）《IASC 业务准则》

《IASC 业务准则》是联合国鲜有的直接以受自然灾害影响人员保护为主题以及迄今为止关于自然灾害人权保障最全面和最专业的规范性文件。该准则由联合国秘书长国内流离失所者人权问题代表瓦尔特·凯林先生起草，机构间常设委员会于 2006 年 6 月 9 日通过。该准则通过后，联合国机构间常设委员会为了进一步完善受自然灾害影响人员的人权保障规范，于 2011 年根据实践经验和反馈意见进行了修正，增加了有关灾害预防的规定。该业务准则的根本目的是试图在联合国框架内为受自然灾害影响人员的人权提供一个概念框架，为人道主义救援工作提供人权指南和人权评价标准。

该业务准则直接关注受自然灾害影响人员权利的保护，指出受自然灾害影响人员最需要四类紧密相连的权利：与人身安全与完整相关的权利；与基本的生活必需品相关的权利；与其他经济、社会和文化方面的保护需求相关的权利；以及与其他公民和政治保护需求相关的权利。该准则指出，只有充分尊重上述四类权利，才能确保灾民权利的完整性。此外，该准则也指出，前两类权利是紧急事态的权利，即挽救生命阶段最重要的权利。总体看来，该业务准则不仅确立了受自然灾害影响人员人权的体系结构，还详细规定了自然灾害时期每项人权包含的基本内容和应满足的基本条件。因此，《IASC 业务准则》是自然灾害情形下国家人权保障义务最直接的依据和最全面的操作指南。

---

① 即"Housing, Land and Property Restitution Rights"，也简称为 HLP 权利。

② 范菁文：《天灾与人权国际准则使用手册》，台北：统轩企业有限公司，2010，第 5、26 页。

（4）《人权理事会对 2010 年 1 月 12 日地震之后海地恢复过程的支持：从人权角度》的决议

《人权理事会对 2010 年 1 月 12 日地震之后海地恢复过程的支持：从人权角度》的决议于 2010 年 1 月 27～28 日人权理事会召开的特别会议中未经表决获得通过。人权理事会深切关注海地地震对人权实现的负面影响，强调地震造成的人权风险与国家和平、稳定和发展的因果关联性，提出应从人权角度支持海地的恢复重建工作。该决议的重要意义在于提倡将人权方法实践于自然灾害应对，强调自然灾害中的人权风险以及人权对于灾后恢复的积极功能，并提出了具体的人权应对措施。面对地震带来的人权危机，该决议强调了以下三点。第一，海地政府是增进和保护灾后人权的主要责任主体，在确定国家恢复程序的优先事项方面应担当主要角色。第二，脆弱灾民和自然灾害易损权利的特别保护。其中，脆弱灾民包括儿童、妇女、国内流离失所者、老人、残疾人和受伤者；灾害中易损权利包括获得适当食物、住房、保健、水和卫生设施、教育、工作和公民登记等方面以及与家人分离或无人陪伴的儿童的家庭权。第三，在灾后恢复中坚持性别视角。该决议多次提及性别平等对于灾后妇女权利实现以及地位和能力提升的重要性，强调对妇女的特别保护，明确要求国家提高妇女在灾后决策方面的参与比率。毫无疑问，该决议不仅对海地震后国家履行人权保障义务具有直接的指导意义，而且普适于自然灾害时期国家人权保障义务的履行实践。

（5）《在灾害背景下的适足生活水准权所含适足住房问题》的决议

2012 年 3 月，联合国人权理事会第 52 次会议上未经表决通过了《在灾害背景下的适足生活水准权所含适足住房问题》，决议是在审议住房权问题特别报告员拉克尔·罗尔尼克的报告基础上形成的。该决议的根本目的在于加强灾害时期的住房权保障，其内容仅限于灾害背景下的住房权保障，其他权利并非此决议考虑范围。该决议认为，灾害可能引发流离失所和适足住房权危机，总体住房情况的恶化会在弱势人群应对极端灾害方面产生消极影响。因此，决议强调应将人权方针纳入防灾备灾框架以及灾害应对和恢复的每一阶段，并通过贯彻赋权和参与原则实现适足住房权。该决议从灾害情形国家的具体人权法律义务、非歧视以及弱者保护原则等方面提出了实现灾害背景下适足住房权的具体规范。该决议为自然灾害时期住房权国家义务的履行提供了操作标准。

二 区域性灾害协议和双边灾害协议①

为了提升灾害威胁的关注度以及提高防灾减灾的效率，各区域都加强了区域内的灾害合作，建立了区域性防灾减灾机构，制定了大量的区域性灾害法律文书。与此同时，国家与国家或国家与其他组织之间也加强了合作，双边性灾害协议日渐增多。

（一） 区域性和分区域性协议

美洲地区早在 1981 年就公布了《泛加勒比海灾害预防计划》。为了响应泛加勒比海灾害预防计划，1991 年决定建立加勒比海地区灾害应急应对机构。1999 年，成员国和加勒比海国家联盟签订了附加协议——《加勒比国家联盟成员国和准成员国促进自然灾害方面的区域合作协定》。该协议提出了一个富有革新精神的观念：高脆弱区域，这一区域将从成员国中得到特别关注和更多的合作。南极国家于 1991 年制定了《南极环境保护条约草案》。太平洋群岛国家签订了《一项太平洋岛国可持续发展的投资——灾害风险减轻和灾害管理行动框架 （2005—2015）：建立国家和社区的灾害恢复能力》，作为其成果，创立了太平洋灾害风险管理合作网。在亚洲区域，ACDM （即亚洲灾害管理委员会） 2003 年成立。ACDM 一个主要的成就就是发动了《东盟灾害管理计划》（ARPDM），该计划提供了灾害合作框架，创造了东盟与其他相关国际组织灾害合作和协调的平台。2005 年，《东盟灾害管理和应急响应协定》签订。在欧洲层面，1987 年欧洲委员会部长会议

---

① 资料主要来源于 Andrea de Guttry, "Surveying the Law", in Andrea de Guttry, Marco Gestri, Gabriella Venturini, *International Disaster Response Law*, T. M. C. Asser Press, 2012, pp. 17 – 31.

采纳了（87）决议——《EUR-OPA 重大公害协议》。EUR-OPA 旨在发展多形式的灾害预防、保护民众以及灾后救援组织的措施。2010 年 9 月该协议的第 12 次部长会议上批准了《欧洲和地中海国家关于灾害预防、灾害防范以及灾害响应合作的行动计划（2011—2015）》。该计划的三个优先主题是：致力于危机防范；利用信息挽救生命和帮助受害者以及利用知识减少脆弱性；将人置于灾害风险减轻的中心，提升灾害预防和防范能力，促进好的管理方式。此外，中欧国家在 1992 年签订了《预防、预警以及减轻自然灾害和科技灾害方面的合作协议》。1998 年，黑海经济合作组织成员国签署了一份有关自然灾害和人为灾害中危机救援和危机响应的复杂协议——《黑海经济合作组织参加国政府关于就自然灾害和人为灾害提供紧急援助做出紧急反应的合作协定》。在非洲方面，2009 年签订了《非洲联盟保护和援助非洲国内流离失所者公约》。

在众多的区域性或分区域性灾害协议中，有两份公约对自然灾害应对以及自然灾害时期人员的保护和援助具有重要的意义。第一份公约是 1991 年签署的覆盖全美的灾害协定——《美洲间灾害援助促进公约》。该公约真正影响了后续国际灾害应对实践（考虑到其签订的时间是 1991 年），其创新意义在于用公约的形式确定了受援国和援助国的关系以及责任、国际援助中人员和货物的进入方式以及紧急援助者的身份、援助造成损失和伤害的索赔和赔偿。遗憾的是，该公约只有 5 个美洲国家、组织的成员国批准，其生效时间也是在 1996 年。第二份公约是 2009 年在非洲联盟难民问题特别首脑会议非洲领导人签署的《非洲联盟保护和援助非洲国内流离失所者公约》。该公约明确将受自然灾害影响人员纳入其保护范围，在灾民人权的区域保护法制史上具有开拓性的意义，对自然灾害时期权利保障的世界性立法具有重要的借鉴价值。该公约规定缔约国对国内流离失所者负有禁止歧视、防止边缘化、尊重人格尊严和人权，提供人道主义援助等义务。为了完成上述目标，公约还要求缔约国在对国内流离失所者进行保护时坚持和确保尊重人道、中立、公正和独立的人道主义原则，并应多手段多途径地对国内流离失所者进行保护，比如，建立预警机制，积极与其他各方开展密切合作，依法接受援助。

（二）双边性协议

近年来国家间灾害应对合作频繁，签订了数量巨大的双边灾害协议。[①]合作方式主要有两种。一是谋求广义的合作，包括风险评估和降低风险、损失评估、监管体系、教育和培训、危机管理和规划、特大城市影响研究、工程和社会问题、技术信息交换等。二是进行狭义的合作，特别是仅限于对某种特殊灾害的危机行动的预防，或者是仅处理在民众保护领域里科学和技术合作项目的预防和实施。合作的具体内容涉及危机情形中合作的开展、援助行动产生的费用分配及其开展、紧急行动中的责任、跨国界灾民的管理、紧急设备和货物的免税行动、促进地方政府的合作以及国家与国际组织合作的增加。[②]

区域性和双边性的灾害防治协定对于成员国的救灾减灾活动和灾民人权保障无疑具有重要的指导意义，甚至具有直接的法律约束力。

三　国际人道主义组织的救灾规范

国际人道主义机构尤其是国际红十字会与红新月会长期活跃在国际救灾和灾害援助领域，制定了较为规范的救灾制度，确立了严格的救灾原则，因而国际人道主义组织制定的典型性救灾规范无疑也是国际灾害法的重要组成部分。其中，较为典型的救灾文书包括：1969 年红十字国际会议第 21届会议通过的《对灾害中进行国际人道主义救济原则宣言》的决议；1993年国际红十字会与红新月运动理事会通过的《人道主义援助原则》的决议；1994 年红十字和红新月会国际会议第 23 届会议通过的《加快国际救济的措

---

① 有关灾害合作的双边性协议的目录可以参考国际法委员会第 60 届会议编写的《发生灾害时的人员保护秘书处的备忘录》，A/CN. 4/590/Add. 2，第 6～13 页。

② Andrea de Guttry, "Surveying the Law", in Andrea de Guttry, Marco Gestri, Gabriella Venturini, *International Disaster Response Law*, T. M. C. Asser Press, 2012, pp. 11–17.

施》的决议；1996 年红十字会与红新月会国际联合会与红十字国际委员会共同拟订的《国际红十字会和红新月会救灾原则和规则》；2000 年国际红十字会牵头制定的《人道主义宪章与赈灾救助标准》；2007 年红十字会与红新月会国际联合会第 30 届大会通过的《国内便利和管理国际救灾和初期恢复援助工作导则》等。由于"人道援助思想的发展与战争和自然灾害相关，而人道援助政策和实践的观点与人权观紧密联系"，[1] 因此国际红十字会和红新月会等国际人道主义组织制定的与自然灾害应对相关的规范性文书都饱含着对人权和尊严的尊重，在实践中也能成为国家保障灾民人权的相关依据。

在国际红十字会和红新月会组织制定的救灾规范中，《人道主义宪章与赈灾救助标准》是一部典型的灾民人权保障规范文书。该文书分为两个部分，第一部分为人道主义宪章，确立了灾民人权保障的基本原则（包括灾民享有正常生活权利的原则以及禁止驱逐原则等）、灾民人权保障的义务主体（包括灾民、受灾国和人道主义组织）以及最低救助标准；第二部分规定了赈灾救助的最低标准，该部分首先强调了赈灾救助中供水及卫生救助、营养救助、食品救助、居所及居住地救助以及医疗救助的重要价值，随后详细规定了赈灾救助中五个重要方面的最低救助标准、关键评估指标、救助指导以及人员培训等内容。毫无疑问，《人道主义宪章与赈灾救助标准》是灾民人权保障国际标准的重要规范之一。稍显遗憾的是，《人道主义宪章与赈灾救助标准》制定的根本性目标在于为灾民人道主义救助提供可操作的工作框架，因此关注的焦点是灾后紧急救助，未能提供一份详细全面的灾害易损人权目录清单，不能为自然灾害下国家人权义务提供完整的指导性建议。

尽管由联合国制定的灾害文书、区域性灾害协议、双边性灾害协议以

---

[1] 〔美〕戴维·菲德勒：《灾难治理：安全、卫生及人道援助》，朱莉译，《红十字国际评论》2007 年文选，红十字国际委员会网站，http://www.icrc.org/chi/assets/files/other/irrc_866_fidler.pdf，最后访问日期：2018 年 5 月 11 日。

及国际红十字会和红新月会的救灾规定构建的多层次的国际灾害法律规范体系为自然灾害情形下国家履行人权保障义务提供了具体的国际标准和操作指南，但是必须强调的是，除了《IASC 业务准则》等少数法律文书外，绝大多数国际灾害法的核心内容并不在于自然灾害时期的人权保障，它们仅在事实上涉及或保护了人权，这样的做法既不利于自然灾害时期的人权保障，也不利于减灾和防灾工作的开展。

第三节　自然灾害下国家人权义务国际标准的检视

在人权主流化趋势的推动下，国际社会在自然灾害时期人权保障问题上取得了重大的突破，自然灾害时期人权保障的国际法律规范初步建成，灾民的国家人权义务标准基本确立，人权已经成为当前国际社会处理自然灾害问题的基本手段。尽管如此，自然灾害下国家人权义务的国际标准仍然存在一些明显的不足，还需进一步予以完善。

一　自然灾害下国家人权义务国际标准的发展规律

国际社会经过长时间的努力，在自然灾害时期国家人权义务方面取得了重大发展，国际人权法越来越关注自然灾害问题，国际灾害法逐渐将人权作为其基本原则，初步确立了自然灾害易损权利的清单以及对应的国家义务。

（一）国际人权法对自然灾害问题日渐重视

尽管国际人权法关注的重心并不在于非常时期，但是从 20 世纪末开始，国际人权法对自然灾害问题越来越关注，众多的人权法律文书中都提及了自然灾害时期的人权保障问题，具体成果可以划分为三类。

一是《残疾人权利公约》和《非洲儿童权利和福利宪章》中的灾民权利条款。在立法者看来，自然灾害时期脆弱人群的权利实现可能会出现障碍，因此需要特别的保护。二是联合国人权条约机构一般性意见密切关注

自然灾害时期的人权问题。从 20 世纪末开始，人权条约机构察觉到了国际
人权公约对自然灾害问题的漠视态度，并根据自然灾害时期人权保障实践
的需求对其进行补充，在此后发布的一般性意见中多次提及自然灾害问题。
据笔者统计，从 1991 年 CESCR 发布的"第 4 号一般性意见：适足住房权"
第一次提及自然灾害时期人权问题以来，已有 10 份一般性意见明确提及自
然灾害时期的人权保障问题。此外，人权条约机构发布的大量的一般性意
见间接关注自然灾害时期的人权保障，比如，紧急状态的人权保障，① 国家
对脆弱人群的区别对待。② 人权条约机构对自然灾害时期人权保障问题的关
注面比较广泛，综合来看主要明确了以下问题：人权义务主体、国家义务
层次、权利范围和脆弱人群权利。三是 21 世纪以来以人权理事会为代表的
人权机构频繁制定灾害人权保障文书。人权理事会从 2006 年创立以来一共
发布了 15 份直接以灾害时期人权为主题的文件和决议，其中有 14 份决议，
1 份决定。人权理事会不仅在特殊人群权利和具体权利议题中反复提及灾害
情形，而且在国别人权普遍定期审议结果以及主席声明中对遭受重大自然
灾害的国家的人权保障进行了评估和督促。③ 人权理事会关注的内容包括但
并不限于：环境防治与人权保障的关系；专门性和综合性灾民人权保障标
准和监督实施机制；特定重大灾害事件中人权保障原则和措施。④ 国际人权

① 一般性意见中对于紧急情况的用词略有差异，常用的有"紧急""危机""危难""灾难"
　等，但是这些词所指向的内涵具有较强的共性。比如 CRC 发布的"第 6 号一般性意见：远
　离原籍国无人陪伴和无父母陪伴的儿童待遇"和 CEDAW 发布的"第 23 号一般性建议：政
　治和公共生活"。
② 一般性意见中经常提及的需要区别对待的人群不限于脆弱人群，常被提及的还有处境不利
　人群、边缘人群、贫困人群、弱势人群、国家流离失所者以及最易受害人群等，受自然灾
　害影响人员与这些人群在特征上存在着诸多的重叠性和交叉性。比如，CERD（即联合国
　消除种族歧视委员会）发布的"第 22 号一般性建议：《公约》关于难民和流离失所者的第
　五条"。
③ 代表性文书有第 19/117 号《普遍定期审议结果：海地》的决定以及第 PRST 25/1 号《海地
　的人权状况》的主席声明，A/67/53、A/69/53。
④ 代表性的文书有第 32/33 号《人权与气候变化》的决议，第 19/4 号《在灾害背景下的适足
　生活水准权所含适足住房问题》的决议，第 22/16 号《在灾后和冲突后增进和保护人权》
　的决议，第 S‒13/1 号《人权理事会对 2010 年 1 月 12 日地震之后海地恢复过程的支持：
　从人权角度》的决议，分别为 A/71/53、A/HRC/19/L.4、A/68/53、A/65/53。

立法领域对自然灾害问题日益关注,已经从原初的原则性指引转向灾害时期具体人权或具体人群的保障。

(二) 国际灾害法中人权理念的日益普及

除了国际人权法对自然灾害问题日渐关注外,国际灾害法也开始重视人权,逐渐将人权理念融入国际灾害立法之中。当然,正如前文所述,人权话语在国际灾害法领域的主流化经历了三个主要的阶段。

在第一个阶段里,尽管灾害话题数次进入国际立法的视野,但屡战屡败,并未形成系统的灾害应对的操作规程。即使是专门性的灾害公约——《建立国际救济联合会公约和规约》建立的基本目的也在于为受灾国提供人道主义援助,采纳的是国际人道主义法惯常的原则,提倡的是以交运物资和派遣人员为主要方式的人道主义救济和援助。[①] 当然,尽管这一时期的国际灾害法并无人权话语的表达,但是国际人道主义法包含了大量满足灾民需求的原则性规则,基本上能够满足当时的国际灾害应对实践。第二个阶段的国际灾害立法的共性是提倡尊重人权。20 世纪 80 年代以后,尽管国际社会再次尝试建立灾害应对的公约未果,[②] 而且大部分的自然灾害国际文书仍然坚持人道主义原则,但是部分灾害应对文书已经提倡尊重人权,这一理念也影响和辐射着救灾实践,包括人道主义组织开展的救灾实践中也开始强调人权。第三个阶段国际灾害立法的特征就是人权话语的日益主流化。纵观该时期的灾害文书,无论是专门性灾民人权保障文书,还是以灾害治理和应对为内容的文书都强调人权原则,人权理念已经融入国际灾害立法之中,人权已经成为衡量自然灾害应对实践与自然灾害立法和政策的根本性标准。

[①] 联合国秘书长关于《向自然灾害和类似紧急情况的灾民提供援助》的报告,A/45/587,第 7 段。

[②] 1984 年、1990 年和 2000 年,经济和社会理事会等机构曾经尝试编纂灾害应对的一般性公约,最终都宣告失败。详情可参见《发生灾害时的人员保护秘书处的备忘录》,A/CN.4/590,第 10~11 页。

（三）初步确立了自然灾害易损人权清单及国家义务

除了国际人权法日益关注自然灾害问题以及人权理念在国际灾害法中逐渐普及外，国际社会在自然灾害时期人权保障问题上取得了第三大成就是初步确立了自然灾害易损人权清单，并逐步完善易损人权的国家义务标准。由于国际法律文书的主题和保障的重心不同，因而所关注的易损人权略有差异。比如，《IASC 业务准则》从实践的角度关注了四类易损权利。[①]《人道主义宪章与赈灾救助标准》关注的是灾后的水权、食物权、住房权和健康权的保护。《人权理事会对 2010 年 1 月 12 日地震之后海地恢复过程的支持：从人权角度》的决议强调了灾后获得食物、适当住房、保健、水和卫生设施、教育、工作和公民登记以及家庭权利的困难。尽管如此，国际灾害应对法律文书所关注的人权类型仍然具有共性。国际灾害应对法重点关注的都是确保受灾害影响人员生命安全和满足基本生存需求的权利，主要包括下列权利。

1. 生命权

前文大量的数据和案例告诉我们，自然灾害情形下生命权具有巨大的风险，但遗憾的是，国际人权公约中所有关于生命权保障的条款都没有提及自然灾害情形，联合国人权条约机构对每年剥夺众多生命的自然灾害也只字未提，他们将对生命权的关注更多集中在战争、其他暴行以及大规模毁灭性武器的侵害以及死刑问题上。[②] 尽管如此，国际人权公约对生命权的一般性规定和 CCPR 发布的"第 6 号一般性意见：生命权"对生命权内涵的扩大解释，[③] 以及以《IASC 业务准则》为代表的国际灾害文书关于生命权

---

①　具体包括生存权，不受攻击、强奸、任意拘留、绑架的权利保护；享用食物、饮用水、住房、足够的衣物、充分的医疗服务和卫生的权利的保护；受教育权、工作权的保护；以及宗教自由、言论自由、政治参与自由等权利的保护。

②　CCPR1982 年发布的"第 6 号一般性意见：生命权"（共 7 段）的第 2、3、6、7 段以及1984 年发布的"第 14 号一般性意见：生命权"（共 7 段）的第 2～7 段都是关于战争、其他暴行以及大规模毁灭性武器对生命权的侵害以及死刑问题的规定。

③　CCPR 认为，对生命权的解释范围不应当太狭隘，并强调生命权的实现需要国家积极义务的履行。具体参见"第 6 号一般性意见：生命权"，HRI \\ GEN \\ 1 \\ Rev. 7，127（2004），第 1，5 段。

的相关规定，还是为自然灾害时期国家如何保障生命权确立了标准。概括起来，自然灾害情形下国家履行生命权保障义务的国际标准应该包括三个方面。首先，立法机关和行政机关不得侵害灾民的生命权。对灾民生命的尊重应该成为自然灾害立法的重要目标，政府在采取救灾紧急措施时不得侵害灾民的生命权。同时，国家保障自然灾害时期生命权不得采取任何歧视性的做法。其次，国家应尽最大努力保护灾民的生命安全。立法机关必须提前制定预防和应对对生命权造成可能侵害的自然力的法律法规。行政机关应充分调动所拥有的全部资源，避免或减少自然灾害或者其他第三方对生命的侵害，具体包括保护、通知、疏散、迁移处境危险的人员，保护灾民免遭二次灾害或其他暴力行为的影响等。最后，国家应给灾民提供确保其生命存续的基本生活条件。为此，国家有义务为灾民提供救生设施、适足的食物、安全的饮水和住所、适当的医疗资源以及其他基本生活物资和环境。

2. 知情权

正是由于知情权在自然灾害应对实践中具有重要价值，国际灾害立法非常重视自然灾害时期知情权的保障。《IASC 业务准则》更是将知情权的享有作为灾民人权保障的一般原则，借以区别于其他人权。《IASC 业务准则》强调，灾民和灾区有权利便捷获得与如下内容相关的信息：灾害性质以及灾害的严重程度；采取的减轻灾情的可能措施；灾害预警信息；正在进行中的人道主义援助和恢复重建措施以及受灾社区其他的权利；以及灾区和灾民充分参与和有效交流协商一切与防灾减灾工作有关的规划和政策的机会。① 《国内流离失所问题指导原则》在原则 7 中规定了知情权，要求政府采取适当措施，充分说明迁移的理由和程序，确保被迁移者的知情权。《归还难民和流离失所者住房和财产的原则》不仅在序言中确认了难民和流离失所者得到完整、客观、最新和准确的信息的权利，而且在第 10 条第 1

---

① The Brookings-Bern Project on Internal Displacement, *IASC Operational Guidelines on the Protection of Persons in Situations of Natural Disasters*, http://www.brookings.edu/idp.

款中用几乎一致的措辞再次宣示了难民和流离失所者的知情权。综合相关国际灾害应对立法的规定，自然灾害情形下知情权的国家义务主要是实现义务：政府应当迅速有效地向灾民发布灾害预警信息；准确及时公开灾情以及救灾进度和救助政策；公开灾后重建方案；确保灾民充分知晓以及参与自然灾害应对相关决策的渠道的畅通，这不能仅仅局限于灾中和灾后，也包括灾前预防阶段。

3. 财产权

根据国际人权宪章、《归还难民和流离失所者住房和财产的原则》和《IASC 业务准则》的规定，自然灾害情形下财产权的国家义务标准主要包括以下三个方面。首先，国家应尊重灾民的财产权，不得任意侵害灾民的财产，国家只能依法限制和征用灾民的财产。其次，国家应采取保障措施，保护公民免于或者减少因自然灾害造成的财产损失。财产权的保护义务需要国家从两个方面进行努力，一方面必须保护灾民的财产免受或少受自然灾害的直接侵害以及在最大限度上打击抢劫、破坏、任意或非法挪用、占有或使用灾民财产的行为；另一方面建立财产登记制度以及财产归还制度。自然灾害发生后，可能导致财产所有权纠纷，国家应建立财产登记制度或其他适当制度，确保财产所有者的法律安全，此外，国家还需要尽其所能归还其合法财产。最后，国家应建立财产补偿和赔偿等救济制度。自然灾害情形下，国家依法可以临时干预、限制或征用灾区人民的财产，对于被征用的财产，政府应及时归还，如征用的财产被损毁，应根据法律或其他制度的规定给予财产所有者适当的补偿。同时，在灾害应对过程中如因政府行为不当导致公民财产受损，国家还应承担相应的赔偿责任。

4. 家庭权

国际人权公约中的家庭权条款以及国际人权软法文书并未专门提及自然灾害情形下的家庭权保障，因此自然灾害时期国家保障家庭权的具体标准主要来源于国际灾害立法。在国际灾害法中，《IASC 业务准则》详尽地规定了自然灾害情形中家庭权的国家义务，《国内流离失所问题指导原则》

在原则 7、原则 16 和原则 17 中也对流离失所者的家庭权保障进行了具体的规定。

概括而言，自然灾害情形下国家应从以下方面确保家庭权的享有。第一，在灾中紧急救援阶段与灾后重返家园和恢复重建阶段，国家应允许并创造条件帮助流离失所家庭的成员继续生活在一起，尤其是灾后重返家园或迁移时应确保同一家庭的成员不被拆散。第二，国家应迅速采取措施，帮助自然灾害中失散的家庭成员与其他成员取得联系，尽快促成他们团聚，特别是有儿童的家庭。第三，国家应采取适当措施及时确认自然灾害事件中失踪亲人的下落，并及时将进展情况和最终结果告知最近的亲属。第四，应妥善收集、体面文明地处理死者尸体或身体残骸，并及时将相关信息告知其近亲。第五，应特别保护在自然灾害中失散和无人陪伴的儿童，尽量避免将儿童安置在相应机构里。

5. 迁徙自由

上文提及的《公民权利和政治权利国际公约》以及其他国际人权软法文书的相关规定已经为自然灾害情形下国家履行迁徙自由保障义务提供了原则性要求，结合《IASC 业务准则》的相关规定，自然灾害情形下迁徙自由的国家义务标准具体包括两个方面。首先，国家必须提供必要的信息，确保灾民可以在灾后自行选择居住地：或者融入其流离失所之时所居住的地方，或者重返家园，或者选择居住在本国的其他地方。其次，国家必须尽快采取措施，为灾民持续、安全以及体面地重返家园创造便利和提供帮助。这些便利和帮助主要包括对未来自然灾害产生的灾难性影响进行评估并采取措施有所减轻；人们能够重新拥有财产或家园，而且其财产和家园都已经经过充分重建和复原；人们能够尽可能正常地恢复生活，能够不受任何歧视地享有服务、接受教育、获得谋生手段、就业以及进入市场等。

6. 参与公共事务的权利

《IASC 业务准则》和《皮涅罗原则》对自然灾害情形下参与公共事务权利的国家保障标准有着较为详尽的规定，综合起来可以概括为三个方面。

首先，国家应充分尊重灾区人民参与公共事务的权利，不得任意剥夺灾民和灾区参与减灾和恢复重建决策的机会。其次，国家应确保与灾民充分协商并在他们的充分参与下制定和实施防灾救灾减灾以及灾后重建的方案，保护灾民不因参与或发表对于救灾、恢复重建行为的意见遭到敌视。最后，国家应确保妇女、土著居民、少数民族、宗教团体成员、老年人、残疾人和儿童能在决策进程中得到充分代表并受到考虑，同时有适当的手段和信息，以便有效参与，要充分考虑处境不利人群的建议和需求。

7. 食物权

根据"第12号一般性意见：食物权"、《人道主义宪章和赈灾救助标准》以及《IASC业务准则》的规定，自然灾害情形下食物权国家保障标准主要体现在四个方面。一是充分尊重灾民的食物权，不得将食物当作政治武器而使灾民遭受饥荒。① 同时，提供食物援助的过程不得有任何形式的歧视。二是在灾害持续期间和灾后一段时间内为灾民提供适足的食物。适足的食物意味着：有食物可提供；可以获得食物；食物可以被接受；提供食物的方式灵活。食物救助时应考虑脆弱灾民的需求，如在危急情况下食物不够充足，应确保向最需要救援的人员提供。三是努力创造机会或改善环境提升灾民获得食物权的能力。四是要建立相应的粮食储备和应急机制。

8. 住房权

根据《国内流离失所问题指导原则》、《人道主义宪章和赈灾救助标准》、"第4号一般性意见：住房权"、《皮涅罗原则》以及《IASC业务准则》等国际法律文书的规定，自然灾害情形下住房权国家保障标准主要包括以下四个方面。首先，国家不得强迫驱逐和骚扰灾民。尽管为了保障灾区人民的安全和健康，国家可以进行强迫驱逐，但是国家强迫驱逐灾民的时间不得长于当前情况所需，并在适当时机创造机会和条件确保灾民能够

---

① "第12号一般性意见：食物权"，E/C. 12/1995/5，第5段。

自愿返回原居住地。其次，国家应该为灾民提供临时性的安全住所。比如，《IASC 业务准则》不仅要求给灾民提供安全、和平和尊严的住所，而且指出帐篷和集体避难中心应该是最后考虑和采取的措施。再次，国家有义务防止灾民住房被侵占、破坏和损毁，同时国家也有义务保护其给灾民提供的住房救助不受到侵犯，这当然也包括国家自身不得任意侵占灾民的住房。最后，国家应给予灾区住房重建最大的帮助和便利，在住房重建时充分征询受灾人员尤其是弱势灾民的意见，引导灾民进行可持续的永续性住房规划。

9. 水权

根据《国内流离失所问题指导原则》、《IASC 业务准则》、《人道主义宪章和赈灾救助标准》、"第 15 号一般性意见：水权"以及国际人权公约的相关规定，自然灾害情形下水权国家保障的标准主要包括以下方面。首先，国家应为灾区人民提供安全充足的饮水。安全充足的饮水意味着安全卫生的饮水设施和供水管道，灾区水源不能携带危及人体健康的物质，同时至少能满足饮食、个人和家庭卫生及个人清洁的需要。其次，国家应采取必要措施，防止、医治和控制与饮水有关的疾病，特别是确保适当的卫生设施和便利充足的厕所。再次，国家应保护灾区人民能够安全方便地获得饮水和卫生服务。国家在灾区设置的取水场所和厕所地点较为安全便利，不能与灾区人民的居所相距太远，在取水和如厕时不被侵犯和伤害。最后，国家应确保灾区人民在获得饮水和卫生服务时不受任何形式的歧视，同时也应对脆弱灾民在水权保障上的特别需求给予充分的回应。

10. 健康权

根据"第 14 号一般性意见：健康权"、《IASC 业务准则》以及《国内流离失所者指导原则》的规定，自然灾害情形下健康权国家保障的标准包括四个相互关联的方面。首先，国家应保障灾民的治疗权。灾民的治疗权不应简单地理解成因灾伤残的灾民得到紧急治疗，它应包括灾前应急保障医疗制度的建立、灾中提供紧急医疗救助以及灾后提供心理援助和康复服务等。其次，国家应预防和控制灾区传染病的流行。自然灾害是引发传染病流行的重要因素之一，因而自然灾害爆发后，必须对灾区的传染疾病暴发的源头加以防控，否则可能引发公共卫生安全。再次，国家应保障与健康有关的基本权利。要保障灾民的健康权就必须保障影响灾民健康的其他基本权利，如水权、食物权等。最后，在国家灾害应对管理中禁止歧视并关注弱势人员的健康权。具体包括：在健康权保障中禁止基于任何理由的歧视；在灾害紧急情况下对妇女和儿童等弱势人群优先进行健康救助；充分考虑妇女和儿童等弱势人员的特殊健康和卫生需求；在医疗物资和服务的分配上优先考虑弱势人员；吸收弱势人群充分参与健康卫生决策的制定和执行。

11. 受教育权

根据《IASC 业务准则》以及其他国际法律文书的规定，自然灾害情形下国家应该从以下方面保障受教育权。一是在灾后及时迅速地为学龄儿童提供重返课堂的便利。二是所提供的教育应尊重不同灾民的文化习性、语言和传统。三是国家应采取相应措施确保因遭受自然灾害而无力支付教育费用的学生（包括高等教育的学生）能够继续接受教育。四是国家采取措施特别照顾女性灾民的受教育权，确保受自然灾害影响的女性能够充分而平等地参与到教育方案中来。

12. 工作权

根据相关国际法律文书尤其是《IASC 业务准则》的规定，自然灾害情形下国家在工作权保障方面至少应该做到以下三点。第一，国家应尽快全面恢复由于遭受自然灾害而被中断的经济活动、经济机会和生计项目。第二，如若灾民因自然灾害而无法依赖原有的谋生手段或工作机会生存，国家应采取适当措施，包括提供再就业培训或小额信贷，确保这些个体都可以不受任何歧视地获得就业的机会。第三，国家在为因灾流离失所者规划临时住所和迁徙地以及永久性住宅时，应确保受自然灾害影响人员能够获得谋生手段和工作机会。

二 自然灾害下国家人权义务国际标准存在的缺陷

尽管自然灾害时期人权保障的国际立法取得了重大进展，人权在国际灾害领域也呈现主流化的趋势，但仍存在一定的缺陷，主要体现在三个方面。

（一）公约适用存在不足

由于国际人权公约关注的是常态社会，因此，尽管灾民面临十分独特的实际局面，他们的确也有必须满足的特定需求，但是受灾害影响人员并未构成国际人权公约中单独的法律类别，[1] 未能形成专门保障该群体的国际人权公约。迄今为止，只有两份国际人权公约明言适用于自然灾害情况。并且《残疾人权利公约》和《非洲儿童权利与福利宪章》中有关灾害情形下权利条款的性质似乎是按照人道原则制定的国家公共秩序标准，而不是个人的权利。[2] 此外，在区域性灾民权利保障的实体性法律方面具有开拓性意义的《非洲联盟保护和援助非洲国内流离失所者公约》也存在适用狭窄的问题。从严格意义上来说，该公约是国际人道主义公约，造成流离失所的基本性原因是那些引发或促成武装冲突或其他暴力局势，其根本性目标在于防止强迫迁移和任意迁移的现象以及保护国内流离失所者的权利，因此较难出现针对性的保障原则和措施。

在国际灾害法领域，由于"灾害应对的任何方面在不同国家里有不同的实践，因而确立该领域明晰规则的努力要求起草者应逐渐发展该法，而不是直接追求严谨的法典"，[3] 再加上国际灾害应对和合作面临一些原则性障碍（比如国家主权问题），因此从客观上导致了综合性世界灾害公约未能

---

① 《关于发生灾害时的人员保护问题的初步报告》，A/CN.4/598，第16页。
② 《关于发生灾害时的人员保护问题的初步报告》，A/CN.4/598，第9页。
③ Flavia Zorzi Giustiniani, "The Works of the International Law Commission on 'Protection of Persons in the Event of Disasters': A Critical Appraisal," in Andrea de Guttry, Marco Gestri, Gabriella Venturini, *International Disaster Response Law*, T. M. C. Asser Press, 2012, p. 67.

得到充分的发展。从已有的世界性国际灾害公约来看，明显存在两方面的不足：覆盖范围较为片面和规制内容较为专业。国际体系在把减少灾害风险纳入条约义务方面一直采用零碎的办法，或是侧重于灾害的类型，比如《核事故或辐射紧急情况援助公约》；或是侧重于国家应对活动的种类，比如《为减灾救灾行动提供电信资源的坦佩雷公约》；或是侧重于灾害应对的某一个阶段，比如《联合国关于在发生严重干旱和/或沙漠化的国家特别是在非洲防治沙漠化的公约》。[①] 与世界性灾害公约碎片化特征明显不同的是，很多区域性公约是综合性的灾害管理公约，内容上囊括了人为灾害和自然灾害的预防、紧急救援以及恢复重建。但遗憾的是，区域性公约的适用地域范围有限。

（二）软法路径存在缺陷

毫无疑问，以宣言、指南和手册等软法性文件为主体建构起来的灾民权利保障的国际法律规范具有较强的指导意义，尤其是联合国的决议和方案具有重要价值，因为他们是国家间的共识并能切实指引行动。指南和行动准则的自觉遵守能够确保软法的实施。此外，相比硬法而言，自然灾害人权保障国际软法文书具有一些自身的特性，主要体现在适用范围的广泛性（比如可以规制 NGO）；较低成本地突破国家主权困境以及国际政治障碍；深化既有标准的实施；促进国内相关立法。因此，在自然灾害人权保障的国际立法过程中，软法路径更容易产生妥协性的共识，能为公约的创制做好前期的准备。但是，自然灾害下人权保障的软法路径明显存在缺陷。首先，这些引导性宣言和指南缺乏法律约束力，它依赖于成员国的自觉遵守和国际舆论。其次，软法文书还可能损害已经被习惯法和条约法确立了的当然权利和义务的地位。比如，软法文书中有关禁止基于性取向的区分可能导致风险，在接受者看来会降低那些对国家和个体而言有约束力的规则的位阶。因此，灾害应对的软法应该只是自然灾害下人权保障的补充性

---

① 《关于发生灾害时的人员保护问题的第六次报告》，A/CN.4/662，第16页。

内容，它应当出现在习惯法和条约法未出现或需要详细规定的地方。①

（三）保障标准不统一

灾民权利保障的国际标准除了存在公约适用性不足以及软法法律效力低下的问题外，还存在标准的交叠、分歧和不统一的问题。随着人们对灾害危害性后果以及灾害合作重要性认识的加深，国际灾害法领域出现了一个引人注目的新趋势，就是有关灾害应对的文书数量上的不断增加以及内容的不断拓展，从单一的承诺到寻求共同感兴趣的合作领域，再到具体的有关一个国家在某一主要的自然灾害或人为灾害中的权利和义务的规制。② 但是，正如某学者"刻薄"的评价："国际灾害法看起来就是一堆标记着重复和分歧拼凑而成的规则和系统。"③ 这些交叠的文书之间往往使用了不同而且矛盾的规制方式。比如，1991 年的《美洲间促进灾害援助的公约》与 the Mercosur Treaty 在处理灾害援助中的费用问题上就有一定差异。④ 深入审视国际灾害法的各种法律文本后，我们会发现：各文本在专业术语的使用上有许多明显的不同；不同条约以及不同条约层次（双边性条约、区域性条约与分区域性条约）之间存在矛盾和不协调；灾害预防和灾害管理方面国际合作的规则发展程度不一（拉丁美洲的规则综合且复杂，非洲的规则甚少细化）；软法与硬法之间的边界混乱且不确定。⑤ 国际法律文书的交叠以及内部潜在的矛盾不仅可能引发政治和法律难题，而且可能导致自然灾

---

① Gabriella Venturini, "International Disaster Response Law in Relation to Other Branches of International Law," in Andrea de Guttry, Marco Gestri, Gabriella Venturini, *International Disaster Response Law*, T. M. C. Asser Press, 2012, p. 55.

② Andrea de Guttry, "Surveying the Law", in Andrea de Guttry, Marco Gestri, Gabriella Venturini, *International Disaster Response Law*, T. M. C. Asser Press, 2012, pp. 38 – 39.

③ Flavia Zorzi Giustiniani, "The Works of the International Law Commission on 'Protection of Persons in the Event of Disasters'. A Critical Appraisal", in Andrea de Guttry, Marco Gestri, Gabriella Venturini, *International Disaster Response Law*, T. M. C. Asser Press, 2012, p. 66.

④ Andrea de Guttry, "Surveying the Law", in Andrea de Guttry, Marco Gestri, Gabriella Venturini, *International Disaster Response Law*, T. M. C. Asser Press, 2012, p. 39.

⑤ Andrea de Guttry, "Surveying the Law", in Andrea de Guttry, Marco Gestri, Gabriella Venturini, *International Disaster Response Law*, T. M. C. Asser Press, 2012, pp. 3 – 5.

害应对实践中权利义务边界的模糊以及责任机制的软弱。

三 自然灾害下国家人权义务国际标准的未来

鉴于自然灾害可能导致的人权灾难风险以及既有灾民权利国际标准不完善的事实，国际社会一直在寻求更好的解决方法。从 1927 年国际灾害立法开端，到国际救济公约的屡次"难产"，再到专门性国际灾害公约的出台，国际社会一直在进行各种形式的尝试。近年来，占据国际灾害立法话题头条的是"发生灾害时的人员保护"。为了进一步保障和帮助受灾害影响人员，在国际法委员会的多年努力和推动下，目前已经形成了《发生灾害时的人员保护（草案）》。从该草案的目标和文本来看，该草案的通过对灾民人权保障具有重要的意义。尽管如此，《发生灾害时的人员保护（草案）》要想顺利通过并非易事，而且该草案还存在固有的瑕疵，因此从长远来看，要想完善自然灾害下国家人权义务的国际标准，必须制定一部以灾民人权为主题的国际人权公约。

（一）短期突破：通过《发生灾害时的人员保护（草案）》

由于《发生灾害时的人员保护（草案）》对灾害情形下的人权保障具有重要的价值，再加上"发生灾害时的人员保护"的话题已经取得了国际社会的广泛关注，因此完善自然灾害下国家人权义务国际标准的近期突破在于通过《发生灾害时的人员保护（草案）》。

1. 《发生灾害时的人员保护（草案）》的出台及其价值所在

《建立国际救济联合会公约和规约》实施不顺畅后，国际社会又多次提议制定与灾害有关的公约，但是都没有取得重大突破。此后，UNDRO 于 1984 年再次提交了《加快紧急援助交付公约（草案）》，该草案的全部目标在于清除救济行动中的技术障碍。这个倡议虽然得到了一些政府的支持，但是最终还是没有得以通过。一些重要的非政府组织也宣布不赞成此种公约。在它们看来，"人道主义援助领域的所有新倡议都应当按其效用这一最终标准来评判，即这种倡议能否改善目前受灾者的境况"。它们认为："订立公约不代表改善境况。相反，还有可能减弱这些年来在人道主义援助方面取得的进展。特别是，……人们假定，按一些人所解释的国家主权概念可能会使各国政府更加坚持不得干涉其内政，从而使这样的公约产生反效果。"① 2004 年，Mr. M. Kamto 首次提议研究"危险情形下人员的国际保护"的主题，并提交给长期工作小组认真考虑。2006 年国际法委员会将其提上议事日程，并于第 59 届会议（2007 年）决定在未来数年内讨论"发生灾害时的人员保护"这一主题。国际法委员会邀请秘书处梳理和准备该主题的所有法律文书和文本，指派 Mr. Eduardo Valencia-Ospina 为特别报告员，并成立起草委员会起草《发生灾害时的人员保护》。2008～2016 年，国际法委员会审议了特别报告员的八次报告。《发生灾害时的人员保护》起草委员会在多次激烈的讨论和修改后于 2016 年通过了草案的全部案文和标题。与此主题相关的最新动态就是，联合国第 71 届大会（2016 年）决定将题为"关于发生灾害时的人员保护"项目列入大会第 73 届会议临时议程。

国际法委员会再三强调，"发生灾害时的人员保护"是国际法新的发展方向和国际社会整体应关注的对象。该主题的范围最初集中在自然灾害上。但是，在自然灾害和人为灾害之间进行清晰的切割是非常困难的，许多灾难性事件也很难找到唯一的原因，并且在所有灾害情形下提供保护具有同样的必要性。因此，特别报告员建议拓宽灾害的范围，考虑除武装冲突之外的所有灾害。② 从特别报告员的报告以及起草委员会通过的草案条款来看，该草案的适用范围就是灾民，目的是满足灾民的基本需求、充分尊重其权利。草案确认国家是减灾和救灾的主要义务体，强调受灾国的主权和保护责任，并将人的尊严、人权和人道主义确立为灾民保护的基本原则。③

---

① 联合国秘书长关于《向自然灾害和类似紧急情况的灾民提供援助的报告》，A/45/587，第 44 段。

② 《关于发生灾害时的人员保护问题的初步报告》，A/CN. 4/598，第 15～16 页。

③ 条款的具体内容请参见国际法委员会第 68 届会议（2016 年）通过的《〈发生灾害时的人员保护〉起草委员会二读通过的发生灾害时的人员保护条款草案的标题以及序言和第 1 至 18 条草案案文》，A/CN. 4/L. 871。

对于自然灾害时期人权保障而言，《发生灾害时的人员保护（草案）》
具有非常重要的价值。首先，草案标题引入了一个独特的角度，即灾害者
个人的视角，该标题暗示应以基于权利的办法来处理这一专题。"以权利为
本"方法的概念出现在 20 世纪 80 年代晚期，随后被迅速纳入社会和发展的
不同框架之中，灾害立法中也逐渐引入这一方法。正如国际发展法组织编
制和发表的《适用自然灾害局势的国际法和国际标准手册》的前言所述，
自然灾害时期的国际法律标准应存在于五个主要方面：人权、弱势群体权
利、儿童权利、土地和财产管理、反腐/资金管理。① 据此标准，人权应该
成为自然灾害立法的首要性原则和理念，《发生灾害时的人员保护（草案）》
正好顺应这一当代思维。正如联合国秘书长所说，基于权利的办法的优势
在于，在处理有关情况时不仅仅考虑到人的需要，而且也考虑到社会对个
人不可剥夺的权利做出反应的义务，它使个人具有必要权能，从而能够将
其要求的公正作为一项权利，而不是一个施舍，并赋予社区在需要时寻求
国际援助的道德基础。② 因而，该方法最主要的特征就是"义务—承担者—
国家"及其对立面"权利—拥有者—灾民"的出现。换句话说，自然灾害
中的"受害者"成了"权利拥有者"，因为他们有权要求保护和援助，参与
和赋权也在事实上成为发展的关键概念。并且，基于权利方法的自然灾害
应对中的保护和援助对应的是尊重、保护和实现三重义务。③ 此外，以权利
为本的自然灾害立法和政策还考虑到了权利和需求的平衡，确定了自然灾
害中受害者个人在特定个案中应享受的具体待遇标准。在此语境下，自然
灾害中的人道主义援助也克服了其既有的缺陷。因为传统的人道主义行动
关注的是自然灾害情形中的生活必需品的分配，忽视了对受灾害影响人员
的权利尊重的监控。而基于权利满足和义务履行的人权本位的人道主义援
助行动的组织自动转化为义务的承担者，对应的是清晰的权利内容。正因

---

① 《关于发生灾害时的人员保护问题的第二次报告》，A/CN.4/615，第 5 页。
② 《关于发生灾害时的人员保护问题的初步报告》，A/CN.4/598，第 5 页。
③ 《关于发生灾害时的人员保护问题的初步报告》，A/CN.4/598，第 9 页。

如此，当特别报告员在第 60 次大会上提出基于人权的方法后，委员会和成员国都没有表示明确的反对。他们抱怨的只是，缺乏对基于人权方法运用于灾害应对主题的普遍性认识以及从人权实施和灾民保护实践层面怀疑基于人权方法的适当性。最终，起草委员会二读通过了《发生灾害时的人员保护（草案）》。草案在序言中强调"受灾人员基本需要的满足以及其权利必须得到尊重"，并将两者的平衡和实现作为草案的宗旨（第 2 条），第 4 条和第 5 条强调了灾害应对中对受灾人员尊严和人权的尊重和保护。

其次，该草案囊括了灾害应对的每一阶段，弥补了既有世界灾害公约范围狭窄的缺陷。尽管在草案的讨论过程中，一些代表建议把有关这一专题的工作限制在灾中和灾后阶段的讨论。在他们看来，要在当前阶段关于这一专题的工作中适当覆盖灾害应对全部的范围可能过于雄心勃勃，并且可能不利于委员会对此问题做出的比较有限的贡献。但是，报告员坚持认为，灾前准备或行动可以积极增强后来阶段人员的保护，因此在草案序言中强调"在灾害的所有阶段加强国际合作的重要性"，并确定了专门的减灾条款（即第 9 条）。

2. 通过《发生灾害时的人员保护（草案）》的可能障碍

从上文的分析我们已经得知，国际社会制定世界灾害公约数度"难产"，可想而知的是，要想通过"发生灾害时的人员保护"为主题的国际公约并不容易，必须要突破既存的各种障碍。反对理由主要集中在两个方面。

首要反对理由来自国家主权与国际人权法（即人道主义援助权）之间的矛盾。国际公法坚持国家主权原则，这一原则意味着每个主权国家有权主导安排本国事务，不受外国的任何干涉。禁止干涉国内事务已经成为普遍适用的习惯规则。以下现象证明了这一趋势：大量联合国机构和国际大会公布的众所周知的宣言和决议采纳了这一原则，国际法院判决法理也采纳了这一原则。主权原则清楚地表明灾害应对应列入灾难发生地所在国家的权限范围之内，任何需要外国或国际组织援助的情形都必须有正式的请求，默许（也就是说，没有正式请求就接受救济）是有问题的。根据这项原则，联合国大会第 43/131 和 45/100 号决议规定，领土国"在本国境内发动、组织、协调和执行人道主义援助方面发挥主要作用"。然而，鉴于救灾和治理对社会、经济和政治的影响，20 世纪之交的国际法出现了一些不同的情况，各国可能倾向于通过以建设性方式利用国际法来重新对其主权制定定义：一个国家可能有义务接受来自国外的援助。一方面，许多双边或区域组织签署的条约中规定了成员国有接受援助的义务。另一方面，裁军和国际安全委员会授权甚至批准以援助灾害中的受灾者为目的的干涉行为，当然这种授权仅适用于（威胁到国际合作和区域安全的）灾难性事件。有些国家对国际灾害应对领域中的新趋势表示担忧。印度强调："这些是微妙、困难和敏感的问题，不能以危机需要创新的解决办法这一理由而不予考虑。必须严格避免损害国家主权的创新，或者要求勉强剥夺这种主权的创新。"古巴的措辞更为激烈："我们坚决反对所谓有限主权论的新提法，特别是任何泛滥的做法。有人提出诸如干涉权利等概念，有人试图对人道主义援助加以解释，蓄意加上令人迷惑的内容，以图认同对国家内政的干涉。从这些动向中可以看出有限主权论抬头的危险。"① 在此问题上，大部分国家坚持传统国家主权原则，认为人道主义援助只应当是一项辅助行动，任何时候都不应单边采取。

反对的第二个理由来自援助行为体与受灾国之间权利和义务边界的模糊不清。由于国际援助程序和内容涉及政治、法律、经济和税收等多方面的问题，再加上不同层面文书内容存在一定的分歧，在国际灾害援助的一些核心问题上难以达成共识，主要包括：准入、参与人员的地位和豁免、操作中的费用分摊、受灾区域的进入、索赔和赔偿、争端的解决以及救灾人员和物资的保护等。

《发生灾害时的人员保护》起草委员会对上述矛盾采取了折中的做法。一方面，在国家主权原则与人道主义援助权之间的冲突解决方面，草案考

---

① A/46/PV.41，第 18、34~35 页。

虑到灾害情形下人权保障的特殊性，拒绝了"保护责任"，在充分强调国家主权的基础上向人道主义原则做出了适当的退却。① 尽管有学者评价称，该草案错失了承认灾民人道主义援助权的良机。② 事实上，在特别报告员的首次报告中，也尝试提及"保护责任"的法律原则，并记录了有关国际层面灾害应对适用的争论以及联合国国际法委员会第 60 次大会对争议的回应。但是，特别报告员考虑到将"保护责任"的法律原则扩展到自然灾害领域所遭受的政治阻力，并回顾秘书长在该问题上的态度，他最终将"保护责任"排除在"发生灾害时的人员保护"之外，尝试在国家主权和人道主义援助权之间寻求一个新的平衡点。第一，重申受灾国在应对灾害方面的首要地位。首先，草案序言明确了国家主权原则，强调受灾国在提供救灾援助方面的主要责任。其次，第 10 条详细规定了受灾国的灾后义务。该条第 1 款规定："受灾国有责任在其领土或受其管辖或控制的领土内确保保护人员和提供救灾援助。"第 2 款规定："受灾国在指挥、控制、协调和监督这类救灾援助方面应发挥主要作用。"再次，第 13～17 条具体规定了受灾国接受、便利、终止援助以及保护援助人员和物资的原则、条件和程序：提供外部援助必须征得受灾国的同意，受灾国可对外部援助的提供规定条件，受灾国可在任何时候终止外部援助，受灾国应该为外部援助提供便利，保护救灾人员、设备和物资。最后，第 9 条规定了国家在减少灾害风险方面的义务，包括制定法律和规章、开展风险评估、收集和传播风险和以往损失信息、安装和操作预警系统。第二，强调受灾国在本国应对能力不足时有寻求外部援助的责任。草案第 11 条规定："如所遭受的灾害明显超出国家的应对能力，则受灾国有责任酌情向其他国家、联合国及其他潜在援助方寻求援助。"第三，受灾国不得任意拒绝外部援助。基于国家主权和不干涉原则，如果援助方没

---

① 姜世波：《国际救灾法中的人道主义与主权原则之冲突及协调》，《科学·经济·社会》2013 年第 3 期。

② Flavia Zorzi Giustiniani, "The Works of the International Law Commission on 'Protection of Persons in the Event of Disasters': A Critical Appraisal", in Andrea de Guttry, Marco Gestri, Gabriella Venturini, *International Disaster Response Law*, T. M. C. Asser Press, 2012, p. 74.

有获得同意就不能开展援助行动。但是，尽管受灾国有权拒绝援助方的表示，但是拒绝援助并不是没有限制的。强调主权的同时也意味着合作的义务。合作义务不仅为同意要求提供了基础，还进一步强调了国际法所赋予的不任意拒绝同意的义务。因此为了谋取不干涉原则与国际合作义务之间的平衡，草案第 13 条第 2 款规定："受灾国不得任意拒绝外部援助。"第 7 条强调了国家在灾害应对和人员保护方面的国际合作义务。第 8 条规定了应对灾害国际合作的具体形式。此外，草案第 6 条还确立了人道主义原则。

另一方面，在援助国与受灾国权利和义务方面，草案文本使用了概括性条款，未对国际灾害援助和合作的操作规程进行具体翔实的规定。该草案原则性地规定了国际合作和援助的原则、义务、方式、条件、程序、便利和保护。关于国际援助和合作的具体实施、监督、协调以及争议解决机制都没有提及，有待进一步商讨完善。

从国际灾害立法的发展历程可以看出，《发生灾害时的人员保护（草案）》尽管对某些可能障碍进行了妥协或规避，但是要想最终以公约的形式出现，仍然任重而道远。事实上，国际法委员会从开始就清楚地认识到，这项工作可能只是为未来的条约做准备。他们近期的目标是完善相关的国际法律规范，中期的目标是制定与此相关联的宣言或指南。尽管如此，在联合国及其相关机构的奋力推进下，该主题已经得到了广泛的关注，取得了初步的进展。在未来的发展中，希望更多的政府以及非政府组织能够参与其中，最终促成以"发生灾害时的人员保护"为主题的国际公约的顺利通过，这样会更利于灾民的人权保障。

（二）长期目标：制定以灾民人权保障为主题的国际人权公约

毫无疑问，通过《发生灾害时的人员保护（草案）》对灾民人权保障具有重要的价值，但是该草案固有的瑕疵使其仍然难以成为灾民人权保障国际标准的最佳蓝本。该草案最大的问题在于其立法的最终目的仍然在于便利国际灾害援助和合作，而不是确立灾民人权保障标准，人权只是国际人道主义灾害援助和合作的目标和手段。这点从草案内容架构就可以看出，该草案共计 17 条，其中过半的内容是有关人道主义援助和国际合作的。

正是由于《发生灾害时的人员保护（草案）》的终极目标并不在于人权，草案中也缺少灾害情形下人权保障的具体规则，因此即使《发生灾害时的人员保护（草案）》最终能够得到通过，也并非国际灾害应对法人权转向的最终选择。事实上，国际灾害应对法要想真正贯彻人权原则以及将人权方法适用于灾害风险治理，最佳的做法就是制定一部专门性的灾民人权国际公约，这样才能确立有法律约束力的灾民人权保障国际标准。根据联合国大会第 41/120 决议的第 4 条的规定，专门的灾民人权公约必须满足五个基本条件：与现有的国际人权法保持一致；体现灾民的基本特征以及源于人的内在尊严和价值；有助于权利和义务的辨认和实践；提供适当的、合理的和有效的执行机制，特别是报告机制；吸引广泛的国际支持。[①]

第四节　自然灾害下国家人权义务的国际实施

人权保障国际标准确立以后，国际社会为了更好地落实并推广该标准以及更好地监督和促进权利的国内实施，设立了一系列的实施机制。从联合国层面来看，尽管没有专门性的灾民人权实施机制，但是人权理事会、人权事务高级专员办事处以及人权条约机构等都关注着自然灾害时期的人权保障，监督和促进国家履行自然灾害时期的人权义务。此外，欧洲人权法院审理的一些案例为自然灾害下国家人权义务的司法救济提供了诸多借鉴。

一　联合国对自然灾害下国家人权义务的监控

（一）人权理事会对灾害时期国家人权义务的监控

人权理事会于 2006 年根据联合国大会第 60/251 号决议创立。人权理事会作为联合国系统中的政府间机构，具体负责全球人权的促进和保障，减

---

① 《制定人权领域的国际标准》，A/RES/41/120。

少侵犯人权的现象。在自然灾害时期国家人权保障义务方面，人权理事会的促进和监督方式是普遍定期审议和特别程序。

1. 普遍定期审议

普遍定期审议是在人权理事会主持下、由国家主导的人权审议程序，它要求在固定的期限内对所有联合国成员国的人权记录进行审议。成员国每4年向人权理事会提交一份报告，总结和公开该国为改善国内人权状况所采取的行动及其人权义务履行情况。普遍定期审议工作组根据国家报告、独立人权专家和小组报告以及非政府组织和国家人权机构等其他利益攸关方的报告给出审议结果，对该国遵守人权义务的程度进行评估，并给予建议性对策。为了确保审议结果中建议的落实，普遍定期审议工作组要求国家在下次审议时必须提供落实前次审议结果中的建议所采取的行动的材料。此外，人权理事会还通过了《受审议国不与普遍定期审议机制合作》的决定。[①] 该决定规定，根据具体情况决定对于长期拒绝与普遍定期审议合作的国家需要采取哪些措施。

当一个国家因自然灾害造成人权危机时，该国应在人权报告中公开灾害情形下的人权现状以及国家应对该人权危机所采取的措施和手段，以便普遍定期审议工作组对其进行评估，并提出针对性建议和提供技术性支援，督促和促进受灾国保障灾民人权。比如，2010年海地发生地震灾害后，海地政府在2011年和2016年的报告中用了较多的篇章提及震后的人权保障状况。海地2011年报告中提及因灾害原因导致海地总的政策措施发生了根本性的变化，彻底改变了国家增长和减贫战略的优先事项，制定了《海地重建国家和发展行动计划》，成立了海地重建临时委员会，并优先发展教育、水和卫生、交通、能源、农业和私营部门领域。这些措施都与灾民的生存权和发展权紧密相关。在灾民具体人权保障方面，海地当局经过努力取得了部分成效：有些贩卖儿童的受害者被遣返海地得与家人重新团聚；部分

---

① 《受审议国不与普遍定期审议机制合作》的决定，A/HRC/OM/7/1。

流落街头的儿童被安置在收容中心；促进食物的供给，包括编制农业部门指导和宣传文件、推动耕地和农业物资建设、推进农业基础设施工程以及启动支持受地震影响地区的粮食安全和创造就业方案和加强农业公共服务项目的活动；公立医院的重建；打击侵害妇女的暴力行为；向被损坏或摧毁的学校提供补助金以及向一些受到创伤的学生提供心理学家团队服务；等等。① 针对海地政府的努力，审议结果充分肯定了其在震后儿童权利、妇女权利、食物权、健康权、受教育权以及住房权等方面所做的积极努力，同时也指出了了不足。审议结果认为，海地政府应该采取基于人权的方式进行国家重建和发展；在恢复进程中特别考虑弱势群体（主要包括妇女、残疾人和儿童）的需求和权利，尤其应预防和打击贩卖儿童行为以及流离失所中的性暴力和性别暴力。② 2016 年海地政府提交了第二次定期报告，该报告梳理了落实初次审议建议取得的进展，其中提到了大量促进社会稳定、保护脆弱人群和有利于灾后核心经济社会权利保障的措施。③ 尽管目前还没有得出最终审议结论，但是从 25 个利益攸关方的材料以及普遍定期审议工作组的报告可以看出，海地政府在灾民的住房权、脆弱灾民权利以及因灾流离失所者权利保障等方面仍需进一步努力。④

---

① 《根据人权理事会第 5/1 号决议附件第 15（a）段提交的国家报告：海地》，A/HRC/WG. 6/12/HTI/1。

② 《普遍定期审议工作组报告：海地》，A/HRC/19/19。

③ 具体措施包括但不限于：改善国内动荡的举措；扩大人民的饮用水供应和卫生服务计划；减少贫困和不平等的计划；照顾幼儿根除文盲的计划；优先考虑安置流离失所者；制订全国应急计划；成立灾区最弱势人群技术保护组；确保保护和防范风险机制信息的公开有效获取；实施针对人口最弱势阶层的国家社会援助战略（即 EDE PEP）；国家住房和人居政策的出台；人道主义应急计划的实施；保障食物权；确保处境不利儿童尤其是农村地区儿童入学接受免费教育，使每个参加普及免费义务教育方案的儿童能够每日享用一顿热饭；通过贩卖人口立法以及制订打击贩卖人口的计划；打击和预防侵害妇女的暴力行为；妇女参与决策的制定；加强对儿童和残疾人权利的保障；努力安置因灾流离失所者。《根据人权理事会第 16/21 号决议附件第 5 段提交的国家报告：海地》，A/HRC/WG. 6/26/HTI/1。

④ 比如，《联合国人权事务高级专员办事处根据人权理事会第 5/1 号决议附件第 15（b）段和人权理事会第 16/21 号决议附件第 5 段汇编的资料》提及，"地震前或地震后建立的非正式定居点因为人口增长已成为社区。这些人非但没有受益于安置'地震流离失所者'的援助方案，反而陷入极其严重的脆弱境地"。文件编号为 A/HRC/WG. 6/26/HTI/2。

从上可见，普遍定期审议机制不仅可以监督国家履行自然灾害时期的人权保障义务，而且还通过建设性的建议和有效的支援督促和帮助国家完善灾民权利保障措施。

2. 特别程序

为了促进某项人权的保障或者改善某国人权状况，人权理事会设置了特别程序。特别程序是从专题角度或具体国别角度对人权问题提供建议和报告的独立人权专家机制，由"特别报告员"或"独立专家"或由五名成员组成的工作组担任。

在自然灾害时期国家人权义务方面，特别程序机制也有所贡献。我们一起回顾海地地震中特别程序机制对人权保障的作用。海地地震后，海地人权状况独立专家深切关注地震造成的人权危机。比如，独立专家古斯塔沃·加隆于 2014 年提交给人权理事会的报告中就总结了地震对海地人权的影响：难民营中流离失所者的艰难处境、霍乱疫情和可能成为无国籍的海地人的艰难处境。针对该危机，独立专家提出，对海地复杂但可以克服的人权状况的某些关键方面进行休克治疗。[①] 除了独立专家的努力外，国内流离失所者人权问题特别报告员查洛卡·贝亚尼应海地政府邀请，于 2014 年6月 29 日至 7 月 5 日对海地进行了正式访问。本次访问的目的就是审查震后海地境内流离失所者的人权状况。特别报告员呼吁为国内流离失所者和弱势阶层提供援助，应从很大程度上使人道主义的办法过渡到基于权利的发展办法，并为他们寻求持久的解决办法。[②] 此外，正如前文所述，住房权特别报告员、食物权特别报告员也很关注自然灾害时期食物权和住房权的实现状况。

（二）人权事务高级专员办事处对自然灾害时期国家人权义务的监控

人权事务高级专员办事处（简称"人权高专办"）被授权促进和保护

---

① 《海地人权状况独立专家古斯塔沃·加隆的报告》，A/HRC/25/71。
② 《国内流离失所者人权问题特别报告员查洛卡·贝亚尼的报告》，A/HRC/29/34/Add. 2。

《联合国宪章》和国际人权法所确立的全部权利。人权事务高级专员主管人权高专办，是联合国的首要人权官员。人权高专办也密切关注自然灾害时期的人权问题，常常采用两种方式促进灾民的人权实现：一是配合人权理事会指派的人权独立专家或特别报告员开展工作；二是通过在受灾国设立专门的人权机构协助政府和其他维权组织促进和支持人权，监督和报告受灾国的人权状况。海地地震后，人权高专办原设立于海地稳定特派团中的人权科着力于人道主义行动和发展领域的人权保障，将优先发展的领域转向：保护属于弱势群体的灾民；负责领导保护小组，特别关注营地中人员的相关问题以及赤贫人群，特别是妇女、儿童和残疾人；指导和协调人道主义灾难的准备和应对，确保尊重人权、尊严和安全，确保最弱势群体（包括儿童、妇女、老年人、残疾人或赤贫人口）不受歧视。

（三）人权条约机构对自然灾害时期国家人权义务的监控

为了监督核心国际人权条约落实情况，根据各人权条约的规定成立独立专家委员会。人权条约机构对自然灾害时期国家人权义务履行情况的监督主要通过审议缔约国的定期报告，在结论性意见处对其进行评价和建议。比如，中国提交的《经济、社会和文化权利国际公约》的执行情况的第二次定期报告中就详述了中国政府在汶川地震之后保障灾民权利的相关举措，具体包括在首份国家人权规划中设立专门的汶川地震权利保障的章节、震后国家发动了广泛的社会互助、灾区再生育家庭特别扶助制度以及确保灾民适足住房和促进灾民健康等方面的保障措施。① 经济、社会和文化权利委员会的结论性意见中并未明确提及自然灾害问题，这也意味着经济、社会和文化权利委员会认可中国政府在汶川地震人权保障中所做出的努力和成就。② 而在海地地震之后，人权条约机构在其定期报告的结论性意见中就明

① 《缔约国根据〈经济、社会和文化权利国际公约〉第16条和第17条提交的第二次定期报告：中国》，E/C.12/CHN/2。
② 经济、社会和文化权利委员会2014年通过的《关于中国（包括中国香港和中国澳门）第二次定期报告的结论性意见》，E/C.12/CHN/CO/2。

确指出海地政府在灾民人权保障上存在诸多不足，具体包括因地震而流离失所的人未能获得长期方案的救助；[①] 灾后妇女和女孩继续遭受广泛的性别歧视和不公平待遇，贫穷和灾难性住房状况的恶化致使海地国内普遍存在基于性别的暴力侵害妇女和女孩行为；因灾流离失所的妇女在基本保健、住房和教育以及生计和经济机会保障方面的不充分和不平等。[②] 此外，从海地提交给儿童权利委员会的第二次和第三次报告以及提交给残疾人权利委员会的初次报告都可以看出，海地政府在儿童灾民和残疾人灾民的权利保障方面也存在许多有待改进的地方。[③]

二 欧洲人权法院对自然灾害下国家义务的司法救济

在灾民人权国际司法保护实践中，欧洲人权法院在受理自然灾害事件中受害者的个人诉讼时做出了富有开拓性意义的判决，确立了自然灾害情形下国家的积极义务。欧洲人权法院受理的涉灾案件主要涉及的权利就是生命权和财产权，下面将以生命权为例，来分析欧洲人权法院如何确定自然灾害情形下国家的义务范围，以及灾民如何获取司法救济。

（一）案情回溯

迄今为止，欧洲人权法院共审理了三件自然灾害中的生命权保障案件，分别是布达耶夫（Budayeva）等人诉俄罗斯案、奥泽尔（M. Özel）等人诉土耳其案和德里巴斯（Delibaş）诉土耳其案。[④] 这三个案件的判决依据都是自然灾害中国家未履行或未充分履行生命权的积极义务，侵犯了《欧洲人

[①] 人权事务委员会 2014 年通过的《关于海地初次报告的结论性意见》，CCPR/C/HTI/CO/1。

[②] 消除对妇女歧视委员会 2016 年通过的《关于海地第八和第九次合并定期报告的结论性意见》，CEDAW/C/HTI/CO/8 - 9。

[③] 尽管海地已经提交了定期报告，但是残疾人权利委员会和儿童权利委员会尚未通过结论性意见。有关海地的报告可以参见文件 CRPD/C/HTI/1 和 CRC/C/HTI/2 - 3。

[④] *Budayeva and Others v. Russia*, nos. 15339/02, 21166/02, 20058/02, 11673/02 and 15343/02, § 112, Judgment of 20 March 2008; *M. Özel and Others v. Turkey*, nos. 14350/05, 15245/05 and 16051/05, Judgment of 17 November 2015; *DELÌBAŞ v. Turkey*, no. 34764/07, Judgment of 14 November 2017.

权公约》（下文简称《公约》）第 2 条即生命权条款。基本案情如下。

1. 布达耶夫等人诉俄罗斯案

案件发生在俄罗斯联邦的卡巴尔达 – 巴尔卡尔共和国（Kabardino-Balkar Republic，下文简称 KBR）厄尔布鲁斯（Elbrus）山区的泰诺泽镇（Tyrnauz）。由于该镇在夏季和初秋时经常发生泥石流，政府从 20 世纪 50 年代就修建了直通式泥浆截留收集器用以防灾。1999 年初，地方当局又在收集器上游的河流峡谷中修建了一个泥坝，但该大坝在 1999 年 8 月 20 日的泥石流灾害中遭到了严重的损坏。1999 年 8 月 30 日，负责监测高海拔地区气候灾害的山地研究所所长向 KBR 总统和灾害救助部部长建议，组建专门的国家委员会对大坝的损害程度进行独立调查，并对大坝进行紧急清理以及恢复和建立预警系统。2000 年 1 月 17 日，山地研究所代理所长再次致函 KBR 总统，警告即将到来的季节里灾害风险会增加，要求设立可以传递预警信息的观察站。2000 年 3 月 7 日，厄尔布鲁斯管理局局长又一次致函 KBR 总统，要求提供财政支持以便对大坝进行应急修复。2000 年 7 月 7 日，山地研究所副所长和项目负责人再次要求建立观测点。遗憾的是，以上建议都没有被采纳。2000 年 7 月 18 日晚上 11 点左右，泰诺泽镇遭遇泥石流灾害。7 月 19 日早上泥浆水平面下降，居民陆续回家。当天下午 1 点，第二波更强大的泥石流横扫泰诺泽镇，第一申诉人的丈夫布达耶夫在这场灾害中丧生，所有申诉人的居所和财产都受到了损害。事故发生不到十日，检察机关认为，布达耶夫是因建筑物偶然倒塌致死，宣布不对布达耶夫的死亡展开刑事调查。同月，政府给灾民提供了部分经济上的救助和替代性住房。

申诉人先后向 KBR 地方法院和最高法院提出了赔偿诉讼，控告国家当局应该为布达耶夫的死亡和损失的财产负责，要求 KBR 政府和灾害救助部以及厄尔布鲁斯管理局赔偿其精神损失和财产损失。地方法院认为当局已经采取了所有合理措施用以减轻泥石流灾害的危险，因而裁定当局不需要对申诉人的损害负责。最高法院维持了地方法院的判决结果。2002 年，六位申诉人先后向欧洲人权法院提起了申诉。2008 年 3 月 20 日人权法院最终判决，俄罗斯政府未能履行或未能充分履行《公约》第 2 条的实体性义务和程序性义务。

2. 奥泽尔等人诉土耳其案

案件发生在土耳其地震带中的主要危险区域塞纳西克（Çınarcık）市。1994 年，塞纳西克当局发现该区域违法修建了一些建筑物，相关部门不仅没有采取任何处罚措施，反而在此后的市议会上同意将已经违法修建的建筑物增加 5～6 层。1999 年 8 月 17 日晚上，塞纳西克市被 7.4 级地震侵袭，17 座建筑被摧毁，其中有 10 座属于违法修建的建筑物，申诉人的亲属因违法建筑倒塌致死。1999 年 8 月 25 日和 10 月 13 日的官方调查报告显示，倒塌的违法建筑存在材料不合格以及新增楼层未达到抗震标准的问题，当局存在管理瑕疵。

1999 年 9 月 6 日，亚罗瓦（Yalova）公共检察官对房地产开发商提起了刑事起诉。2000 年 5 月 4 日，内政部决定对涉事官员展开刑事调查。10 月 4 日，国务院下令中止该调查。2004 年 2 月 25 日，部分申诉人向亚罗瓦省人权委员会提出申诉。与此同时，部分申诉人向伯萨（Bursa）行政法院提起赔偿诉讼，要求相关部门和官员赔偿财产和精神损失，伯萨行政法院以超出诉讼时效为由驳回了起诉。以上程序均未获得令申诉人满意的结果，申诉人分别于 2005 年 4 月 16 日、22 日和 24 日向欧洲人权法院提出了申诉。人权法院在审查案件后一致决定合并处理这些案件，并于 2015 年 11 月 17 日最终判决，认为土耳其政府未能充分履行生命权的程序性义务，侵犯了《公约》第 2 条。至于实体性义务，人权法院认为申诉人并未穷尽国内的救济。

3. 德里巴斯诉土耳其案

申诉人的女儿蕾斯林·德里巴斯（Nesrin Delibaş）在 1999 年 8 月 17 日地震灾害中因建筑物倒塌致死。2000 年 8 月 16 日，原告和他的妻子以及其他女儿提出了赔偿程序。塞卡亚（Sakarya）行政法院根据一份专家报告判定建筑物倒塌中行政部门应承担的责任，支持了原告有关市政府的部分诉讼请求，判给他和他妻子各 1000 土耳其里拉的精神赔偿、其他女儿各 500 土耳其里拉的精神赔偿，没有支持原告经济赔偿的诉讼请求。2007 年 8 月 3 日申诉人向欧洲人权法院提起上诉。人权法院于 2017 年 10 月 17 日作出判决，认为土耳其政府违反了《公约》第 2 条的程序性要件。

（二）　欧洲人权法院对自然灾害下生命权国家积极义务的司法确认

欧洲人权法院对生命权保障的法律依据来自《公约》的第 2 条。① 与其他许多权利一样，欧洲人权法院最初对生命权的保障义务也是有争议的：仅局限于禁止国家干涉的消极义务，还是要求国家履行采取措施的积极义务。随着现代社会国家职权的拓展以及国际法上国家保护责任的确立，② 人权法院对生命权条款进行了扩大性解释，并通过其处理的个人申诉案件，灾民生命权的国家积极义务逐渐得以清晰和丰满。

1. 从消极义务到积极义务

《公约》第 2 条起初强调的是国家的消极义务，即国家禁止干涉以及非法剥夺公民生命的行为。因此，欧洲人权法院要求国家通过其行为人抑制故意的、不能被证明为合理的杀害。人权法院在首次确认生命权的一个案件——（McCann）迈卡恩等人诉英国案中严格解释了《公约》第 2 条第 2 句中的"绝对需要"（absolutely necessary）一词，认为士兵们没有必要使用

---

① 该条款规定："1. 每个人的生命权都应受到法律保护。任何人都不应该被故意剥夺生命——除非是为了执行法院在该人犯下某种罪行之后作出的判决，而法律就这一罪行规定了此种刑罚。2. 如果使用武力剥夺生命是迫不得已的情况下，不应当视为与本条的规定相抵触：（1）防卫任何人的非法暴力行为；（2）为执行合法逮捕或者是防止被合法拘留的人脱逃；（3）为镇压暴力或者是叛乱而采取的行动。"

② 国家保护责任原则认为，国家享有主权的前提是国家应当履行保护本国公民的责任。联合国国际法院是在 1949 年的科孚海峡案中确立了该原则。《联合国宪章》以及《世界人权宣言》也赋予了国家保障公民安全的法定义务。此后，法律学者们扩大了这项义务，认为："主权国家有责任保护本国公民免受可避免的灾难的侵害，并且有责任防止人为危机，对人的需求作出反应，并重建受损地区。"有关自然灾害情形中的国家保护责任的详细论述可以参见 J. L. Frattaroli，" A State's Duty to Prepare, Warn, and Mitigate Natural Disaster Dama-ges," *Boston College International & Comparative Law Review*, 2014.

致命武器故意射杀恐怖主义者。[①] 此外，人权法院还要求国家设立相应的程序来审查国家当局是否非法使用致命性武力，否则，禁止国家行为人任意杀害行为的一般法律原则就是无效的。正因如此，人权法院认为，当公民被国家行为人或其他原因杀害时，国家有关部门必须对死亡事件开展积极有效的调查。也就是说，国家有履行禁止非法剥夺生命的消极义务，并且还应设置相应程序来监督和审查这一义务的履行，这就要求国家必须履行积极义务，展开官方的死因调查。在休·约旦（Hugh Jordan）诉英国及此后的一系列案件中，人权法院进一步解释了官方调查的意义及其适用标准，[②] 从此调查义务被欧洲人权法院视为国家的生命权积极义务的核心内容之一。

欧洲人权法院首次明确承认生命权的积极义务是在 L. C. B 诉英国案中。[③] 该案申诉人辩称，其父亲在联合王国皇家空军从事核试验工作期间曾被暴露于有害的辐射物质下，这导致申诉人幼年时就罹患了白血病。在该案的审理中，人权法院明确表示："《公约》第 2 条第 1 款的第 1 句责成国家不仅要抑制故意和非法剥夺生命，还要采取适当措施来保障其管辖领域内那些人的生命。"因此，人权法院重点审查了国家当局在当时的环境下是否做了所有防止申诉人生命受到危害的事情，比如，当局是否警告申诉人的父母在孕育下一代时可能存在健康风险。在该案中，人权法院富有开拓性地确立了生命权积极义务这一重要原则。但是，该原则应当在多大程度加以扩展以及能够适用哪些情形并没有明确规定。

2. 从人为危险到自然灾害

在此后的案件中，欧洲人权法院积极探寻了生命权积极义务的性质、

---

① *McCann and Others v. United Kingdom*, Judgment of 27 September 1995；（1996）21 EHRR 97.

② See *Hugh Jordan v. United Kingdom*, Judgment of 4 May 2001；*Yasa v. Turkey*, Judgment of 2 September 1998；*Ögur v. Turkey*, Judgment of 20 May 1999；*Tanrikulu v. Turkey*, Judgment of 8 July 1999.

③ *L. C. B. v. United Kingdom*, Judgment of 9 June 1998；（1998）27 EHRR 212.

适用范围及其归责原则。在奥斯曼（Osman）诉英国案中，① 人权法院认为，国家保护个人免受另一私人犯罪行为的伤害时，除了落实有效刑罚义务外，还需要采取更为具体的保障措施。至于生命权的保护职责，人权法院考虑到管理现代社会的困难、人类行为的不可预测性以及警方职权行事的需要，相当狭窄地进行了界定：国家应该去做它可以合理预期地避免真正的、即刻的以及它所知道或应该知道的生命风险的所有行为。② 生命权积极义务的这一归责原则在费卢杰诺夫（Finogenov）等人诉俄罗斯案中进一步得以补充。③ 在该案的判决中，人权法院认为，并非所有假定的威胁都足以使政府采取特定措施用以避免危险，只有当国家当局已经知道或应当知道真实存在即刻发生的危险，并且对危险情况有一定的掌控时，政府才承担积极义务。政府采取行动时必须考虑优先性和资源因素，因此，当对该义务解释不一致时，不得给政府施加不可能的或不相称的义务。④ 至此，基于《公约》第 2 条发展起来的判例法已经形成了这样的共识，国家在该条款下需要承担三个方面的义务：国家不得干预、剥夺他人生命；全面审查可疑死亡事件并惩罚行凶者；以及在特定情况下，承担积极义务采取措施以防止可避免的生命损失。⑤ 其中，第一项义务是消极义务，后两项义务是积极义务。

在奥尔依迪兹（Öneryildiz）诉土耳其案中，欧洲人权法院将危险活动中生命权积极义务扩展至环境危险活动。⑥ 该案申诉人及其家人住所旁的生活垃圾堆发生甲烷爆炸导致了山体滑坡，申诉人的亲属在这场事故中死亡。

① *Osman v. United Kingdom*, Judgment of 28 October 1998；(2000) 29 EHRR 245.
② 〔英〕克莱尔·奥维、罗宾·怀特：《欧洲人权法·原则与判例》（第三版），何志鹏、孙璐译，北京：北京大学出版社，2006，第 71 页。
③ *Finogenov and Others v. Russa*, Judgment of 18 March 2010.
④ 〔奥〕伊丽莎白·史泰纳、陆海娜：《欧洲人权法院经典判例节选与分析第一卷：生命权》，北京：知识产权出版社，2016，第 18 页。
⑤ 〔英〕克莱尔·奥维、罗宾·怀特：《欧洲人权法·原则与判例》（第三版），何志鹏、孙璐译，北京：北京大学出版社，2006，第 58 页。
⑥ *Öneryıldız v. Turkey*〔GC〕, no. 48939/99, § 71, ECHR 2004XII.

人权法院在此案中考虑的问题是：国家是否有义务在环境问题上采取措施，并公开信息。人权法院通过审查国家的实体义务和程序义务，认为政府在明知申诉人的居住场所因市政垃圾区规划的缺陷而面临现实紧迫危险的情况下，既没有在能力范围内采取任何可能的措施来阻止危险的发生，也没有履行相应的告知义务，同时国内司法机关也未能为申诉人提供充分的法律救济。因而，土耳其政府侵犯了《公约》第 2 条。在该案的判决中，人权法院明确指出，防止生命权受危险活动侵犯的义务同样适用于涉及人类活动潜在风险的情形，国家应采取切实可行的措施确保公民免遭潜在风险的侵害。

在穆雷诺·塞尔迪亚兹（Murillo Saldías）等人诉西班牙案中，欧洲人权法院认为生命权的积极义务适用于自然环境导致的危险情形。在该案的审查中，尽管人权法院对在官方授权开放的营地中洪灾致死者的亲属的申诉做出了不予受理的决定，但是从拒绝的理由可以看出，人权法院并未否认自然灾害下生命权保障的积极义务。[①] 相反，人权法院认为，正是由于西班牙政府未能履行保护义务，申诉人才得以在国内获得了充分的救济（死亡的每一位亲属赔偿超过 20 万欧元），因而导致了受害者身份缺失不予受理此案。[②]

欧洲人权法院对自然灾害下生命权积极义务的首次确认是在布达耶夫等人诉俄罗斯案中。在该案中，人权法院明确指出生命权的积极义务必须被解释为适用于生命权可能受到威胁的任何事件，当然包括自然灾害。因此，当清晰可辨的迫切的自然灾害，特别是涉及人类居住或活动区域内反复发生的灾害可能威胁生命权时，国家应当履行积极义务，其义务范围取决于威胁的来源和风险的缓解程度。当然，人权法院也指出自然灾害下生命权积极义务归责原则具有特殊性。因为自然灾害往往超出人类可控的能

---

① *Murillo Saldias and Others v. Spain*（dec.），no. 76973/01，28 November 2006.
② *Budayeva and Others v. Russia*，nos. 15339/02，21166/02，20058/02，11673/02 and 15343/02，
　§ 112，ECHR 2008（extracts），para. 111.

力范围，因而不能要求国家在减防自然灾害和人为危险的义务方面采取同等程度的干预。

通过对上述案例的分析，我们发现欧洲人权法院通过对生命权条款的扩大性解释，确认了生命权的积极义务，并逐步将该积极义务的履行范围从人为危险和环境危险活动扩展到自然灾害领域内。

（三）欧洲人权法院确立的自然灾害下生命权国家积极义务的范围

欧洲人权法院在审理上述涉灾案件时除了继承既有判例法已经确立的一些基本原则外，还发展出某些特性，逐步确立了自然灾害下生命权积极义务的具体内容。

1. 预防义务

诚如人权法院所说，地震等自然灾害是国家无法控制的事件，预防工作的目的在于采取措施减少其影响，以便使其灾难性影响降至最低限度。因此，预防义务应归结为采取措施加强国家处理地震等意外和暴力性质的自然现象的能力，主要体现为立法义务、土地规划义务以及预警义务。

（1）立法义务

立法义务是规范所有国家义务的逻辑起点。完善科学的立法在预防生命权风险方面可以发挥最前沿的作用以及承担主要责任，它不仅为国家履行人权义务以及为受害者寻求救济提供法制根据，而且可以依此确定相关行为人的法律责任。正因如此，欧洲人权法院在判决奥尔依迪兹诉土耳其案时指出，国家采取适当措施保障生命权的积极义务要求国家承担的首要责任就是建立一个有效防止和遏制威胁生命权的立法和行政法律系统。[1] 在布达耶夫等人诉俄罗斯案中，人权法院再次重申了该义务的重要功能，并强调该义务适用于包括工业风险、环境灾难以及自然灾害在内的所有危险活动。[2]

---

[1] *Öneryıldız v. Turkey* Judgment，para. 89.
[2] *Budayeva and Others v. Russia Judgment*，para. 129 – 130.

　　在审查当事国是否遵守自然灾害情形下生命权保障的积极义务时，欧洲人权法院反复援引了当事国法律作为评估其当局行为的合法性依据。在布达耶夫等人诉俄罗斯案中，人权法院梳理了俄罗斯有关紧急救助国家义务以及国家侵权责任的立法。人权法院认为，俄罗斯联邦法第六章（the federal law of 21 December 1994，No. 68 - fz）"自然和工业紧急事件中平民和领地的保护"中规定了各级政府及时准确发布预警和紧急情况信息以及防灾减灾的义务，第七章规定防灾减灾是紧急救济的基本原则之一，并要求预防措施在时间上的及时充裕性。① 人权法院根据上述立法判定，俄罗斯政府没有维护防护和预警的基础设施，未履行俄罗斯联邦法规定的防灾义务，进而侵犯了《公约》第2条的实体性义务。在奥泽尔等人诉土耳其案中，人权法院梳理了土耳其有关刑事诉讼程序、官员追责、城市规划、防灾和救济以及建筑物防灾标准方面的立法，② 这些法律规范在案情评估和最终判决中被多次提及。比如，人权法院在陈述受理理由时论及土耳其法律对易灾地区的建筑许可的特殊限制以及建筑物的特定标准，在审查土耳其政府在生命权保障的程序性义务瑕疵时多次提及有关官员对建筑物标准审查程序的违反。③

　　除了将当事国法律作为评判其行为合法性的标准之外，欧洲人权法院也对自然灾害下生命权立法义务提出了一些特殊的要求。首先，它强调了法律的针对性和可操作性。人权法院强调，在涉及人类潜在风险活动时，要特别关注针对特殊问题的特殊法律规定的制定。因而，应该制定专门的有针对性的防灾减灾法律体系和政策，避免立法的高度原则化和模糊化。同时，由于现代社会自然灾害的复杂性、多元性以及不确定性，制定法律

---

① See Section 6 - 7 of the Federal Law of 21 December 1994 No. 68 - FZ "On Protection of Civilians and Terrains from Emergencies of Natural and Industrial Origin".

② See section 14 of the Criminal Proceedings Act (Law No. 1412); Section 3 (h) and 9 of the Prosecution of Officials and other Civil Servants Act (Law No. 4483); Section 32 of the Urban Planning Act (Law No. 3194); Law No. 7269 of 15 May 1959 on preventive and relief measures to be adopted regarding the effects of disasters on the life of the population; etc.

③ *M. Özel and Others v. Turkey* Judgment, para. 139, 174 - 176, 192 - 198.

和政策时还需考虑所涉灾害的技术性因素，确保规则能够切实防控自然灾害的全过程，并能落实所有相关人员的权责。其次，特别重视公众知情权的法律保护。公众知情权是减灾以及生命保护的关键要素之一，因此人权法院认为，在制定自然灾害下生命权保护立法时必须设立知情权条款。最后，规则制定时还必须规定适当的程序，这样才可以清晰查明灾害应对过程中存在的缺陷和不同层级中责任人员所犯的错误。①

（2）土地规划义务

土地规划是国际防灾减灾战略近期重点关注的防灾措施，对于自然灾害下的生命权保障具有重要的意义。首先，许多自然灾害尤其是可能造成巨大生命损失的自然灾害往往是由于地质动力活动或地质环境异变引起的，比如地震、崩塌、滑坡、泥石流以及火山等。科学合理的土地规划可以减少人为地质灾害或其他灾害的发生以及避免或减少受灾对象与之遭遇。其次，合理的土地规划，特别是有效避开易灾区、加强地质灾害风险带土地开发管理以及科学的空间规划，能够进一步减少承灾体的脆弱性以及提升社区的防灾抗灾能力，确保生命损失的最小化。在这方面，科学的建筑选址、合理的城乡规划以及发展规模、适度的人口密度、规范的建筑物标准以及适当的防灾减灾基础设施规划尤为重要。

在奥泽尔等人诉土耳其案中，欧洲人权法院认为土耳其政府在履行土地规划义务方面存在管理瑕疵。人权法院指出，国家当局非常清楚地认识到该区域的地震风险。该区域已被明确划分为"灾害地带"，空间规划时也考虑了地震风险，该地区的建筑许可也受到了特殊条件的限制，建筑物必须符合特定的标准。可遗憾的是，地方当局不仅没能阻止未遵守高风险地带建筑物规范的违法修建，而且未经市政局授权篡改了原有的建筑规划。正是这些未符合标准的违法建筑物的倒塌，才造成了众多生命损失的灾难性后果。在布达耶夫等人诉俄罗斯案中，人权法院也指出了俄罗斯政府在

---

① *Öneryıldız v. Turkey* Judgment, para. 90; *Budayeva and Others v. Russia* Judgment, para. 132.

履行土地规划义务方面存在的不足。人权法院认为，KBR 各级政府在已经意识到泥石流灾害风险和原有防护设施已被严重损坏的情况下，没有在该地区实施任何替代性的土地规划政策，这等于忽略了包括所有申诉人在内的居民面临的可预见的生命危险。

（3）预警义务

自然灾害下生命权预防义务的第三个方面就是预警义务。灾害预警作为 21 世纪减灾对策的主要组成部分，对自然灾害下生命权的保障也具有重要意义。因为，在自然灾害发生之前，由相关职权部门对灾害风险进行科学有效的分析，准确、及时和无偿向公众传递灾害紧急信息，可以有效地促进承灾体和灾区的风险减防行动。预警义务意味着国家必须要建立系统科学的灾害预警体系，这不仅需要完善灾害预警基础设施和预警信息共享平台，还需要提升灾害风险的识别和评估能力以及社会和组织的预警反应能力。

欧洲人权法院也非常重视国家的灾害预警义务。在布达耶夫等人诉俄罗斯案中，人权法院认为，KBR 当局在收到泥石流风险增大的警告以及要求设立预警设施的建议的情况下，仍然没有在山上设立可以监控风险以及及时通知居民的临时观测哨所。因此，当灾害发生时，当局发现他们没有办法估计泥石流的时间、力量或可能的持续时间，无法事先警告居民或有效执行疏散令。因此，正如申诉人和政府所说，警报直至第一波泥石流灾害已经到来时才响起。并且，申诉人控诉，他们在第一波泥石流平息后返回公寓时没有看到任何禁止返回的警告。人权法院认为，俄罗斯当局应在合理预期该年发生泥石流事故风险增加的情形下，依靠有效预警系统尽一切可能通知居民，并提前安排紧急疏散。无论如何，俄罗斯未向公众通知已预见的风险显然违反了《公约》第 2 条的实质性要求。

2. 救助义务

由于自然灾害对人的生命带来的巨大风险，在生命权保障上，国家除了履行灾害预防义务外，还需要承担救助义务。该义务要求国家采取积极措施履行紧急救援和救助的义务，具体包括执行应急方案、提供交通设施、组织灾民有序撤离灾害发生地点。并且，由于自然灾害可能影响到灾民基本生活的维持，国家在灾害发生期间以及灾后一定时期内，还需要履行给付基本生活资料的义务，为灾民提供能够满足其基本生活条件的基础设施，确保灾民能够获得维持生命安全和健康所需的生活资料。

欧洲人权法院在涉灾生命权案中对救助义务也给予了充分关注。在布达耶夫等人诉俄罗斯案中，人权法院发现，当地政府在泥石流灾害发生时采取了一定措施保护居民的生命和财产安全，具体包括：帮助居民撤离灾害发生地、抢救遇难者、安置居民以及提供应急物资。灾后，考虑到受灾者的艰难处境，当局紧急维修公共设施，帮助恢复灾区的生活条件，并为包括申诉人在内的灾民提供了基本生存救助，申诉人全部免费获得了替代性住房和一次性紧急津贴。尽管如此，人权法院仍然认定，俄罗斯政府未能充分履行救助义务，因为当局在紧急撤离方面存在不足。① 在奥泽尔等人诉土耳其案中，申诉人也控诉当局在履行救助义务时存在严重过失，震后救援行动迟缓、效率低下。特别是，灾害发生后几个小时才开始在废墟中进行搜救行动，因此错失了最佳搜救时间，无法准确确定死者和伤者名单，无法及时将伤者送往医院。②

3. 调查义务

尽管国家可以通过预防和救助等手段最大可能地保护公民的生命安全，但是由于自然灾害的巨大破坏力以及现代科技的局限性，自然灾害事件中仍然不可避免地会出现生命损失，此时要求国家履行调查义务，调查死因以及确定国家是否需要承担责任。欧洲人权法院再三强调，调查义务并不取决于国家最终是否对所涉死亡负责，该程序性义务已演变为单独和自主的责任，其目的在于确定案件真相，确保保护生命权的相关国内法律能够得到有效实施以及国家行为者或机构对发生在其责任范围之内的死亡予以

---

① *Budayeva and Others v. Russia* Judgment, para. 158.

② *M. Özel and Others v. Turkey* Judgment, para. 140, 165.

负责，并最终为受害者寻求救济提供依据和基础。因为，在复杂和危险情形下，公共当局往往是唯一有足够的相关知识查明事故真相的实体。① 比如，就个人民事诉讼中提出的国家赔偿责任问题而言，原告必须证明国家过失造成的损害在多大程度上超过了自然灾害中不可避免的损失，而该问题只能通过涉及技术和管理方面评估的复杂的专家调查以及当局掌握的事实信息才能回答。也就是说，要求原告就私人无法获取的事实承担举证责任。如果没有独立的刑事调查或官方评估，受害者不可避免地缺乏建立国家民事赔偿责任的手段。因此，官方必须承担起调查自然灾害下死亡事故的职责。

事实上，欧洲人权法院早已将调查义务确立为生命权的一项独立义务，并在实践中发展出调查义务的一般性原则。第一，当局必须主动采取调查行动，不能留待最近的亲属来采取最初行动：或提起正式起诉，或承担调查责任。第二，调查必须满足必要标准，必须迅速展开，以维持公众遵守法制的信心，并防止出现任何非法行为的勾结或者对非法行为的容忍。第三，出于同样的原因，调查必须在一定程度上对公众开放，死者的亲属也必须经常拥有参与的机会。② 当然，当局对调查形式拥有较大的自由裁量空间，可以根据具体案情选择进行司法调查或是其他形式的调查。此外，《公约》第2条的要求不仅仅包括官方调查的阶段，也包括国内法院的诉讼程序：包括审判阶段在内的整个诉讼程序必须满足法律规定的要求。③

在涉灾生命权保障案件中，欧洲人权法院多次强调国家的调查义务。在布达耶夫等人诉俄罗斯案中，人权法院发现，死亡事故发生不到一周，检察官办公室就决定不对布达耶夫死亡事件展开刑事调查。并且，检察官

---

① *Öneryıldız v. Turkey* Judgment, para. 94；*Budayeva and Others v. Russia* Judgment, para. 140；*M. Özel and Others v. Turkey* Judgment, p. 140, 188, 191；*DELİ BAŞ v. Turkey* Judgment, p. 37.

② 〔英〕克莱尔·奥维、罗宾·怀特：《欧洲人权法·原则与判例》（第三版），何志鹏、孙璐译，北京：北京大学出版社，2006，第65~67页。

③ *Giuliani and Gaggio v. Italy* Judgment, p. 298；*Öneryıldız v. Turkey* Judgment, p. 91；*Budayeva and Others v. Russia* Judgment, p. 138.

办公室已有的调查结果仅限于确定其直接死亡原因——建筑物的倒塌，并未涉及建筑物安全合规问题或当局的责任可能性。特别是，检察官没有采取行动核实媒体的许多指控和受害者关于防护基础设施和预警系统的指控。此外，俄罗斯国内法院也没有充分利用其拥有的权力确定案件事实，既没有联系包括官员和普通公民在内的任何证人，也没有寻求能够建立或反驳当局责任的专家意见，并且在申诉人已经提供证据以及官方报告中某些官员已经共同关注此事的情况下，法院仍然不愿意确认事实。因此，人权法院认定，死亡事故的国家责任在俄罗斯没有得到任何司法或行政当局的调查或审查，申诉人因此丧失了获得补救的进一步手段。① 在奥泽尔等人诉土耳其案和德里巴斯诉土耳其案中，人权法院同样非常关注调查义务。人权法院认为，这两个诉讼涉及 195 人死亡，但是都起源于同一事实——倒塌建筑物存在缺陷，随着时间的推移，无论诉讼程序集合还是分开，必须展开一个特定的调查。尽管当局于事故发生后不久分别对承建商和建筑师进行了质询。之后又多次（分别是 1999 年 8 月 26 日、1999 年 9 月 7 日、2001 年 4 月 29 日、2004 年 10 月 5 日、2005 年 4 月 21 日以及 2005 年 11 月 29 日）委任专家对倒塌建筑物的瑕疵与责任进行了评估并确认了相关官员和房屋承建商的责任。但是，人权法院强调，漫长的过程损害了调查结果，甚至危及其成功的机会。因为时间的流逝会不可避免地减少可获取的证据的数量和质量，工作上拖沓让人对调查的信用产生怀疑，对原告是无尽的苦痛折磨。事实证明确实如此。对承建商的刑事诉讼以这样一种方式结束：最终宣布只有两名被告对事件负责，其他三名被告受益于时效限制；奥泽尔等人等待了 8 年和 12 年才得到了民事法庭的判决；德里巴斯提起的行政诉讼延续了大约 12 年。

4. 追责义务

当涉灾死亡事故涉及国家责任时，国家还需履行追责义务。生命权的

---

① *Budayeva and Others v. Russia* Judgment, para. 162 – 165.

追责义务意味着当国家机关或国家行为人未履行或未正确履行其职责造成公民生命损失时，国家必须要追究其相应的责任。因为，国家当局在任何情况下都不应该允许危及生命的罪行逍遥法外，因此必须对其行为人的不当行为予以法律规制。这对于维持公众的信任和确保公众遵守法制和防止任何对非法行为的容忍或共谋至关重要。根据欧洲人权法院的实践，我们在理解涉灾死亡事件的追责义务时需要重点关注两个方面。首先，与人为灾害相比，国家在自然灾害干预程度的要求上稍显宽松，在减防和救助措施的选择上也有更多的自由裁量空间，因此国家在自然灾害管理上有更多的豁免权，在责任认定标准上也相对宽松。① 其次，追责方式具有多样性。人权法院重申，如果对生命权的侵害或身体伤害不是故意造成的，并不一定要求每一个案件都要提起刑事诉讼。《公约》第 2 条也绝不应当推断为，可能包含申诉人有权起诉第三方或宣判刑事犯罪或所有起诉都导致定罪的绝对义务。② 人权法院的上述论述表明，灾害情形下国家追责义务的履行方式并不仅仅限于刑事惩罚，还包含行政或民事等手段。

欧洲人权法院在布达耶夫等人诉俄罗斯案中并未提及追责义务，但是在此后的奥泽尔等人诉土耳其案和德里巴斯诉土耳其案中就明确指出政府未履行相应的追责义务。尽管土耳其政府已经多次确定了与该事故相关的市政官员的责任，但是遗憾的是，最终都未促成对涉事官员实际的追责。部分申诉人有关确保主管当局下令对公职人员进行刑事调查的多次尝试也未能取得成功。2000 年 7 月 14 日，阿阚（Akan）夫人和奥泽尔先生向内政部检查委员会申请，审查在倒塌房屋事件中未能履行检查和监督职责的官员，并要求提起诉讼。10 月 4 日，国务院解除了内政部发布的刑事调查许可，认为应将责任归于建造工程的专家。2001 年 7 月 6 日，申诉人根据新

---

① 有关欧洲人权法院对自然灾害管理中的国家侵权责任的详细论述可参见杜群、黄智宇《论自然灾害管理不作为的国家侵权责任》，《中国地质大学学报》（社会科学版）2015 年第 6 期。

② *M. Özel and Others v. Turkey* Judgment, para. 187.

的证据再次向内政部申请起诉涉事官员。9 月 10 日，内政部回复称没有必要起诉所涉人员，因为他们符合正常程序。此后，申诉人又先后三次提出了起诉涉事官员的申请，但被安全理事会、国务委员会相继驳回。基于以上事实，人权法院认定，土耳其行政当局拒绝授权采取行动起诉和控告行政官员的违法失职行为，违反了《公约》第 2 条的程序性规定。

5. 赔偿义务

当涉灾死亡事故涉及国家责任时，追究相关机构和官员的责任可以规范权力的行使以及惩罚和威慑行政过失行为和权力滥用行为。但是，追究官员的责任并不会给受害人带来直接的救济，因此国家还需履行赔偿义务。根据欧洲人权法院的既有实践，自然灾害下生命权的赔偿义务仅限于适当赔偿受害者亲属的精神损害，并未支持金钱损害赔偿。这是因为人权法院未发现侵权行为与申诉人所主张的金钱损害之间有任何因果关系。并且，考虑到自然灾害管理的特殊性、国家财政的有限性以及公权行使和私权保障的平衡性，自然灾害管理侵权损害赔偿不应遵循"全部赔偿"原则，而应该遵循"适当赔偿"原则。① 此外，赔偿的渠道是多元化的，在穆雷洛·塞尔迪亚兹等人（Murillo Saldias）诉西班牙案中，受害者亲属通过行政诉讼获得了赔偿。在布达耶夫案中，申诉人向国内民事法院提出了损害赔偿诉讼。由于俄罗斯的法院没有判决国家给予赔偿，人权法院要求俄罗斯政府向布达耶夫的亲属支付 3 万欧元的精神损害赔偿。在奥泽尔等人诉土耳其案和德里巴斯诉土耳其案中，人权法院最终判决土耳其政府支付给申诉人 3000～15000 欧元不等的精神损害赔偿。

综上，我们发现，自然灾害下生命权保障的国家积极义务是全面系统的，是一个由灾前预防、灾中救助、灾后救济为主线构建以及集预防、救助、调查、追责和赔偿义务为一体的全方位保障自然灾害下生命权的积极义务体系。事实上，自然灾害下生命权的国家义务内容可以类推至其他人

---

① 杜群、黄智宇：《论自然灾害管理不作为的国家侵权责任》，《中国地质大学学报》（社会科学版）2015 年第 6 期。

权，只是鉴于生命权的首要人权地位以及自然灾害情形下国家资源的限制性，国家对其他人权义务履行程度的要求上更为宽松，但同样强调国家的积极义务。

从上文的分析我们得知，由国际人权法和国际灾害法组建的法律规范体系为自然灾害下国家人权义务提供了国际标准，有关国际机构也设置了相应的机制监督和指导国家履行人权保障义务。与此同时，欧洲人权法院的做法不仅为灾民权利的国际司法救济提供了经验借鉴，而且可以进一步推动自然灾害下国家人权义务国际标准的完善。这些都将在一定程度上辐射和促进灾民人权保障国内立法和实践。尽管如此，自然灾害下国家人权义务国际标准仍然存在一些问题，这需要各方共同努力，早日推动以灾民人权保障为主题的国际人权公约的制定。

第五章

自然灾害下国家人权义务法治
保障的国外经验

尽管自然灾害下国家人权义务的国际标准已经确立，但是国际标准在更多情况下只能作为国内立法与实践的指南，国际标准的落实和灾民人权的实现最终依赖的还是国内立法以及相应的执法和司法机制。事实上，大部分国家都已经通过立法手段规定了自然灾害时期的国家义务，将灾民权利确认为法律权利或者为灾民权利实现提供了法制保障。此外，还有一些国家开通了自然灾害时期司法救济渠道，为灾民权利的保障提供了最坚实的底线保护。

第一节　国外对自然灾害下国家人权义务的立法保障

有关统计数据显示，全球至少有 100 个国家或地区已经颁布了关于防灾和应灾或相关工作的国内立法。[①] 其中，有些法律是专门性的防灾应灾法律，有些涉及公共健康、粮食安全、民防、环境保护、海关、税务等与自然灾害有关的其他领域，这些法律不同程度地促进了灾民人权的实现。

---

① 《灾害发生时的人员保护秘书处的备忘录》，A/CN.4/590，第 13 页。

一　国外对自然灾害下国家人权义务的宪法保障

宪法作为一个国家的根本大法，法律位阶最高，因此对于国家和公民意义重大的权利内容都会被写入宪法。由于重大的自然灾害事件可能引发人权危机以及社会和政治秩序的混乱，因此许多国家的宪法都对其保障义务进行了规制。

综观国外宪法有关自然灾害时期国家人权保障义务的规定，笔者发现，可以梳理为四种不同的形式。一是直接确认国家的防灾减灾义务以及保障国民免于灾害侵害的义务。根据笔者的统计，这种保障方式较为少见，目前只发现韩国和厄瓜多尔宪法直接确认了国家在自然灾害事件中的保障义务。其中，韩国宪法（1987 年）"国民权利和义务"部分的第 34 条第 6 款为专门的自然灾害条款，该条款明确规定："国家应努力预防灾害，并努力保护国民免受灾害危害。"厄瓜多尔宪法（2008 年）第 5 条和第 46 条明确规定了国家对于自然灾害的受害者的优先保护义务。该法第 5 条规定："……处于一定风险中的人，家庭和性暴力、虐待儿童、天灾或人祸的受害者，也应受到同样的优先照顾。国家应对弱势群体提供特殊保护。"第 46 条规定："国家应采取以下及其他措施来保护儿童和青少年：……6. 在灾害、武装冲突或任何紧急情况下的（儿童和青少年的）优先照顾……"二是暗含于紧急状态条款或危急时刻条款中的灾民保障国家义务。比如，俄罗斯宪法（1993 年）第 56 条规定紧急状态下国家可对公民的权利和自由进行部分限制，但是国家不得限制生命权、人的尊严、私生活保障、信仰自由和宗教自由、自由从事经济活动的权利、禁止任意剥夺住宅、公正审判权、救济权。白俄罗斯宪法（1994 年）第 63 条规定："只有在紧急状态或者战时状态的情况下，并且依据本宪法和法律规定的程序和范围，才能中止本宪法规定的个人权利和自由的行使。"德国宪法（1949 年）第 11 条规定了自然灾害情形下为了预防青少年陷入无人照顾的境地或为预防犯罪行为而具有必要性时可以通过法律或依据法律限制迁徙自由。第

13 条和第 14 条规定了危及公共安全或其他法律规定情形下的住房权和财产权限制。三是具体权利条款中的灾民保障国家义务。最常见的权利条款有物质帮助权、适当生活水准权和社会保障权。比如，瑞士宪法（1999 年）第 12 条规定："任何人在处于困境而不能自救的情况下均有权获得帮助和救济，并获得必不可少的资助以获得符合人格尊严的生活。"南非宪法（1996 年）第 27 条规定了紧急医疗救助权以及国家应在其所拥有的资源范围内采取合理的立法和其他措施，逐步实现公民的医疗权、食物权、水权、社会保险。[①] 秘鲁宪法（1993 年）在"社会和经济权利"的第 10 条规定了国家保障公民在紧急情况下获得全面和不断进步的社会保障的权利。四是弱势人群权利条款中的灾民保障国家义务。比如，荷兰宪法（1814 年）第 20 条第 3 款规定："在荷兰境内居住的生活无着的荷兰国民，有权根据议会法令的规定向政府申请救济。"希腊宪法（1975 年）第 21 条第 4 款规定："无家可归者或者居住条件不足的人购置住宅应当构成国家特别关注的事项。"厄瓜多尔宪法第 42 条规定："任何被迫搬迁者有权受到当局的保护和紧急状况人道主义援助，以确保食品、居所、住房、医疗和保健服务。……所有被迫搬迁的个人和群体都有权自愿、安全和有尊严地返回其原住所。"

深入分析自然灾害下国家人权义务宪法规制的四种形式，我们发现，他们在国家义务层次上存在较大的共性：更强调国家的积极义务，尤其是实现义务中的直接提供义务。但是，四种规制模式在国家义务内容以及所保障的权利范围方面存在一定的差异。第一种规制模式直接确认了国家对灾民的保护权，即国家的"完全"宪法义务，相对应的是国家在自然灾害不同阶段的保护义务，既包括灾前的预防义务，也包括灾后的救助和重建义务。保护的权利既包括经济权利和社会权利，也包括公民权利和政治权利。第二种规制模式规定了自然灾害时期的权利限制和克减，即自然灾害

---

① 黄金荣：《司法保障人权的限度——经济和社会权利可诉性研究》，北京：社会科学文献出版社，2009，第 369 页。

时期国家的最低核心人权义务。这种保护模式强调的是当自然灾害导致国家陷入危机或被宣布进入紧急状态时，国家不能履行全部保护义务时必须恪守的最低人权底线，其保障的权利范围基本上属于国际人权法中不可克减的人权。第三种和第四种规制模式规定的是国家的"有限"宪法义务，强调的是国家的灾后紧急救助义务、因灾致贫者或因灾流离失所者的基本生存保障义务以及灾民中脆弱人群的特殊保护义务。相对应的权利范围主要是社会权利，尤其是适当生活水准权。

二　国外对自然灾害下国家人权义务的普通法保障

尽管许多国家的宪法对自然灾害时期国家人权义务进行了规定，但是由于宪法条款大都是概括性或原则性的规定，仍需要其他法律法规对该宪法条款进一步予以具体化和可操作化。并且，部分国家的宪法中并未明示或暗含自然灾害时期的人权保障。因而绝大多数国家通过普通法律对自然灾害时期国家人权义务予以规定。按照规制内容来分，涉及自然灾害时期人权保障的普通法又可以分为两个大类。一是专门针对自然灾害的法律法规；二是其他与自然灾害防治和管理相关的法律。与灾害防治和管理相关的法律涉及的范围很广，主要涉及税收、金融、保险、海关、环境保护、土地、NGO以及责任和救济等方面。比如，《俄罗斯民法典》规定了国家机构或国家官员对其公民采取违法行为或不作为的赔偿责任，[①] 这当然包括国家在自然灾害管理中的违法行为或不作为。1971年斐济《移民法》第88章第7条（1）款（c）项对外籍救援人员的特权和豁免权进行了规定。越南2001年《海关法》第35条对"用于立即克服自然灾害所造成后果的货物"可在提交海关申报和海关档案文件之前结关。毫无疑问的是，这些法律对自然灾害防治以及自然灾害时期人权保障或多或少会有所作为，但是，在自然灾害时期人权保障方面发挥核心功能的仍是专门性自然灾害法律法规，

---

① See Article 1064 § 1 and Articles 151 and 1099–1101 of the Civil Code of the Russian Federation.

下面将重点予以介绍。

相比宪法这样的一般性人权法，专门针对自然灾害事件的立法是自然灾害时期人权保障法律体系的核心组成部分，其关于防灾减灾和恢复重建的规定为自然灾害时期的人权保障提供了重要依据。专门性自然灾害立法的类型很多，按照规制的灾害类型来划分，可以分为单项灾害立法和综合性灾害立法，比如，日本的《大规模地震对策法》（1978 年）和印度的《灾害管理法》（2005 年）；按照灾害应对的阶段和流程来看，可以分为灾害对策基本法、灾害预防法、灾害紧急应对法、灾后重建法以及灾害组织管理法。仔细梳理国外自然灾害立法，其与自然灾害时期国家人权义务相关的内容主要涉及以下方面。

第一，人权保障及其基本原则。许多国家在制定自然灾害立法时，就明确指出立法的主要目的之一就是保障灾民的人权。比如，日本的《地震防灾对策特别措施法》（1995 年制定、2012 年修订）第 1 条指出："在遭受地震灾害时保护国民的生命、健康以及财产，通过有关地震防灾对策的实施目的的设定、地震防灾紧急事业五年计划的制定，……以强化社会秩序和确保公共福祉，制定本法。"[1] 许多国家除了将人权保障作为自然灾害立法目的外，还规定了国家履行自然灾害时期人权保障义务的基本原则。比如，《印度灾害管理法》（2005 年）规定："在向灾民提供赔偿和救济时，不得因性别、种姓、族裔、血统或宗教加以歧视。"[2]《印度尼西亚灾害管理法》（2007 年第 24 号）第 6 条 c 款和第 8 条 a 款分别强调中央政府和地方政府要确保灾民权利的公平享有以及符合最低限度服务标准。

第二，权利范围以及权利克减和限制。首先，国外自然灾害立法对灾民权利的确认主要有三种方式。一是直接宣示灾民享有受保护的权利。比

---

[1] 《日本地震防灾对策特别措施法》（1995 年 6 月 16 日法律第 111 号，2012 年 6 月 27 日最终修订法律第 51 号），黄成译，王超奕、姜楠校。

[2] 《印度灾害管理法》（2005 年），第 61 段。

如，玻利维亚的《减灾和应灾法》（2000 年）第 3 条（b）款规定："境内所有人都享有受保护权，在面临潜在灾害和/或紧急情况时，他们的人身安全、生产基础设施、物品和环境受到保护。"二是列举灾民享有的具体权利。比如，《印度尼西亚灾害管理法》的第 26 条就是灾民权利条款。该条第 1 款规定了灾民享有社会保障和安全的权利、接受灾害教育和培训的权利、获得灾害管理政策的权利、参与医疗救助计划的权利、参与灾害管理决策的权利以及监督灾害管理机构的权利；第 2 款规定了灾民的人道主义援助权；第 3 款规定了灾民的赔偿权利。三是通过规定政府义务来反射灾民的权利。上文列举的《日本灾害救助法》就是如此，该法通过规定政府的救助义务来确认灾民的权利。其次，从权利范围来看，国外自然灾害立法基本上覆盖了国际灾害应对法中所提及的人权，其中重点保障的人权类型还是生命和财产安全的相关人权。比如，《日本灾害救助法》第 4 条规定，救助的内容包括：提供避难所以及应急临时住房；提供救济口粮以及食品和饮用水；发送或出借被子、寝具以及其他生活必需品；医疗以及接生服务；营救被困人员；对受灾房屋进行应急维修；发送或出借维持生计必需的资金、工具或资料；提供学习用品；丧葬。此外，许多国家还非常重视灾民的人道主义援助权和弱者人权的保障。比如，《印度尼西亚灾害管理法》第 26 条第 2 款特别规定了灾民获得基本生活必需品援助的权利。《印度灾害管理法》中有 11 次提及脆弱灾区以及脆弱灾民，包括对脆弱灾区和易受伤害人群进行限制性管理、加强对脆弱地区的灾害预防、为脆弱灾区和人群提供紧急通信等措施。再次，大部分国家自然灾害立法规定了权利限制，部分国家自然灾害立法规定了权利克减。自然灾害下最常见的权利限制条款就是迁徙自由权条款、财产权条款和隐私权条款。比如，《日本灾害对策基本法》第 63 条规定："在灾害已经或马上就要发生时，市长、镇长或村主任可在认为是防止可能伤亡所必需时，设立禁区，除了参与应急措施的人外，限制或禁止其他任何人出入，或可以命令任何未参与应急措施的人离开有关地区。"其他国家和地区也有类似的法律规定。① 捷克法律规定，房地产的业主、使用者或管理者有义务"让进行救助或修缮工作的人进入地产或房屋内"。②《印度尼西亚灾害管理法》第32条第1款对灾害情形下的居所和财产权利进行了限制。自然灾害立法中关于克减的程序和条件与国际人权法关于紧急状态权利克减的规定大体相似。比如，2006年《圣卢西亚灾害管理法》第22条规定："如果圣卢西亚是一个条约或其他国际协定的缔约方，而总督认为该条约或协定与在圣卢西亚发生的紧急状况和灾害的防备、减轻、反应和恢复有关系，则总督可在任何紧急状态或灾害，或此紧急状态或灾害的任何特殊情况或级别存续期间是圣卢西亚法律的一部分，且该条约或其中任何部分的规定应在该紧急状态或灾害存续期间具有与根据本法颁布的规定同样的效力。"

第三，义务主体和义务范围。较之权利而言，国外自然灾害立法对义务的规定更为具体，其中对国家义务的规定最为详细。③ 义务范围主要包括灾前的预防义务、灾中的紧急救援和救助义务、灾后的重建义务以及救济义务。大部分国家关于预防义务、紧急救援救助义务和重建义务的内容大同小异，这方面的区别主要在于干预程度和干预手段的不同。但是，国外自然灾害法律法规对于救济义务的规定却存在较大的差异。

以自然灾害下的赔偿条款为例。既有的赔偿条款可以区分为四种不同的形式。一是针对救灾人员个人所受财政损失或所付费用的赔偿条款。例如，莱索托的法律规定："区长应偿还和补偿受聘于其成立并维持的灾害管理组织的每一志愿人员和其他人员因下列事项而发生的任何合理费用支出或志愿者或其他人员因下列原因而须承担的赔偿责任：（a）按照本法的规

---

① 比如，南非2002年《灾害管理法》第27（2）节，中国台湾2002年《灾害防救法》第31条第（2）款，印度古吉拉特邦2003年《灾害管理法》第21条第（2）款（d）项，尼泊尔1982年有关自然灾害救济工作的法律第4a段，等等。

② 2000年捷克共和国《综合救助制度法》，第25（2）（c）节。

③ 自然灾害时期的人权保障义务主体主要包括国家、行政机关、公共团体以及公民。有些国家法律也将私营实体和法人规定为义务主体。比如，秘鲁1990年第611号法令第91条规定："所有公共和私营实体、自然人和法人都必须参与预防和解决自然灾害产生的问题。"哥伦比亚也有相似规定，具体参见哥伦比亚第33号总统令第1条。

定，执行任何命令或进行任何灾害管理服务；或（b）为灾害管理的目的而
提供任何设备、土地、建筑物或其他财产。"① 同样，匈牙利的法律规定：
"自愿参加和参与灾害救护的人有权因在救护行动期间个人参与或提供资产
或服务，或不属于保险赔偿的资产或服务的使用所导致的费用而获得赔偿，
因此而产生的费用应得到偿还。"该法还进一步规定，在这种情况下，"国
家应负责赔偿和支付费用"，但"国家反过来也应有权从有关设施的经营者
或业主那里获得赔偿"。② 日本的法律规定："县知事须按照条例确定的标
准，补偿奉命参与紧急措施工作的人发生的实际支出费用。"③ 二是针对救
灾人员在履职过程中所受损害或伤害的赔偿条款。例如，中国台湾规定：
"执行……灾害防救事项，致伤病、残废或死亡者，依其本职身份有关规定
请领各项给付。"④ 三是针对救灾行动之外的个人的赔偿条款，如受援国的
受害者和其他国民或其财产。例如，斯里兰卡 2005 年的《灾害管理法》
规定："任何人若因赈灾组织的任何行为、不作为或失职……而蒙受财产
损失或损害，则有权获得对所造成的任何损失或损害的赔偿，其数额由有
关财产所在区的区长确定。"⑤《印度尼西亚灾害管理法》第 26 条第 3 款
规定："任何人都有权因灾害中建筑物过失遭受的损失获得赔偿。" 在捷
克共和国，政府须对因相关救援和补救工作和训练而给法律实体和自然人
造成的损害承担赔偿责任，但若能证明该损害是由某个人所造成的，政府
则可免除此赔偿责任。还有许多法律载有类似的赔偿条款。⑥ 四是法国灾
民赔偿条款。该法规定，所有的保险合同必须覆盖自然灾害造成的
损失。⑦

---

① 《灾害管理法》（1997 年），第 44 条。
② 《关于灾害防护及危险物质有关的特大事故防护指导和组织的第 74 号法令》（1999 年），第
44 条。
③ 《灾害对策基本法》（1997 年），第 88 条第（2）款。
④ 《灾害防护法》（2000 年），第 47 条。
⑤ 《灾害管理法》（2005 年），第 15 条。
⑥ 《关于综合救援系统和修订某些法律的法律》（2000 年），第 30 节。
⑦ 《关于受自然灾害影响人员赔偿问题的第 82－600 号法律》（1982 年），第 1～3 条。

在国家人权义务方面，国外自然灾害立法除了规定人权保障及其基本原则、权利和义务主体和范围外，还有关于国际援助以及法律责任等方面的规定，这些法律规定都能在一定程度上促进灾民的人权保障。

第二节　自然灾害下人权行政保障的国外经验

当自然灾害发生后，尽管所有国家都会不同程度地采取措施保护灾民的人权，有些国家甚至会比照国际人权标准并通过国内或国际的有效合作保护处于危机中的人们。但是在自然灾害防治实践中，诸多人权仍然被有意或无意地忽视或延缓，权力也在资源调配中发挥着排斥和屏蔽作用，歧视在灾中和灾后常常被放大，脆弱人群往往遭受双重影响。比如，一份有关 2004 年印度洋海啸灾害的人权评估材料就全面评价了受灾国在自然灾害时期人权保障方面存在的主要问题：灾区主要的土地所有人与开发商之间出现冲突；住房救助存在前置条件；强制性迁移；永久性住房项目进程缓慢；临时住所或永久性住所条件糟糕，不适宜人类居住；救助性住房远离生计场所；生计基础设施缺失或生计权利被限制；歧视妇女现象严重，妇女需求很难被满足；其他弱势群体不平等现象进一步加剧；等等。① 下面将结合 21 世纪以来全球发生的重大自然灾害事件，来分析外国政府在履行人权保障义务时主要存在的问题。

一　歧视和不平等现象明显

在公众的想象中，自然灾害不存在歧视，取而代之的是，它是一种机会公平的灾难，它不会用种族、阶级、性别因素来挑选牺牲者。但是正如前文所述，自然灾害不是在历史、政治、社会或经济的真空中发生的。相反，这些灾难的结果复制和夸大了现有的不公平，常常会伴随历史的歧视

①　ActionAid International, Tsunami Response: A Human Rights Assessment, 2006.

以及法律地位、语言障碍、贫困和地理差异的影响。① 并且，歧视往往与脆弱人群叠加在一起，其人群特质主要表现为：经济劣势者、种族或民族上的少数人、妇女、儿童、年长者、有证或无证移民以及难民、残疾人。比如，当大多数墨西哥海岸的居民在 2005 年"卡特里娜"飓风来临前逃离之际，非裔和拉丁裔美国人却因缺少重新安置的手段而滞留下来。这些缺少私人撤离工具的居民绝大多数是穷人和有色人。有研究发现，在墨西哥海湾，33% 的拉丁裔家庭、27% 的非裔家庭和 23% 的白人家庭也因缺乏运输工具没法在灾害来临之前撤离。② 灾后一年未能返还新奥尔良的灾民中，70% 是非裔美国人，38% 生活在贫困线以下。③ 2005 年一个调查团发现，2004 年印度洋海啸灾后泰米尔纳德邦和斯里兰卡在灾后救援物资的发放和重建程序上有着对人权的明显漠视。妇女不仅在灾害中首当其冲承担其消极后果，灾后发展的政策也加剧了对妇女的歧视。④

歧视和不平等充斥于自然灾害应对的每个环节。在灾害预防阶段，政府在资源分布和预防政策方面就显现出不平等的特征。比如，在"卡特里娜"飓风中遭受严重影响的墨西哥海湾和新奥尔良都是灾害易发地区。墨西哥海湾是低洼和河滩之地，新奥尔良已经发展成为"浅凹槽"，平均低于海水平线 6 英尺。并且，充当自然风暴防护带的沼泽地也已丧失，这进一步增加了该区域的地理脆弱性。与此同时，人造的风暴防护带不能取代自然防护带所提供的保护，因为庞恰特雷恩湖（Lake Pontchartrain）和密西西比河（Mississippi River）区域的堤坝和防护带未能充分修建。布鲁金斯学会

---

① International Human Rights Law Clinic Boalt Hall School of Law：When Disaster Strikes a Human Rights Analysis of the 2005 Gulf Coast Hurricanes—in Response to the United States' Periodic under the International Covenant on Civil and Political Rights，2006，p. 6.

② International Human Rights Law Clinic Boalt Hall School of Law：When Disaster Strikes a Human Rights Analysis of the 2005 Gulf Coast Hurricanes—in Response to the United States' Periodic under the International Covenant on Civil and Political Rights，2006，p. 6.

③ Charles W. Gould，"The Right to Housing Recovery after Natural Disasters," *Harvard Human Rights Journal*，2009，pp. 10 – 11.

④ Charles W. Gould，"The Right to Housing Recovery after Natural Disasters," *Harvard Human Rights Journal*，2009，pp. 11.

（Brookings）对此评价道，"白人因有着更多的手段和权力，他们占有着该城市排水更好的区域，而黑人通常只能居住在沼泽地"，"黑人和白人在灾害侵袭之前确实就生活在不同的世界里"。因为，居住在墨西哥海岸的脆弱地理位置的集中贫困区域的许多居民是低收入的非裔美国人。统计结果显示，在新奥尔良，占据城市人口45%的黑人和其他少数人群中的58%的人遭受了洪水的侵袭。[1]

在灾中紧急救援阶段，歧视和不平等现象仍然普遍存在。比如，印度的"贱民"在灾后很难获得政府的物资救援，当本地渔民已经获得临时性住所时，"贱民"能做的只能是等待。[2] 美国2005年"卡特里娜"飓风灾害中，低收入人群的人道主义紧急救援的权利未能得到充分保障。在密西西比州的农村，无论是联邦政府还是红十字会都没有给农民提供必要的住所、食物、水。在密西西比州的某些地方，政府官员和红十字会明知或应当意识到有160多万人（超过密西西比州一半的人口）生活在受暴风雨影响的农村，然而12天后才来到没有车和家的人群处。滞留的人没有获得住所，仅有的救援来自慈善团体和那些在洪水中尝试救助他们的英勇的邻居们。[3]

在灾后恢复重建阶段，歧视和不平等现象更为明显，尤其体现在住房、工作以及财产等方面。在印度洋海啸灾后的大多数国家里，尽管丢失和毁坏的传统小渔船数量是机械渔船和大船的许多倍，但是大船船主获得的赔偿比小船船主高得多，有些渔民甚至没有享受公民待遇，几乎只能得到一些象征性的补偿。在斯里兰卡，灾前就拥有土地所有权的妇女，她们在灾后没有资格获得补偿。甚至在一些案例中，政府将原本属于妇女的土地或住房补偿款放置在男性名下。斯里兰卡东北部的银行据说要求女性签署一

---

[1] International Human Rights Law Clinic Boalt Hall School of Law: When Disaster Strikes a Human Rights Analysis of the 2005 Gulf Coast Hurricanes—in Response to the United States' Periodic under the International Covenant on Civil and Political Rights, 2006, p. 7.

[2] ActionAid International, Tsunami Response: A Human Rights Assessment, 2006, p. 51.

[3] International Human Rights Law Clinic Boalt Hall School of Law: When Disaster Strikes a Human Rights Analysis of the 2005 Gulf Coast Hurricanes—in Response to the United States' Periodic under the International Covenant on Civil and Political Rights, 2006, p. 18.

份放弃住房和土地权利的文件给她们的丈夫，以便推动补偿款的支付。泰国在飓风中丧夫的寡妇未能得到捕鱼的机会（尽管她们的丈夫生前以捕鱼为生），政府的生计项目中也没有顾及寡妇的需求。外来劳工在灾后的权利进一步得到限制。他们不得不接受低于最低工资标准的薪酬，但每周工作时间却超过 48 小时，要求增长工资就意味着可能失去工作。① 2011 年海地失业率估计高达 80％，由于性别歧视，妇女很难进入正规工作市场，严重依赖非正规的创收活动，收入严重不稳定。②

二　灾后人权保障不够充分

受灾国往往对灾中紧急救援阶段的人权保障非常关注，当局和救援机构通常着眼于受影响社区的紧急需求的解决：搜寻与营救、食物、衣物、可饮用的水、临时住所和医疗帮助。尽管灾后人们会因遭受大量的人权侵害而变得更为脆弱，但是人权常常在长期持续的灾后恢复重建时期被忽视。这一阶段常见的问题包括：缺少获得人道主义救助的机会、恢复重建推进延缓、救援分配和重建政策的歧视、基于性和性别的暴力、强迫小孩入伍、文件丢失、安全自愿返回或重建以及财产返还受阻等。

在 2004 年印度洋海啸灾后重建一年的时间里，让人觉得恐怖的事情就是还有大量的灾民居住在临时性住房或帐篷里，有些灾民甚至还居住在被毁坏的住房里，永久性住所推进缓慢。截至 2005 年 9 月，超过 47 万印度尼西亚灾民仍居住在临时性住所或与亲戚同住。所有形式的临时住所的居住条件都很糟糕：空间狭窄、基础设施不充分，建筑材料不适合居住，未考虑女性和小孩的需求，常常远离取水点或卫生设施。③ 美国"卡特里娜"飓风灾后，FEMA 制定的住房和现金援助的程序既复杂又常常拒绝申请者。尽

---

① ActionAid International, Tsunami Response: A Human Rights Assessment, 2006, pp. 35 – 47.
② 《人权事务高级专员办事处根据人权理事会第 5/1 号决议附件第 15（b）段汇编的资料》，A/HRC/WG. 6/12/HTI/2，第 10 页。
③ ActionAid International, Tsunami Response: A Human Rights Assessment, 2006, pp. 25 – 30.

管许多被迁移的人没有获得其他居住设施，FEMA 还是于 2005 年 2 月 13 日终止了 12000 个家庭的旅社费用的支付。9 万灾民需要的活动住房也仍在等待之中。医疗照顾也没能得到充分保障。34% 的小孩的行为有问题或者感到焦虑和患有哮喘；44% 的成年人缺少医疗保险；近一半的人患有慢性疾病，比如高血压、癌症和糖尿病；超过一半的妈妈和女性照料者经历了精神健康的考验。① 海地地震灾后恢复进程中妇女和女童的权利常常被侵害，女性遭受基于性或性别暴力侵害的现象正在加剧。② 地震致使政府大楼被摧毁，再加上历史性原因，国家机构补发重要法律证书的能力不足，同时腐败现象严重，伪造文书的现象十分普遍，几十万海地人民的相关权利得不到尊重。③ 2012 年初，居住在难民营的海地地震的幸存者离开营地的速度大大放缓，许多人仍然生活在用塑料布制成的庇护所里，这些住所在飓风季节常常遭受风雨袭击并被淹没。并且，由于人道主义行动者的撤离，难民营的健康和卫生条件正在恶化，厕所缺乏排水、维修和维护服务，难民营中霍乱治疗中心的运作正在消失。④

三　漠视灾民的知情权和参与权

知情权和参与权的充分享有对于人们减少和避免自然灾害损失以及最大限度地摆脱困境的重要性是不言而喻的。在许多国家的自然灾害治理中，政府对于人民的知情权和参与权的保障的重视程度不够，因而既不能有效调动灾民参与自然灾害防治的积极性，也很难真正了解和满足灾民的实际需求，同时也难以对政府的义务履行情况实行充分的监督，势必影响防灾救灾减灾成效以及自然灾害时期人权保障的水平。

---

① International Human Rights Law Clinic Boalt Hall School of Law: When Disaster Strikes a Human Rights Analysis of the 2005 Gulf Coast Hurricanes—in Response to the United States' Periodic under the International Covenant on Civil and Political Rights, 2006, pp. 18 – 19.
② 《普遍定期审议工作组 2011 年报告：海地》，A/HRC/19/19。
③ UNCT submission to the UPR on Haiti, 2011, para. 35.
④ 《海地境内人权情况独立专家米歇尔·福斯特的报告》，A/HRC/20/35，第 12、15 页。

美国政府在"卡特里娜"飓风灾害应对中对灾民的知情权和参与权的保障也存在不足。比如，美国政府在撤离方面的一个失职就在于未能及时发布权威的撤离公告（不足 24 小时才发布撤离公告），这导致灾区人民撤离迟缓，造成更严重的生命和财产损失。此外，人们对美国政府有着普遍的不信任，一直以来非裔美国人居住的区域在代表决策制定方面的名额偏少，灾后更是如此，全国第二高的非裔美国人的居住地——新奥尔良的灾民在重建过程中可参与的机会就更少了，他们只能更多依赖于他人的决定。[1] 2004 年海啸灾后马尔代夫的部分地区既不征求灾民意见也不考虑个别岛屿或社区的需求，全国统一标准设计住房，在规模、设计、材料和其他生活设施上完全一致。[2] 海地地震灾后由于限制性的法律、经济危机以及解决冲突的机制，公民未能参与公共生活和政治生活，加入工会的权利也受到了阻碍，妇女在公共生活和政治生活中代表不足。[3]

四　忽视灾民的还返权

正如国际特赦组织所主张，"Returning Home is a Human Right"，即回家是生而为人的权利。[4] 灾民所拥有的一项特殊的权利就是还返权，是在《皮涅罗原则》中确立起来的一项权利。相关法源近代发展并逐渐扩大解释返回的权利，（在自愿的基础之下）不只是返回其原籍国或地区而已，而是还返其原有的住宅、土地与财产。[5] 住宅、土地与财产的还返权为当代新兴之人权主张，是当代人权发展趋势下逐渐采用的整合性用词，其内容包含：恢复原有的基本自由、享有应有的人权、恢复其原有的身份认同、家庭生

[1]　International Human Rights Law Clinic Boalt Hall School of Law: When Disaster Strikes a Human Rights Analysis of the 2005 Gulf Coast Hurricanes—in Response to the United States' Periodic under the International Covenant on Civil and Political Rights, 2006, p. 8.
[2]　ActionAid International, Tsunami Response: A Human Rights Assessment, 2006, p. 31.
[3]　UNCT submission to the UPR on Haiti, 2011, para. 36 – 38.
[4]　范菁文：《天灾与人权国际准则使用手册》，台北：统轩企业有限公司，2010，第 5 ~ 6 页。
[5]　范菁文：《天灾与人权国际准则使用手册》，台北：统轩企业有限公司，2010，第 14 页。

活与公民权，以及回到其原来的住处、恢复其原有的工作职业、归还其财产。① 灾民的还返权要求政府尽其所能帮助灾民返回其灾前住所，并尽量复原其财产和住所，确保复原其家庭生计以及身份文化所需的客观环境。当还返原住所、土地或财产确实不可行时，政府可以考虑用补偿作为次要考量的还返方案，但补偿方案必须符合三个条件：当原住居、土地与财产依事实判定不可能还返或复原时；拥有还返权利者自愿选择补偿作为解决办法，即便如此也必须符合第三个条件；也就是只有在经过独立公正的法庭，或有能力胜任且具有公信力的单位，在遵循利益回避的原则之下作出裁决之后，才得以补偿作为解决方案。②

许多国家在灾后重建过程中，不仅不努力帮助灾民还返其原有住所、土地和财产，而且在某些情况下要求灾民为经济利益和政治权力让步，实行强制性迁移，政府要么扮演开发商的同谋者，要么在边缘人群的土地掠夺中成为先锋者。印度洋海啸后，一些国家在传统沿海居民和政府部门以及开发商之间产生了激烈的土地权益争议。因为沿海地区对于旅游而言非常珍贵，并且工业渔业公司看中了海域的资源，印度、斯里兰卡、印度尼西亚和泰国政府都采取手段劝阻甚至阻止灾民回归他们的传统土地和捕鱼场域。他们常用的手段有两种。一是强推"缓冲地带"阻止灾民沿着海岸线重建家园。印度尼西亚、印度、斯里兰卡和马尔代夫都设有限制区或限制岛，政策推行的目标据传是减轻未来风暴和飓风的影响，但是在适用中双重标准清晰显现，经济和政治权力使得有人为了个人利益牺牲了大部分的脆弱人群。比如，印度曼吉普迪海滩（Manginpudi Beach）村庄的居民被强制迁移到两公里外的地方，因为要为新的旅游胜地让路。在斯里兰卡，政府明文规定平均海平线 100 米以内禁止修建新建筑，却允许房地产开发商和酒店进行开发，这一政策戏剧性地改变了海岸线的人口学特征。同样，泰国的"环境保护带"和马尔代夫的"安全岛"项目都威胁到了灾前居住

---

① 范菁文：《天灾与人权国际准则使用手册》，台北：统轩企业有限公司，2010，第 29~30 页。
② 范菁文：《天灾与人权国际准则使用手册》，台北：统轩企业有限公司，2010，第 31 页。

于此的人群的居住权利。在泰国塔塔湾村（Tab Tawan）和洪瓜村（Thung-wa），"海洋吉卜赛人"（Sea Gypsies）因为一家私营公司宣称拥有该土地的所有权而被阻止回归村庄。在甲米省（Krabi）的皮皮岛（Phi Phi），名为DASTA 的政府指派组织已经计划在缓冲带 30 米处发展旅游项目，土地的使用途径明确标示为修建旅游度假村和豪华酒店。而原来居住在此的居民未被允许重建或修葺住房，被要求进行搬迁。二是在某些案例中，政府的补偿或赔偿是建立在人民必须放弃他们沿海土地的权利的基础之上的。比如，2004 年印度洋飓风灾后，印度政府宣告要对"海岸规划带"实施严格管理，也就是说严格禁止在海岸线 500 米内居住或进行其他居住活动。但是，这意味着泰米尔纳德邦（Tamil Nadu）沿海的数十个村庄要被迁移，这不仅阻止了渔民的谋生，而且否认了渔民传统的渔业权。随后该政策引起渔业社区的强烈抗议，泰米尔纳德邦政府修改了法律，允许人民接近海洋，即允许人民在海岸线 200 米内重建或修葺他们的住房，但是如果他们这样做，就需要他们自己支付费用。相反，如果他们将住房迁移至 200 米以外，可以从政府处领取一套住房。Iraimandurai 的居民为了获得政府提供的远离海边的土地和住房，不得不放弃他们沿海土地的权利。① 强制性迁移行为不仅侵害了灾民的住所、土地和财产的还返权，而且带来了严重的社会后果：破坏了原有的生计环境和社会关系网络，增加了灾区人民的生活成本，阻碍了社区的文化重建，加速了集体意识的丢失。

第三节　国外对自然灾害下国家人权义务的司法救济

当国家未能履行或未能充分履行相应的人权保障义务并造成灾民权益受损时，国家必须要建立起相应的矫正和救济机制，否则会影响国家义务履行的程度进而影响权利保障的程度。正因如此，许多国家的司法机构对

---

① ActionAid International, Tsunami Response: A Human Rights Assessment, 2006, pp. 17 – 21.

自然灾害时期国家义务进行了救济，救济范围涉及国家义务的不同方面。

一 自然灾害下国家人权义务司法救济的可能性及其途径

司法机构能否对自然灾害下国家义务实现救济的一个关键性问题就是自然灾害下国家义务是否具有可诉性。目前学界对自然灾害下国家义务的可诉性存在一些疑问。首先，国家义务的可诉性一直是一个富有争议的话题。国家义务的可诉性是指有权司法机关对国家义务行为的司法审查，亦即对国家义务正当行使的司法强制的可能性，实质上是对国家义务的一种司法监督。① 目前学界主流观点认为，国家义务的可诉性具有一定的限制，其中尊重义务是典型的可诉义务，保护义务的排除和救济部分具有可诉性，给付义务（即实现义务）中具体层面的给付义务具有有限的可诉性。② 其次，相比国家义务可诉性的限制而言，自然灾害下国家义务的可诉性所面临的现实难题更多。第一，诚如上文所言，自然灾害时期人权相对应的义务重心是积极义务，而积极义务的可诉性是有限度的；第二，很难有合适的标准去衡量人为力量能够在多大程度上减轻自然灾害可能导致的负面后果，因而自然灾害时期人权保障措施的适当性和充分性较难界定。也就是说，自然灾害下国家责任的认定具有一定的难度，这与自然灾害国家管理拥有的较大的自由裁量空间以及自然灾害下国家义务规范的模糊化有关。

尽管如此，上述欧洲人权法院的判例说明，尽管国家义务的可诉性存在一定的限制，同时自然灾害事件中国家责任的认定较之常态社会存在更大的难度，但是自然灾害事件下国家的消极义务和部分积极义务是可以通过司法途径获得救济的。比如，国家及其工作人员对可预见的自然灾害实施预防性的保障措施的义务；充分告知公民潜在危险和应采取的保护措施的信息的义务；对可能涉及国家责任的人权侵害事件给予充分回应的义务；等等。

---

① 刘耀辉：《国家义务的可诉性》，《法学论坛》，2010 年第 5 期。
② 刘耀辉：《国家义务的可诉性》，《法学论坛》，2010 年第 5 期。

正因如此，一些国家的司法机构对自然灾害时期国家义务进行了司法救济。救济的途径主要有三种。一是通过适用专门的自然灾害防治法律进行司法救济。比如，*M. Özel and Others v. Turkey* 案的部分申诉人在上诉欧洲人权法院之前，就曾向土耳其 Bursa 行政法院提起赔偿诉讼。他们控诉，行政当局授权在重大地震危险区建房，没有使用适当的施工技术，并且在没有适当控制的情况下颁发了建筑和居住许可证，违反了行政职责，因此要求内政部、Çınarcık 市长、住房部和 Büyükşehir 市长（伊斯坦布尔）赔偿财产损害和精神损害。[①] 他们申诉的法律依据是 1985 年 5 月 3 日《城市规划法》（第 3194 号法）的第 32 条、[②] 1959 年 5 月 25 日官方公报上公布的关于影响人民生活的灾害的预防和救济措施、1997 年 9 月 2 日通过并于 1998 年 7 月 2 日修订的有关灾区建造建筑物的技术标准的特别法令。二是通过适用普遍人群都享有的生命权、社会保障权等宪法权利来对自然灾害下的国家义务予以司法救济。下文提及的印度的 PUCL 诉印度联邦案就是如此。[③] 三是通过适用特殊人群保障法律进行司法救济。美国的 *Communities Actively Living Indepengdent and Free*（简称 CALIF）*v. City of Los Angeles* 案就是如此。

二 自然灾害下国家人权义务司法救济的范围

自然灾害下国家人权义务的内容非常广泛，但是由于自然灾害具有的自然特性使得自然灾害管理具有较大的自由裁量空间，再加上国家义务规

---

① 2000 年 10 月 30 日，Bursa 行政法院以超出诉讼时效为由驳回了起诉。行政法院认为，申诉人发现管理瑕疵后，应该在 1999 年 10 月 13 日编制专家报告 60 天内提出上诉。

② 该条款规定："未经许可或违反许可证及其附件建造的建筑物：根据本法的规定，除未经许可而可建造的建筑物外，……强调，建筑物未经许可而开工或已违反许可证及附件而建造，必须由市政府或总督办公室评估建造的状况……（建筑物必须贴上封条），工程必须立即停止。政府通过在建筑工地张贴停工的正式记录，此程序应视为已通知建筑物的拥有人。停工通知必须提交给镇长。自通知之日起，最迟在一个月内，房屋所有人应向市政府或省长办公室提出申请取得许可证或将其建筑符合现有的许可要求，以撤销该项决定。其中值得注意的是，建筑构造违反许可要求的情况下，经过检查，不合要求已〔校正〕或已经获得许可证，应当由市政府或由总督署解除决定，允许继续建造房屋。"

③ PUCL 是印度最老和最大的非政府人权组织——人民自由联盟的简称。

范的模糊性特质，因而并非所有的义务内容都具有司法救济性。从国外司法实践来看，自然灾害下国家义务司法救济的适用范围主要限于尊重义务、排除义务、给付义务以及救济义务。

（一）尊重义务的司法救济

自然灾害下的尊重义务意指国家在自然灾害的预防、救援救助、恢复和重建过程中不得干涉、剥夺和限制公民实现权利，不能制定不平等或排斥性的自然灾害立法或政策。尊重义务属于消极义务，不需要较多成本即可实现，因而消极义务是完全可诉的。*CALIF v. City of Los Angeles* 案就是在制定防灾政策和计划时违反了尊重义务的案例。①

根据美国以及加利福尼亚州相关法律和政策的规定以及权威专家的意见，有效的应急预案必须包括以下基本要素：制订一项全面应急计划；对应急方案的成效进行评估；提前识别资源与需求；有关公告和传达的规定；有关避难所政策和程序的规定；被迫撤离家园时的临时庇护所和健康照护的规定；疏散和撤离援助的规定；临时住房的规定；在紧急事件火灾后恢复和重建中提供援助的规定。2009 年 1 月 14 日，原告据此提起上诉，声称洛杉矶市制定的应急预案不能充分满足居住在其管辖范围内的 80 万残疾人的需要，残疾人因残疾受到了政府防灾公共政策的排斥。由于残疾人被排除在防灾应急项目之外，原告进一步认定，他们在紧急情况下将会更加脆弱。

原告声称，洛杉矶标准化的应急计划和应急管理系统没有考虑残疾人的特殊需求以及在紧急情况下可能需要合理住宿的要求。比如，该市的应急预案没有关于紧急情况下通知有听力障碍或认知障碍的人的规定，没有紧急事件或灾后疏散、转移或临时安置残疾人的规定。被告辩称，当局已将紧急事件或灾害中残疾人需要满足的责任委托给特定的部门，如洛杉矶消防部门、洛杉矶警察局以及公园和休闲娱乐管理部门。但遗憾的是，没

---

① CALIF 是美国一个旨在促进残疾人自由独立积极发展的社会组织，该案件的编号为 No. CV 09 – 0287 CBM（RZx）。

有任何正式文件或资料记录这些部门的相关职责。并且，被赋予特定援助职责的部门既没有解决需求的相关计划，也没有关于其资源或能力评估的资料。至于危机情形下残疾人住房和健康照护方面的情况也不乐观。该市200多个庇护所中仅有一小部分考虑了残疾人的需求。当局坚称美国红十字会可以承担此职责，但是当局并没有与美国红十字会达成一致协议。正因如此，2008年洛杉矶市残疾人管理部门（简称DOD）发布报告称，该市的应急预案严重违背了《美国残疾人法案》（简称ADA）和《康复法》第504节。DOD不乐观地预测，该市的残疾人"将继续以一个不相称的人数处在痛苦和死亡的危险之中，除非按照ADA和其他法律的规定大幅提升现有的残疾人应急预案和灾害应对计划"。DOD还提出一些改进建议，主要包括：当局应进行有关应急避难场所是否符合ADA规定的调查；该市应就危急情形下食宿和援助问题与美国红十字会洛杉矶分会建立一个谅解备忘录；当局应向DOD传达有关向残疾人群体进行预警和通知的相关信息以及其他确保所有应急计划满足残疾人的需要的行动。遗憾的是，洛杉矶当局没有采纳DOD的建议。

法院支持了原告的诉求。法院认为，原告因残疾理由被当局排斥于应急预案之外，违反了《加利福尼亚州残疾人法案》（简称CDPA）的规定。CDPA规定："残疾人有权与一般公众一样的充足公平地获得食宿、利益和设施。"此外，当局接受了联邦基金用于建设应急预案，违反了《加利福尼亚政府法典》第11153节的规定，该节明确禁止接受国家财政援助的项目或行动中拒绝或歧视残疾人。由于洛杉矶市在应急预案制定时采取了歧视做法，并考虑到适当修改应急预案的可行性，法院最终判定，双方在规定期限内和法官一起召开一次修订应急预案的会议，修订的重心在于满足危机情形中残疾人的需求，并要求预案包含监测和实施的时间表。

（二）排除义务的司法救济

自然灾害下的排除义务意指在自然灾害管理中国家负有排除妨碍公民实现权利和自由的义务。自然灾害下的排除义务具有一定的特殊性。首先，义务内容上具有特殊性。自然灾害下的排除义务不仅要求国家排除常态社会中可能侵害公民权利的危险，而且还要求国家排除因自然灾害造成的紧急情形所导致的特殊危险，同时还要求国家排除已经预知的或应该预知的可能对公民权利产生侵害的自然力量的威胁。其次，义务履行限度上具有特殊性。由于自然灾害往往具有人为不可控性，因而在义务履行限度上与常态社会的排除义务上有一定的区别，义务主体在排除手段的选择上也具有更多的自由裁量权，因此司法机关在审判涉灾排除义务案件时需要遵守特殊的原则。如果国家不能预见或不应当预见自然灾害的发生，或者国家已经采取了所有能够采取的排除措施但仍然导致灾民权益受损，这时就构成了例外情形，国家享有相应的豁免权。

美国的 *Melvin J. Burmaster v. Plaquemines Parish Government* 案就是排除义务司法救济的典型案例。① 原告 Melvin J. Burmaster 于 2006 年 4 月 7 日控告 Plaquemines Parish Government （简称 PPG） 在 "卡特里娜" 飓风灾害中保护不力，因而原告财产遭受了损失以及人身造成了伤害，原告声称 PPG 应为飓风保护系统的失败负责，请求法院发布宣告式判决和强制命令，要求 PPG 在未来采取必要措施加强飓风防护堤的修护和提供必要的资金。2006 年 9 月 25 日，PPG 回应称 "卡特里娜" 飓风灾害是一个例外情形，应适用于 2006 年的第 545 号法令。根据第 545 号法令的规定，在 "卡特里娜" 和 "丽塔" 飓风灾害中遭受的损害除非是因重大或故意疏忽和肆意不法行为，否则不得要求公共机构承担赔偿责任。法院在审理案件中，认为 PPG 确实在飓风灾害的防护中出现了失误，认可了原告的部分诉求，同时以例外情形的理由拒绝了原告的部分请求。随后，相关命令被执行。此后，原告就飓风防护系统所造成的损失向全国总工会和保险公司提起了赔偿诉讼，因为 PPG 与国家工会火险公司之间有一项超额保险政策。该政策规定，在灾害发生后，PPG 首先承担赔偿责任，限额为一百万美元；当损失超过一

---

① *Melvin J. Burmaster v. Plaquemines Parish Government*, No. 53 – 238.

百万美元时，由国家工会火险公司承担最高限额为一千万美元的赔偿责任。法院审查该政策后认为，在证据充分的情况下，原告提出的赔偿属于 PPG 的损害赔偿类型范围之内。

（三）给付义务的司法救济

自然灾害下的给付义务意指当自然灾害影响到公民的权利实现或生存需求时，国家负有直接提供义务。考虑到国家资源的限制性，司法实践中往往将最低核心义务确定为自然灾害下给付义务履行的最低限度，而最低核心义务的标准就是保障基本生存所需的生活资料。

印度的 PUCL 诉印度联邦案是通过适用生命权条款来实现自然灾害下给付义务的司法救济。该案案情大致如下。印度已经连续几年发生旱灾，到 2001 年为止，官方的统计数据显示印度境内有高达 5000 万的灾民正在遭受饥荒，在某些严重性干旱地区甚至有许多人被活活地饿死。面对如此严重的灾情以及大规模的饥荒，尽管国家的粮食储备量远远高于保障国家粮食安全的数量，但印度政府不仅没有为饱受饥饿的灾民提供粮食救助，反而耗费了大量人力、物力、财力来保管这些粮食。与此同时，印度的粮食公共配给机制也存在许多问题。比如，贫困家庭粮食配额标准过低；粮食价格高；粮食公共配给批发商店的数量不充足。[①] 2001 年 PUCL 根据印度宪法第 21 条生命权条款和《饥荒法》的相关规定提起诉讼，要求政府实施相关计划和《饥荒法》，履行自然灾害时期的给付义务。PUCL 的具体诉求包括：为受旱灾严重影响的村民迅速提供无期限的工作；给无法工作的灾民提供免费的救济；提高粮食公共分配计划的粮食数额；向灾区的所有家庭提供谷物资助，谷物应由中央政府免费提供。在漫长的诉讼过程中，印度最高法院先后签署了约 70 份的临时判决，责令政府履行保障灾民食物权的多项计

[①]　有关该案的详细评述可参考宁立标、罗开卷《论食物权的司法保障》，《法商研究》2011 年第 3 期；宁立标《印度最高法院对食物权的司法保障及对中国的启示——PUCL 案述评》，《求索》2011 年第 10 期；龚向和《作为人权的社会权》，北京：人民出版社，2007，第 191～192 页。

划和政策，主要包括：特困家庭粮食卡计划；粮食公共分配计划；统一儿童发展计划以及中餐计划等。[①]

（四）救济义务的司法救济

自然灾害下的国家救济义务是指当国家未能履行或未能充分履行自然灾害管理义务并使公民权利遭受损失时，国家应采取相应的救济措施予以补救，使受害者的受损利益得以恢复或补偿。自然灾害下救济义务的司法救济方式是多元的，包括宪法诉讼、行政诉讼、民事诉讼等多种方式。

穆雷诺·塞尔迪亚兹诉西班牙中央和地区当局案就是通过行政诉讼来获得赔偿。案件发生在西班牙别斯卡斯（Biescas）营地。1996 年，别斯卡斯营地的暴雨天气引发了洪灾，洪灾造成了 87 人死亡，数十人受伤。穆雷诺·塞尔迪亚兹在灾难中失去了父母和兄妹。别斯卡斯营地本属于地方政府的公共土地，现获得土地管理行政机关的审批，由个人对该营地进行开发。在土地管理开发的行政审批过程中，一位权威的咨询专家对该营地的位置和为防洪而进行的矫正工作的可靠性保留了反对意见。事故发生后，官方展开了刑事侦查，开始调查死因。穆雷诺·塞尔迪亚兹随之提起了民事诉讼。然而，侦查官认为不具备所指控罪行的构成要件。申诉人上诉被驳回后，随之到宪法法院申请宪法救济，法院同样以毫无根据拒绝受理。申诉人随后以严格赔偿责任为由成功地在中央刑事法院对中央和地区当局提起了行政诉讼，2005 年他获得了巨额赔偿金（死亡的每一位亲属赔偿超过 200000 欧元）。

上文的分析表明，绝大部分国家都非常重视自然灾害时期的人权保障，立法机关在宪法或普通法中规定了国家保障灾民人权的义务，司法机关对自然灾害时期国家未履行或未充分履行尊重义务、排除义务、给付义务和救济义务的行为予以救济。尽管如此，国外政府在履行自然灾害时期人权

[①] 宁立标：《印度最高法院对食物权的司法保障及对中国的启示——PUCL 案述评》，《求索》2011 年第 10 期。

义务实践中仍存在一些共同的问题，主要体现在自然灾害应对中的歧视和不平等、灾后人权保障不力以及不重视灾民的知情权、参与权和还返权。国外灾民人权国家保障的制度和实践为我国完善自然灾害下国家人权义务提供了许多可资借鉴的经验。

第六章

中国灾民人权国家保障的历史演进

中国是世界上自然灾害最多、损害后果最为严重的国家之一。"从公元前十八世纪，直至公元二十世纪的今日，将近四千年间，几乎无年无灾，也几乎无年不荒。"[1] 陈高佣的统计结果表明，"秦汉至清代发生的灾害达9697次"。[2] 从1912年到1948年，全国共有16698县次发生过一种或数种灾害，每年有1/4的国土笼罩在自然灾害的阴云之下。[3] 新中国成立之后，各种自然灾害也是年年不断，尤其是1959~1961年的三年困难时期、1976年的唐山大地震以及2008年的汶川大地震等特大自然灾害更是世界罕见。

自然灾害的频繁发生一方面给中国社会经济发展带来巨大损失，给中国人民的人权带来了巨大风险；另一方面也磨炼了中国人民与自然灾害斗争的勇气和决心，并丰富了中国抗灾救灾和保障灾民权利的思想、制度与实践。因此，尽管中国古代社会没有"人权"这一词汇，中国近现代社会人权话语也一直没有成为主流话语，但是自古代到改革开放之前，中国不

---

① 邓拓：《中国救荒史》，武汉：武汉大学出版社，2012，第7页。
② 陈高佣：《中国历代天灾人祸年表》，上海国立暨南大学十线装本1939年版。转引自郑功成等《多难兴邦——新中国60年抗灾史诗》，长沙：湖南人民出版社，2009，第3页。
③ 郑功成等：《多难兴邦——新中国60年抗灾史诗》，长沙：湖南人民出版社，2009，第7页。

仅不缺乏灾民人权保障的理论学说，也不缺少保障灾民人权的制度和实践。

第一节　中国古代社会灾民人权国家保障的思想基础和实践

中国古代社会的民本思想里暗含了一定的人权观念，为这一时期灾民人权保障奠定了思想基础，也推动着国家防灾救灾实践工作的开展。这些应对措施的实施在一定程度上给予了灾民保障。

一　民本主义：灾民人权国家保障的思想基础

人权作为一个外来词汇，在中国直至改革开放后才得到官方的承认。尽管如此，我们不能认为中国自古以来缺乏灾民人权保障的思想基础。事实上，作为中华文化核心内容的儒家学说就为灾民人权保障奠定了坚实的思想文化基础。

儒家学说博大精深，仅就灾民人权保障而言，该学说最为重要的内容就是民本思想。从《尚书·五子之歌》中的"民为邦本，本固邦宁"，到孟子的"民贵君轻"和荀子的"民水君舟"，再到董仲舒的"立君为民"，民本思想在中国诸多思想家的补充、扩张和解释下，日益丰满，并最终成为中国古代政治哲学和法律思想的精华。夏勇更是指出："（中国）古代政治哲学可以归结为'民学'，其中蕴含的核心价值乃是民本。"[①]

民本思想并不能单纯理解为君主的御人之道和统治之术，而是关于人民主体资格和政治合法性的判断，是民众的权利主体资格和政治权利诉求的终极凭借，其确切的含义乃是民本君末。[②] 不过，传统的民本学说里还缺乏明确的作为制度操作概念的民权，只能作为起义暴动之动力的非制度、

---

① 夏勇：《中国民权哲学》，北京：生活·读书·新知三联书店，2004，第 2 页。
② 夏勇：《民本与民权——中国权利话语的历史基础》，《中国社会科学》2004 年第 5 期。

非程序的民权。① 也就是说，民本强调民水君舟，"水能载舟，亦能覆舟"，人民应当有反抗恶政的权利。因此，正如夏勇所言，中国古代的民本思想中已经蕴含了一定的民权观念，并且，由于民本的实质是人本或以人为本，因此民权的实质乃是人权。② 从这一点看，儒家的民本思想虽然与源自西方的人权观念有一定差异，③ 但是它与人权观念有诸多暗合，并为人权观念在中国的传播奠定了思想文化基础。

正是由于民本思想与人权观念的诸多共性，自然灾害时期的人权保障也可以从民本思想中找到中国式诠释。民本思想中关于最低生存保障以及反抗恶政权利的论述，已经可以推导出政府有保障灾民人权之义务。除此之外，关于民本思想的经典论述中还有诸多关于灾害救济的直接论述。在《孔子家语·观思》中，面对子路欲以私财救济灾民时，孔子告诫子路："汝之民为饿也，何不白于君，发仓廪以赈之？而私以尔食馈之，是汝明君之无惠，而见己之德美矣。"④ 孔子这一告诫充分表明，对灾民救济不应止于私人慈善，而应该是君主之义务。主张"保民"、"救民"和"民之父母"⑤ 的孟子认为统治者在灾后救济灾民与民众效忠统治者乃是相互义务。在《孟子·梁惠王下》中，当穆公抱怨民众在邹国与鲁国冲突中不愿为国君捐躯时，孟子指出，在凶年饥岁、民不聊生之时，尽管国君粮食满仓，

---

① 夏勇：《中国民权哲学》，北京：生活·读书·新知三联书店，2004，第18页。
② 夏勇：《民本与民权——中国权利话语的历史基础》，《中国社会科学》2004年第5期。
③ 必须要强调的是，尽管古代民本思想中已经蕴含了一定的人权观念，但是其与当代的人权仍然存在一定距离。因为，传统民本思想中人们所拥有的权利只是最低的生存权利，并且，即使是这极其有限的权利，如果没有君主的自觉与积极推行，还是经常被统治者剥夺。并且，在古代中国，民权只是停留在道义层面，没有演变为法律意义上的权利。在法律层面，人们只能享有统治阶级内部自我约束的法律义务而产生的"反射性利益"，而不能以法律上的权利捍卫自己的利益，即便是反抗权也只能打着替天行道的旗帜。与古代民本思想不同的是，当代人权已经构成了一个包括三代多类的人权体系，并且当代人权已经通过国际人权法的具体规定演变为法律上的人权。法律上的人权使人们有一种资格和"力"去要求国家履行其法律上的人权保障义务，国家侵犯人权以及没有履行人权保障义务时，应当承担相应的法律责任。
④ 《孔子家语·观思》。
⑤ 梁启超：《老孔墨以后学派概观》，第37页。转引自夏勇《中国民权哲学》，北京：生活·读书·新知三联书店，2004，第19页。

但是官吏没有报告灾情，以致"老弱转乎沟壑，壮者散之四方"。正所谓"出乎尔者，反乎尔者也"，国君理应承担民众"视其长上之死而不救"这一不利后果。① 仔细品味孟子与穆公的这一对话，我们发现孟子的这一论述与西方人权观念有异曲同工之妙。此外，孟子还提出了积极防灾备灾的思想，他认为明君应当"制民之产"，使民众"乐岁终身饱，凶年免于死亡"。②

除了孔孟等儒家先贤之外，后来诸多学者也有关于君主救灾义务的论述。比如，清代陆曾禹和方观承将孟子关于自然灾害中君主与臣民相互义务的观点进行了进一步的阐述。在清代救荒专家陆曾禹看来："百姓之身家，国家之仓廪之由出。年岁丰登，民则为上实仓储。旱潦告灾，君即为民谋保聚。盖君犹心，而民犹体。体安心始泰，未有百姓困厄于下，而君臣能相安于上者。诚能发积储以救群黎，则一方安乐，薄海内外皆安乐矣。"③ 方观承也指出："田禾灾，而赈恤行，赈所以救农也。农民力出于己，赋效于公。凡夫国家府库仓廪之积，皆农力所入。出其所入于丰年者，以赈其凶灾……"④

由上可见，在中国古代众多的思想家们看来，对灾民进行社会救助、保障灾民最低限度的生存权利是统治者的基本责任，自然灾害救助的成效也决定了朝廷的兴衰甚至存亡。受上述思想的影响，深受自然灾害之苦的中国民众也常将反抗不救灾的统治者视为"替天行道"。这一观念最终成就了一个历史规律，即中国古代的王朝兴衰和更迭与自然灾害紧紧重叠在一起，谁能够在自然灾害救援方面发挥核心和主导作用，谁就有资格最终取得并主持国家政权。⑤

----

① 《孟子·梁惠王下》。
② 《孟子·梁惠王上》。
③ 《康济录》。
④ 《赈纪》。
⑤ 王勇：《国家起源及其规模的灾害政治学新解》，《甘肃社会科学》2012 年第 5 期。

二 古代中国防灾救灾中有利于灾民人权保障的举措

在民本思想以及灾民抗争的影响下，中国古代的统治者们自觉或不自觉地采取诸多减灾和救灾的措施，这些措施运用于自然灾害应对的各个阶段，对于中国古代灾民人权的实现起到了不同程度的作用。

（一）灾前预防措施

中国古代社会比较重视灾前的预防工作，采取了一系列重要的预防措施，主要包括自然灾害监测、重农以及仓储等。

1. 监测

历代中央政府都设立了专门观测天文和气象的机构，用以指导农户按时进行农事活动、预测和监控自然灾害的发生以及储粮备灾。根据学者赫治清的研究，在秦朝时期，政府就颁布了要求专门上报农作物生长期的雨泽及受灾程度的法令，这一制度在汉代被进一步改良为"自立春至立夏尽立秋，郡国上雨泽"制度。此后，宋代的报汛制度以及明朝的"黄河飞马报汛制度"，对于预防水灾起到了一定作用。[①] 清朝康熙年间开始推行雨雪粮价和禾麦收成分数呈报制度，该制度要求每个省区以府和直隶州为单位，按月或季度，由督抚等官汇总开单上报朝廷，遇有特殊情况如突发灾变，则随时具折急报。[②] 上述自然灾害监测制度的形成，使得统治者能够更为及时地采取相关自然灾害预防和救援措施，使灾民的损失相对减少，更好地保障灾民的诸多人权。

2. 重农

作为农耕文明的国度，古代中国一直非常重视农业的作用，历代统治者重农的一个根本原因就是重农有利于备荒救灾，这一点西汉政治家晁错

---

① 赫治清：《中国古代自然灾害与对策研究》，载赫治清主编《中国古代灾害史研究》，北京：中国社会科学出版社，第46页。
② 郭松义：《清代的灾害和农业——兼及农业外延式发展与生态的关系》，载赫治清主编《中国古代灾害史研究》，北京：中国社会科学出版社，2007，第277～279页。

在《论贵粟疏》中进行了充分的阐述。在他看来："夫腹饥不得食，肤寒不得衣，虽慈母不能保其子，君安能以有其民哉？明主知其然也，故务民于农桑，薄赋敛，广蓄积，以实仓廪，备水旱，故民可得而有也。"① 正是看到重农与救灾之关系，中国历代统治者采取了诸多重农措施，这些措施大致可以分为两类。第一类措施是通过发展农业，提高粮食产量，为灾荒储粮做好准备。比如，唐太宗认为农业的丰歉影响抗灾救灾能力强弱，于是采取了众多措施发展农业生产，包括招抚流亡、广辟荒田、奖励男女及时婚嫁，用重金赎回流落于少数民族地区的汉民增加劳动力等。② 另一类措施是通过总结农业灾害防治的经验，推广农业灾害防治技术，有效应对蝗灾、涝灾以及旱灾等自然灾害，避免或减轻农业灾害的侵袭。比如，为了应对太湖平原区的季节性水涝，清朝时将原来的晚稻改种为早稻或中稻。显然，这些举措对于保障灾民的食物权和生命权具有重要意义。

3. 仓储

仓储制度是中国古代社会应对自然灾害最重要也是最成熟的一项对策。《礼记·王制篇》指出："国无九年之蓄，曰不足；无六年之蓄，曰急；无三年之蓄，曰国非其国也。三年耕必有一年之食，九年耕必有三年之食，以三十年之通，虽有凶旱水溢，民无菜色。"③ 事实上，从周朝开始，就设定了"后备仓储"制度。到了汉代，兴建了"常平仓"作为备荒赈恤之用。④ 唐多承隋制，又多有完善，立国之初，就设社仓、常平仓、正仓等仓储制度，以备水旱，置常平监官，调控物价。⑤ 贞观二年时，户部尚书韩仲良根据唐太宗的要求制定了义仓条例。该条例规定了出粟的标准、方式以及储粮地点和用途。此后的历朝历代都有相应的备荒仓储制度。仓储制度的实施，对于保障灾民的食物权、健康权乃至生命权有非常重要的意义，

① 《汉书·食货志》。
② 孙绍骋：《中国救灾制度研究》，北京：商务印书馆，2004，第72页。
③ 《礼记·王制篇》。
④ 薛小建：《论社会保障权》，北京：中国法制出版社，2007，第80页。
⑤ 闵祥鹏：《中国灾害通史·隋唐五代卷》，郑州：郑州大学出版社，2008，第1页。

且成效显著。如《臣鉴录》中记载："许昌……水灾，浮莩不可胜计……发常平仓所储……越制赈民，全活数万；……蔡州饥……发粟振之，活者六十余万。"①

（二）灾情报勘措施

"救荒之务，检放为先。"② 自然灾害发生后，灾区的地方官员逐层向上级报告灾情，上级官员（也包括朝廷临时派遣的官员）与地方官员共同勘查和核实受灾的程度和范围，以便为救济灾民做准备，这就是报灾和勘灾制度。

我国早在秦朝时期就建立了旱灾、虫灾和洪灾的上报制度，西汉末年又建立了勘灾制度，要求地方官核实勘查灾情、灾民的家庭经济和人口等情况。自北宋直到清代，还明确规定了报灾的时限。北宋根据地区不同设立了不同的报灾时限，规定荆湖、江淮、二浙、四川、岭南报告灾情，"夏以四月三十日，秋以八月三十日为限"。③ 元朝规定江南秋灾上报时间延至九月底。明朝改为内地夏灾和秋灾的上报时间分别为五月和七月，沿边为七月和十月。明朝的勘灾程序极多，常常延误救灾。清朝在顺治十七年才正式规定，"夏灾不出六月终旬，秋灾不出九月终旬"，④ 清朝的勘灾制度也进一步得到了完善。由于报灾和勘灾是统治者采取相应救灾措施的直接依据，因此报灾和勘灾制度对于灾民人权的保障具有重要的意义。

（三）灾中紧急救助措施

1. 赈济

自然灾害发生后，灾民生存遭遇了危机，统治者往往会通过赈济粮食、赈济钱币、赈济医药以及以工代赈等方式帮助灾民度过危难。中国历朝历代中有大量赈济灾民的制度和实践。比如，《汉书》中记载：文帝后六年，

---

① 《臣鉴录》。
② 《朱文公文集》卷一三。
③ 《燕翼诒谋录》卷四。
④ 《清圣祖实录》卷三三。

夏，大旱蝗……发仓庾，以赈民。① 又如北宋天圣七年时，河北水灾，凡受灾家庭三口以上者，给钱两千，未满三口者，给钱一千。② 仔细分析古代社会赈济制度和实践，我们发现不同朝代在赈济形式、赈济程序以及赈济标准上略有区别。其中，清朝的赈济程序最为完备，包括勘灾、审户、上报和赈济。赈济的标准直至元朝才有详细的记载。元代凡有水旱灾，例行赈济，验口发放，赈期多为二三个月。明初，一般每户给米1石。乾隆初年规定，各直省灾民，大口日给米5合，小口减半。③ 由于赈济最常见的形式就是粮食和医药的给付，因此赈济制度保障了灾民的生命权、食物权和健康权等权利。

2. 调粟

当自然灾害影响的范围和程度已经超出了当地政府救济的承受能力，众多灾民衣食无着时，统治者常常会采取从外地调运粮食及相关救灾物资，也就是调粟的方法来化解这一危机，保障灾民的生存权利。也就是孟子所说的"河内凶，则移其民于河东，移其粟于河内。河东凶亦然"。④ 由于古代交通不便，运送粮食周期较长，调粟的实效受到了一定的限制。直到清代，调粟方法的使用逐渐广泛。调粟是保障灾民食物权、生命权的有效手段之一。

3. 养恤

养恤的内容非常广泛，主要包括施粥、居养、治病、赐葬、赎子等。灾荒时期，灾民依靠自身力量往往无法满足生存的基本需求，同时考虑到灾民流徙可能导致社会不稳定，统治者往往会给灾民提供一些免费的住所，施药治病，散施粥食。由于中国传统文化非常重视天伦人道和亲情，统治者还会给因灾死亡者适当的安葬费用，并出资帮助贫民赎回因灾荒被迫出

---

① 《汉书·文帝本纪》。
② 邓拓：《中国救荒史》，武汉：武汉大学出版社，2012，第197页。
③ 赫治清：《中国古代自然灾害与对策研究》，载赫治清主编《中国古代灾害史研究》，北京：中国社会科学出版社，2007，第34页。
④ 《梁惠王章》。

卖的子女，帮助灾民家庭团聚。因此，养恤制度对于灾民的生命权、适当生活水准权、健康权以及家庭权的实现具有较为重要的意义。

（四）灾后重建措施

正如宋朝学子吕大临所言："救荒之政，蠲免、赈贷，固当汲汲于其始，而抚存、休养，尤在谨之于终……"[①] 灾中紧急救援阶段只是灾民权利保障的开始，灾民权利保障的终点在于漫长的灾后重建时期。为了帮助灾民恢复生产，中国古代社会在灾后重建阶段采取了安辑、蠲缓、放贷等措施。这些措施有利于灾民的生命权、生存权和发展权的实现。

1. 安辑

为了安抚灾害中流徙的灾民尽快恢复农事活动，统治者除了通过发放盘缠和粮食将流亡的灾民遣送回原籍外，还常常给灾民分发闲置的公田耕种，帮助灾民修葺或重建被损毁的房屋，发放或借贷种子以及耕牛。

2. 蠲缓

自然灾害过后，灾民的生活非常困苦，统治者往往会蠲免、蠲缓或减征赋税，减轻灾民的负担。从周朝开始，历代王朝都有灾后蠲缓赋税的政策，只是蠲缓的规定有所不同。唐代开始根据受灾程度蠲免赋税。武德七年水旱蝗灾损十分之四者免其租；桑麻无收者免其调；田耗十分之四者免租调；耗七者课役皆免。元朝规定，受灾十分之八以上，赋税全免；受灾十分之七六五者，分别免原征额的十分之七六和二分之一。[②] 宋、元、明、清朝都有类似规定。

3. 放贷

与赈济略有不同的是，放贷是指统治者将钱币、粮食和种子等物资无息或低息贷给灾民，帮助灾民度过危机，恢复生产。自周代开始实施放贷政策起，历代王朝都有灾后放贷的制度，只是放贷的内容、标准以及程序

---

① 《性理精义》。
② 赫治清：《中国古代自然灾害与对策研究》，载赫治清主编《中国古代灾害史研究》，北京：中国社会科学出版社，2007，第36～37页。

有所区别。从历代灾后放贷政策实施的实效来看，大都利多弊少。

（五）救灾官员奖惩措施

中国古代没有专门的救灾机构，但是有相关机构兼管救灾，史料记载隋唐时期户部的主要职责之一就是救灾。此后，一直由户部兼管救灾事务。从周代开始，历代朝廷都任命了一些专职和兼职的救灾官员，负责勘灾、救灾等事宜。比如，金朝的中央防灾救灾决策体制的成员是都水监等专职官员，而地方官员兼职负责防灾救灾事宜。[①] 除了专职和兼职的救灾官员外，从汉代开始，一直有朝廷临时派遣的使臣协助或主持救灾。

由于救灾牵涉国家政权和社会的稳定以及灾民的生存，因而历代统治者对于救灾官吏奖惩分明。奖赏的手段常常是升迁和赏银，惩罚方式多种多样，惩罚制度也较为严格，甚至采用法律手段进行惩罚。比如，金朝对于虚报灾情或隐瞒不报灾情的官员给予刑法处置。[②] 元代的《刑法志》首次规定未履行社会救济义务的地方官员要追究法律责任："……应收养而不收养，不应收养而收养者，罪其守宰，按治官常纠察之。"明朝朱元璋在亲自制定的《大明律》里对救灾中官员的失职行为的惩罚规定更为严厉。比如，检踏灾伤田粮的规定：凡部内有水旱霜雹，及蝗蝻为害，一应灾伤田粮，有司官吏应准告而不即受理申报检踏，及本管上司不与委复踏青者，各杖八十。若初复检踏官吏，不行亲诣田所，及虽诣田所，不为用心从实检踏，止凭里长、甲首朦胧供报，中间以熟作荒，以荒作熟，增减分数，通同作弊，瞒官害民者，各杖一百，罢职役不叙……此外，根据朱元璋亲自编制的《醒贪简要录》和《明大诰》的相关规定，救灾中的腐败问题必须得到严苛的制裁。[③] 清高宗则明令，如有州县官匿灾不报，赈济不周者，即行严参；倘有不实心办理，一经访问，或科道官参奏，必从重治罪。[④]

---

① 武玉环：《论金朝自然灾害及其对策》，《社会科学战线》2010年第11期。
② 武玉环：《论金朝自然灾害及其对策》，《社会科学战线》2010年第11期。
③ 萧发生、方志远：《明代前期荒政中的腐败问题》，载赫治清主编《中国古代灾害史研究》，北京：中国社会科学出版社，2007，第268~269页。
④ 《清高宗实录》卷五一。

从上文我们可以看出，在中国古代社会里，尽管很难找出现代严格意义上的自然灾害管理的规范性文件，但是历代政府的自然灾害管理尤其是灾后救助制度基本形成，使得中国古代灾民的权利能够得到一定保障。

三　古代中国灾民人权保障的总体评价

从上文所列举的古代社会救灾举措来看，古代中国对灾民人权保障具有以下几个特征。

（一）生命权和适当生活水准权作为灾民人权保障的中心

受民本思想以及中国古代社会经济条件与科技发展水平的影响，中国历朝历代所采取的有利于灾民人权保障的措施主要围绕生命权和适当生活水准权展开，对于受教育权、健康权和家庭权等权利的重视程度较低，对其他公民权利和政治权利则不加关注。[①] 从现有的自然灾害史研究成果来看，在适当生活水准权包含的几项权利中，有利于食物权保障的救灾措施明显多于有利于住房权保障的措施。

（二）人治型保障模式

在人治传统根深蒂固的古代中国，法律的力量在统治者威权面前常常显得苍白无力，在救灾及灾民权利保障方面也不例外。事实上，上文列举

[①] 清朝《钦定康济录》曾总结说，流民的救济有三大要点，也可以说是三个标准：第一是得食，第二是有居，第三是得归。很明显的是，古代社会灾害救济措施的核心目标就是保障灾民的生命权和适当生活水准权的实现，尤其是确保生命存续的食物权、住房权和健康权的实现。在食物权保障方面，上文所列举的绝大多数的防灾、灾中救援以及灾后重建措施都有利于灾民食物权的实现。在住房权保障方面，主要的措施有三种。①在灾害临时安置阶段给灾民提供免费住房。如被学者称为中国历史上第一部灾民救济办法——"宋代富弼安流法"的主要内容就是根据"户等"，征用当地人家的空闲房屋，安置流民。②在灾后安置阶段帮助灾民获得住宅。比如，明代成化年间规定，无住宅的回乡流民官府代为建造。清代时，修理灾区被毁房屋的银两可以上报，由官府报销，并根据被损房屋的原价值、被损程度以及被损户的经济状况详细规定了各省修理损坏房屋费用的救助标准。③在灾害频发季节，颁布法令减免房租，防止灾区人民流落街头。该项措施从五代时开始实施，至两宋时期达到高峰。在健康权保障方面，主要手段是免费或低价给予灾民药物或治疗。有些朝代统治者也通过官方赎子等方式帮助灾民实现家庭权，关于帮助古代灾民实现受教育权的记载并不多见，而记载古代灾民公民权利和政治权利保障的史料则完全没有。

了众多有利于灾民人权的救灾举措，属于成文法规范的并不多见。大多数的救灾实践都是在法律的框架之外进行，其依赖的是皇帝的口谕以及各级官员的命令。由于缺乏明确的制度规范，救灾过程中的人为性和随意性常常使得防灾救灾措施徒具虚文，有时甚至引发自然灾害或加重自然灾害的严重程度。比如，在古代社会，常常出现地方官员"捏灾"、"匿灾"或"浑灾"，[①] 这样的现象人为地加重了灾民的风险，给灾民人权带来了巨大威胁。

（三）以反射性利益为特征的保障模式

尽管前文列举了众多有利于灾民人权保障的救灾措施，但是值得注意的是，这些措施不是以权利形式出现的，而是以官员义务的形式出现。也就是说，古代中国对灾民人权保障是通过规定官员救灾义务的模式展开的。根据这一模式，灾民并无法律上的权利和资格要求获得人权保障，只有皇帝有权力要求官员履行救灾义务，在官员怠于履行义务时，皇帝可以对其进行责罚，灾民只能享有皇帝管理官员的"反射性利益"。由此可见，古代中国灾民人权保障模式乃是一种反射性利益模式。

（四）权利保障存在不平等

平等乃是人权的基本精神，但是在主张等级差别的古代中国，灾民权利保障中也存在种种不平等现象，财产和社会地位的高低可能会直接影响到灾民人权受保障的程度。比如，虽然所有灾民能够享有赈济、施粥以及工赈等救济，但是蠲免田赋的受益者仅限地主和少量的自耕农，借贷的对象也只包括拥有土地、家业者，平粜也利于稍有资财者，[②] 这样的措施显然违背了当代人权法所要求的反歧视义务，在实践当中有碍灾民人权的保障

---

① "捏灾"是指官员捏造灾情，贪污政府发放的赈灾财务；"匿灾"是指官员掩饰灾情，不向上级官员上报灾情，意在猎取名声或获取赋税；"浑灾"是指救灾官员在赈灾过程中不照章办事，挪用、贪污赈灾钱物等。

② 康沛竹：《中国共产党执政以来防灾救灾的思想与实践》，北京：北京大学出版社，2005，第118页。

以及减灾和救灾工作的成功。

第二节　民国时期灾民人权国家保障的思想和实践

民国期间自然灾害仍然频频爆发，受自然灾害影响的人员众多。民国元年（1912 年）至民国 26 年（1937 年），较大的自然灾害发生了 77 次之多。仅 1931 年大水灾的灾民就高达 1 亿之多。[①] 尽管这一时期的中国战争频仍、灾害连连、社会动荡、政权迭变，[②] 但是社会保障和社会救济制度建设取得了新的突破，灾民权利保障思想基本形成，政府保障灾民权利的措施更为全面，初步建立起了中央一级专职救灾体制，明确救灾工作为一项重要的政府行为。[③]

一　救济权利与国家义务观念的明确提出

任何思想的形成和发展都具有历史的延续性，早在古代社会，灾民权利保障的观念已经萌芽，而民本主义正是这一观念萌芽的思想文化基础。但是，正如夏勇所言，古代中国的民本观念中缺乏作为制度操作概念的民权。正是由于制度操作层面的民权概念的缺席，中国古代灾民的人权只能通过获取封建王朝的官吏管理的反射性利益而实现，这样的灾民人权实现模式无疑有重大缺陷。因为，它将人权的实现完全寄托于官吏的自我约束及内部管理，一旦作为最高统治者的皇帝缺乏天子应有的救民于水火的责任感，一旦救灾官吏的良心失范和官吏系统内部的管理失灵，灾民权利就会彻底落空，最后只能反抗并寄希望于新的封建王朝。

---

① 柯象峰：《社会救济》，南京：中正书局，1944，第 2 页。
② 在民国期间，除了北洋军阀统治下的北京政府、国民党领导下的南京政府以及中国共产党建立的中华苏维埃工农民主政府外，还出现了一些政权，比如，孙中山创建的中华民国临时政府；"满洲国"和汪伪"国民政府"等伪政权；中华民国军政府（广州）等。本节仅探讨国民政府保障灾民人权的实践。
③ 李本功、姜力：《救灾救济》，北京：中国社会出版社，1996，第 11 页。

正是由于中国古代民本思想存在一定的局限性，再加上近代进步思想的影响，民国时期的社会救济思想发生了较为明显的变化，传统的社会救济理念开始向近代过渡，慈善观念演变为国家责任观念。[1] 比如，陈凌云明确指出："国家为人民聚集而成，政府乃由人民组织，而为人民谋福利之机关，人民有所困苦则应加以救济，人民有所需要，自当俾与协助，此乃贤明政府所应负之责任也。"[2] 钱智修认为，社会救济是"因集体生存而当为，不专为人类之悲悯而宜为"的事业，因此，"赈济问题者，国家之职务也"。[3] 社会学学者言心哲除了认为现代社会事业的兴办是基于国家的责任以外，更是明确指出，对于全社会不幸分子的救助及社会生活环境的改善是国家应尽的责任和义务，并且指出"受助者亦有要求救济之权利"。[4]

救济权利和国家义务观念也体现在官员言论和官方文件中。比如，国民政府社会部在送交行政院《社会救济法草案》的呈文中就指出，该法"摈弃慈善观念，而进为责任观念"。[5] 国民政府社会部次长洪兰友在《社会救济法的立法精神》一文中明确指出："人民之于国家，休戚相关，患难与共，其于救济事业，自当视为政府对于人民应尽之责任。"[6] 社会部社会福利司司长谢徵孚更为直接地论证了国家的社会救济责任："今日的社会救济，并不纯是一种以悲天悯人为基础的慈善施舍，而是在义务与权利对等的观念中，以及社会的连带责任中，政府与人民应有之职责。"[7]

---

[1]　岳宗福、杨树标：《近代中国社会救济的理念嬗变与立法诉求》，《浙江大学学报》（人文社会科学版）2007 年第 3 期。

[2]　陈凌云：《现代各国社会救济》，北京：商务印书馆，1937，序言第 1~2 页。

[3]　钱智修：《中国赈济问题》，《东方杂志》1912 年第九卷第 1 号。

[4]　言心哲：《现代社会事业》，北京：商务印书馆，1943，第 13 页。

[5]　周建卿：《中华社会福利法制史》，台北：黎明文化事业股份有限公司，1992，第 562 页；转引自岳宗福、杨树标《近代中国社会救济的理念嬗变与立法诉求》，《浙江大学学报》（人文社会科学版）2007 年第 3 期。

[6]　洪兰友：《社会救济法的立法精神》，载于秦孝仪《革命文献：第 99 辑》，台北：中央文物供应社，1984，第 57 页。

[7]　谢徵孚：《中国新兴社会事业之功能与目的》，载于秦孝仪《革命文献：第 100 辑》，台北：中央文物供应社，1984，第 2 页。

上述关于社会救济的思想表明，民国时期社会救济观念的确比古代中国有显著的进步，对救济权利以及国家义务的强调有效弥补了古代民本思想缺乏制度操作层面民权观念的不足，使灾民人权保障有了更加牢固的理论基础。也正是由于理论基础发生的变化，民国时期灾民人权保障的制度也较过去更加完善。

二　自然灾害法律体系的构建

救济权利以及国家义务观念的明确提出标志着社会救济观念已经由传统向近代过渡，救济观念的改变不仅为灾民人权保障事业的进步提供了理论上的支持，同时也推动了灾民人权保障制度建设的发展。

民国时期，为了更顺利地开展防灾救灾工作，保障灾民的基本生计，构建了以根本法、综合性立法以及专项立法为框架的较为完备的自然灾害法律网，自然灾害法律网络的构建使得这一时期的防灾救灾工作和灾民的人权保障有了明确的法律依据。

（一）根本法

在根本法层面，首次将预防灾荒和灾害赈济纳入国家的主要职责，并规定了灾民享有的权利。1928年，国民政府颁布了《训政时期国民政府施政纲领》。该纲领规定，训政时期的救济事业具体包括：普设救济机关；办理灾振；实施工赈。① 1931年5月20日，国民会议通过了《中华民国训政时期约法》。该法第四章"国民生计"的第34条规定了国家在自然灾害管理上的职责，具体包括"垦殖荒地、开发农田水利；实施仓储制度，预防灾荒，充裕民仓"。1947年颁布的《中华民国宪法》的第15条明确规定人民享有生存权，并在第108条规定赈济抚恤乃中央立法并执行之或交由省县执行之事项。

除了将灾害预防、救灾以及保障灾民权利规定为国家职责外，根本法

---

① 徐百齐：《中华民国法规大全》（第一册），北京：商务印书馆，1936，第10页。

对于自然灾害经费的保障也有涉及。1934 年 10 月 16 日，国民政府立法院通过了《中华民国宪法（草案）》。该草案第 158 条规定："预算规定之经费为支出最高额，非依法律为追加预算，不得变更或超过各级政府。因左列情形之一，得提出非常预算：（1）国防或保卫之紧急设施；（2）重大灾变；（3）紧急重大工程。"[①]

（二）综合立法

与救灾相关的综合性立法包括《社会救济法》（1943 年）、《土地法》（1930 年颁布，1946 年修订）、《农仓法》（1935 年）、《公务员惩戒法》（1930 年）、《公务员恤金条例》（1934 年）、《惩治贪污条例》（1943 年）以及《传染病预防条例》（1916 年）等，其中最具代表性的是《社会救济法》。该法是中国法制史上第一部专门关于社会救济的法律，1941 年由政府组织专家学者开始准备。《社会救济法》不仅规定了社会救济的对象，而且规定了社会救济的具体办法和救济款项的来源。社会救济对象包括六类人群：老年人、未成年人、孕妇、因身体或精神障碍未能正常从事劳动者、灾民和其他依法令应予救济者。救济办法有十一种，具体包括提供临时住所、提供钱款或衣食物资、免费医疗、免费助产、廉价或免费供给住宅、无息赈贷资金和粮食、减免田赋、道德教育或公民、技能训练、提供就业信息以及其他依法所定之救济方法。救济所需经费，由中央和地方政府承担，应列入中央及地方预算。该法颁布后，政府又颁布了一系列的法规予以落实，如《社会救济法施行细则》（1944 年）、《救济院规程》（1944 年）、《管理私立救济设施规则》（1945 年）、《赈灾查放办法》（1947 年）等。此外，1930 年的《土地法》第 161 条确认了准备房屋制度，该制度的重要意义在于，一旦发生"非常事故，不能维持房屋数额之常状，致发生房屋缺乏时，即应施以救济"。[②] 也就是说，准备房屋制度的确立承认了政

---

① 徐百齐：《中华民国法规大全》（第一册），北京：商务印书馆，1936，第 6 页。
② 吴尚鹰：《土地问题与土地法》，北京：商务印书馆，1935，第 35 页。

府负有解决因自然灾害等因素导致的住宅缺乏问题的义务。

（三）专项立法

民国时期颁布的自然灾害专项立法的数量较多，涉及的内容也较为宽泛。主要包括以下几种。①有关灾害预防的专项立法，主要是指备灾储粮立法，具体包括 1928 年 7 月国民政府颁布的《义仓管理规则》、1930 年 1 月 15 日颁布的《各地方仓储管理规则》（该规则规定地方政府用于备灾储粮的仓储分为县仓、市仓、区仓、乡仓、镇仓、义仓 6 种）以及 1934 年 12 月国民政府行政院发布的《各省市举办平粜暂行办法大纲》等。②有关救灾程序的专项立法，主要是指报灾和勘灾等程序性法律。1915 年 1 月，北洋军阀政府颁布了《勘报灾歉条例》，1928 年国民政府对该条例进行了修订。该条例规定的勘报灾歉的程序为：水灾、风灾等急灾的勘查时间不得超过三天，当地政府将勘查后的结果上报给省政府及民政厅，最终确定赈济标准以及不及时勘报灾情者的处罚标准。此外，该条例还规定了蠲免赋税的标准，具体标准为：被灾 10 分者，蠲正赋 70%；被灾 9 分者，蠲正赋 60%；被灾 8 分者，蠲正赋 40%；被灾 7 分者，蠲正赋 20%；被灾 5～6 分者，蠲正赋 10%。1928 年修订后的《勘报灾歉条例》对灾民的赋税减免的力度有所加大。1936 年 8 月 10 日，国民政府行政院又公布了《勘报灾歉规程》，行政院于 1947 年 5 月 8 日又公布了《灾振查放办法》。③灾害组织管理立法。该类立法主要包括《管理私立慈善机关规则》（1928 年）、《整顿各项慈善事业并防止侵占款产令》（1928 年）、《监督慈善团体法》（1929 年）、《振务委员会各组办事规程》（1930 年）、①《振务委员会各组联席会会议规则》（1930 年）、《振务委员会收存振款暂行办法》（1930 年）、《振务委员会职员请假规则》（1930 年）、《办理振务人员奖恤章程》（1930 年）、《振务委员会职员奖惩规则》（1930 年）、《振务委员会放赈调查视察人员出差旅费规则》（1931 年）、《办振人员惩罚条例》（1931 年）、《办理振务公

---

① "振"为"赈"的本字，国民政府规定使用"振务"一词。

务员奖励条例》（1931 年）、《办振团体及在事人员奖励条例》（1931 年）、
《国民政府救济水灾委员会章程》（1931 年）、《黄河水灾救济委员会章程》
（1933 年）、《振务委员会处务规程》（1933 年）、《振务委员会职员考核等
第办法》（1933 年）、《私立救济设施减免赋税考核办法》（1944 年）、《捐
资兴办社会福利事业褒奖条例》（1947 年）。④救灾资金专项立法。主要包
括《各省区筹赈办法大纲》（1920 年）、《救灾准备金法》（1930 年）、《振
灾公债条例》（1931 年）、《实施救灾准备金暂行办法》（1935 年）、《水灾
工振公债条例》（1935 年）、《救灾准备金保管委员会组织条例》（1935
年）等。

三　救灾专项资金的设置

自然灾害管理法律体系的初步构建表明国民政府已经将救灾视为政府
的重要职责之一。但是，国民政府真正重视民生、关注灾民还体现于救灾
准备金制度的建立。救灾准备金制度是民国救灾制度中最重要的成果之一，
在中国救灾史和灾民人权保障史上都具有非常重要的意义。

1930 年公布的《救灾准备金法》乃是专项救灾资金设置的法律依据。
该法共 11 条，规定了救灾准备金的财政来源、中央与省级政府的筹措比例、
救灾准备金的使用和保管以及资金监督。根据该法第 1 条和第 2 条的规定，
救灾准备金由中央和省级政府共同筹措。其中，中央救灾准备金为每年中
央政府经常预算收入总额的 1%，直至积存满五千万元停止；省救灾准备
金为每年省级政府经常预算收入总额的 2%，每百万人口积存满二十万停
止。第 3、7、8、10 条规定了救灾准备金的保管和监督办法，根据条款的
规定，必须成立专门的保管委员会保管和监督救灾准备金。第 4、6、9 条
是有关救灾准备金使用的条款，根据这些条款的规定，救灾准备金不得用
于保管委员会之支出，只能用于救恤、工振或救灾之移民，并规定了经费
使用的基本原则："遇有非常灾害，为市县所不能救恤时，以省救灾准备
金补助之，不足再以中央救灾准备金补助之"，但"依被灾情况，本年度

救灾准备金所生之孳息，不敷支付时，动用救灾准备金不得超过现存额的二分之一"。①

四　专职救灾机构的设立

综观中国古代救灾史，尽管统治者非常重视救灾工作，从周代开始历代朝廷都任命了一些专职和兼职的救灾官员，中央层面以及地方层面也有相关机构兼管救灾工作，但是，非常遗憾的是，古代中国并没有专职的救灾机构，大多时期是由户部兼管防灾救灾事宜。

民国时期，政府为了更好地组织抗灾和灾害救助事宜，在中央层面设立了专职的救灾机构。1912 年 1 月 1 日，中华民国临时政府成立，内务部主管全国的赈济、抚恤、慈善等事宜。1914 年 7 月，颁布了《内务部厅司分科章程》，该章程规定，民治司的第四科专管包括灾害救助在内的救济及慈善事务。1919 年，内务部下设中央防疫处，负责疫病的预防事宜。1920 年 9 月 14 日，《筹议赈灾临时委员会章程》颁布，该章程规定筹议赈灾临时委员会由内务部、农业部、商业部和交通部组成，专门筹备和掌管救灾事宜。1921 年 5 月 13 日，内务部颁布了《全国防灾委员会章程》，该章程规定了成立全国防灾委员会的目的，全国防灾委员会的职责、组成以及具体工作流程。1921 年 10 月 29 日，北洋军阀政府以教令形式颁发了《赈务处暂行条例》。根据该条例的规定，赈务处附属于内务部，属临时性机构，灾荒善后完毕即撤销。1928 年 3 月 30 日，国民政府颁布了《内政部组织法》（该法分别于 1928 年 5 月 20 日及 1931 年 4 月 4 日进行了修订）。该法规定，赈灾救贫及其他慈善事项由内政部下设之民政司第四科专管，其他相关部门协助管理。比如，土地司应履行"水灾防御"的职责，具体由第三科负责水旱灾害的预防工作。② 除了内政部下设的民政司第四科专管赈济

---

① 武艳敏：《灾难的补偿：1930 年〈救灾准备金法〉之出台》，《四川大学学报》（哲学社会科学版）2006 年第 2 期。

② 徐百齐：《中华民国法规大全》（第一册），北京：商务印书馆，1936，第 326、506、507 页。

和慈善事宜外，同年 7 月，国民政府恢复了专职的救灾机构——赈务处，同时还成立了专门筹措、管理和分配赈灾款的赈款委员会。从官员的任命来看，内政部长兼任赈务处长和赈款委员会主席，使得灾害赈济的实施更为高效。[1] 1928～1929 年全国多地遭灾，国民政府于 1929 年将赈务处与地方临时救灾机构重组，专设了赈务委员会，并发文规定了赈务委员会的人员组成、工作职责以及流程。1931 年 6 月 27 日，国民政府修订了《内务部各司分科规则》，修订后的《内务部各司分科规则》将民政司第四科的职责规定得更为详细，具体包括勘报灾歉、蠲缓田赋、防灾备荒、地方粮食管理等。[2] 同年江淮水灾，国民政府专门成立了全国性的临时救灾机构——救济水灾委员会，具体办理灾区救济事宜。1938 年，国民政府设置了一个与其他中央部门平级的社会救济机构——社会部，负责管理社会事务。社会部下设社会福利司，社会福利司的第五科主管救济事宜。

民国时期筹议赈灾临时委员会、全国防灾委员会、赈务处、赈款委员会、赈务委员会，以及救济水灾委员会等常设或非常设的专职防灾救灾机构的设立是中国防灾救灾体制建设的重要突破。专职防灾救灾机构的设立使得民国时期防灾救灾工作更为规范，决策更加集中、统一以及有针对性，社会动员以及资源调配更为高效，系统性和可持续性也得以加强，灾民人权有了更为可靠的组织保障。自此以后，中国政府在防灾救灾体制建设上基本上沿用了民国时期的做法，设立一些常设和非常设的专职防灾救灾机构来组织和管理防灾救灾事宜。

五　灾民人权保障理想与现实的差距

虽然民国时期灾民人权保障思想的进步、制度的完备以及组织机构的有力推进对灾民人权保障的实践有积极的推动意义，但是从实效的层面来看，灾民人权的实现程度仍然较低。根据学者们的统计，民国九年至民国

[1]　徐百齐：《中华民国法规大全》（第一册），北京：商务印书馆，1936，第 312 页。
[2]　孙绍骋：《中国救灾制度研究》，北京：商务印书馆，2004，第 55 页。

二十五年间死于灾荒的人口数达 1800 余万。[①] 整个民国期间死亡人数在万人以上的巨灾 75 次，10 万人以上的 18 次，50 万人以上的 7 次，100 万人以上的 4 次，1000 万人以上的 1 次。[②] 除了因灾害死亡人数可以说明民国时期自然灾害人权保障实效差之外，流民现象也是有效的证明。根据学者们的分析，民国时期几乎每次重大自然灾害都会引发大规模的流民潮，许多灾民因为被自然灾害剥夺了基本生活条件，政府没有及时采取有效救灾措施，灾民只能背井离乡，加入流民大军当中。[③]

上述现象表明，民国时期尽管已经接受了灾民权利保障乃是政府责任的观念，但是该时期的灾民人权保障并没有达到理想的水平，灾民人权保障的制度理想与现实之间存在较大差距。

之所以出现这一现象，首要原因是救灾法律缺乏成熟的政治基础。民国时期尽管有诸多有利于灾民人权保障的法律制度，但是由于缺乏民主的政治制度，执政党严重的专制和独裁使官吏腐败现象十分严重，这些腐败也迅速蔓延到救灾领域。有学者直言，民国时期的天灾并不是单纯的天灾，而是人祸的结晶，其中吏治的腐败是人祸的重要部分。[④] 救灾领域官吏腐败最突出的表现就是贪污救灾款项，无论是灾民生活保障的经费的拨付，还是灾害预防费用都面临贪官污吏的层层盘剥。正是在此情况下，救灾过程中违法现象频繁发生，灾民的生命权以及适当生活水准权等基本人权无法得到实现。

除了政治原因之外，另一重要的原因是法律执行不力。好的制度需要

---

① 邓拓：《中国救荒史》，武汉：武汉大学出版社，2012，第 32、99 页。

② 康沛竹：《中国共产党执政以来防灾救灾的思想与实践》，北京：北京大学出版社，2005，第 10 页。

③ 池子华认为，因灾荒而沦为流民者颇多，形成近代中国流民的一大特征。每逢灾歉年头，饥民四出，就有流民潮的出现，大灾大潮，小灾小潮，以致流民潮的潮起潮落，与灾害的消长成正比。参见池子华《中国近代流民》（修订版），北京：社会科学文献出版社，2007，第 66~67 页。

④ 苏全有、刘省省：《论民国时期〈救灾准备金法〉的实施》，《河南科技学院学报》2013 年第 3 期。

有力的执行，否则制度只会成为摆设。民国时期尽管有较为完善的救灾法，但是由于种种原因，很多制度没有付诸实践。以《救灾准备金法》为例，尽管该法第 11 条规定生效时间为公布日，但是该法真正实施的时间却是在 1935 年。之前数年，国民政府一直以财政窘困为由未予实施。从救灾准备金的实际支出比例来看，与法律规定也相去甚远。比如，1935 年中央级共支出救灾准备金 1999625 元，该年的预算收入或支出按照国民政府主计处的数字均为 1106521907 元，救灾准备金约占该年收入总额的 0.18%。① 地方救灾准备金的实施状况也不理想，从有记载的 1935～1942 年各省救灾准备金的比例来看，有一半以上达不到《救灾准备金法》的规定。②

　　民国时期造成灾民人权实现程度不高的另一根本性原因是频繁发生的战争造成了严重的财政危机。民国时期连绵不断的战乱造成了庞大的军费开支，巨额的军费开支使得国民政府财政支出赤字高居不下。有学者曾对 1930～1934 年中央财政支出情况进行了研究，研究结果显示该五年中央财政支出赤字比重分别为 28.0%、17.4%、12.3%、17.6% 和 20.8%。③ 在战情和灾情面前，统治者无视灾民权利，出于自身利益的考虑甚至将原本用于救灾的款项挪用为军费。1932 年 9 月 1 日的《红旗周报》就曾经报道，1931 年水灾发生后，国民党政府曾向美国借款用于灾民赈济，随后由于战事紧张所借的部分救灾款被挪用作为军费。④ 正是因为连年战争造成了国家财政的紧张，再加上国民政府轻视民众权益，这直接导致了国家防灾救灾能力和履行灾民人权保障义务能力的下降，灾民人权保障效果不佳。

　　上面的论述说明，民国时期灾民人权保障的制度与实践、理想与现实

---

① 武艳敏：《灾难的补偿：1930 年〈救灾准备金法〉之出台》，《四川大学学报》（哲学社会科学版）2006 年第 2 期。

② 关于 1935～1942 年各省救灾准备金的详细数据可参见王识开《南京国民政府社会救济制度研究》，博士学位论文，吉林大学，2012，第 71～75 页。

③ 苏全有、刘省省：《论民国时期〈救灾准备金法〉的实施》，《河南科技学院学报》2013 年第 3 期。

④ 《四次"围剿"中国民党的"开源节流"》，《红旗周报》1932 年 9 月 1 日。

之间的确存在较大的差距，对灾民基本生活保障的缺乏加上当时繁重的苛捐杂税使人民生活在水深火热之中，这最终摧毁了国民党政权执政的正当性基础，中国共产党就是顺应这一历史潮流发动革命，带领人民反抗恶政，并开启了中国历史的新时代。

第三节　新中国成立至改革开放前灾民人权国家保障思想和实践

新中国成立后，执政党和政府经受了严峻的考验，不仅要面对长期战争带来的国力薄弱以及西方资本主义国家的封锁，而且还面临自然灾害的频频侵袭。从新中国成立直至改革开放，各种重大自然灾害事件频繁发生，1954 年江淮水灾、1958 年黄河洪灾、1959～1961 年三年困难时期、1966 年邢台地震以及 1976 年唐山大地震等重大自然灾害事件给国家和人民造成了巨大生命财产损失，也为国家保障灾民人权带来了巨大的阻碍。面对自然灾害带来的巨大威胁，国家采取了诸多化解或减轻人权风险的举措，制定和执行了一系列防灾减灾的政策，成立了防灾减灾组织机构，这些举措不仅促进了新中国灾民权利保障思想的进一步发展，还大大提升了灾民人权保障的成效。

一　灾民人权保障思想的进一步发展

正如学者所言："在中国共产党的统治下，生活的任何方面，国家的任何地区都不能不受到中央政府使中国革命化的坚定努力的影响。要考察中国社会的任何方面而不考察共产党变革它的努力的来龙去脉，则是毫无意义的。"[1] 正因如此，我们考察新中国成立后灾民人权保障的思想首先必须追溯新民主主义革命时期中国共产党有关灾民人权保障的思想的内容

---

[1] 〔美〕麦克法夸尔、费正清：《剑桥中华人民共和国史：1949—1965》，王建朗译，上海：上海人民出版社，1990，第 4 页。

和变革。

　　新民主主义革命时期，中国共产党在防灾减灾实践中践行"民生关怀"的理念，形成了独具特色的灾民人权保障思想，具体可以概括为以下几个方面。首先，确认党和政府是当然的防灾减灾义务主体，同时基于现实的考量强调互助救济的重要地位。在中国共产党各根据地的防灾减灾实践中，党和政府深切意识到灾荒与民生之间的亲密关系，号召党政军机关和全体党员将灾荒视为对人民负责的问题和政治问题，[①] 要求党员和干部"以儿子对待母亲的态度"对待灾区人民。中国共产党和政府不仅将救灾看作政府的必然责任，而且将救灾当成了天然义务。[②] 当然，中国共产党的主要领导人也意识到当时环境下党和政府在灾害救助和灾后恢复方面的能力局限性，因而在强调党和政府的防灾减灾义务外，也大力倡导群众互助救济。比如，毛泽东在《一九四六年解放区工作的方针》一文中指出："各解放区有许多灾民、难民、失业者和半失业者，亟待救济。此问题解决的好坏，对各方面影响甚大。救济之法，除政府所设各项办法外，主要应依靠群众互助去解决。此种互助救济，应由党政鼓励群众组织之。"[③] 其次，宪法性文件中确认了政府的灾害救济义务。1941 年，陕甘宁边区发布了宪法性文件《陕甘宁边区施政纲领》，该文件第 15 条指出要"救济外来的灾民和难民"；1946 年制定的宪法性文件《陕甘宁边区宪法原则》在"人民权利"部分的第 2 条中明确承认了"人民有免于经济上偏枯与贫困的权利"，并认为"救济灾荒"是保障该权利实现的具体方法。最后，全力保障灾民的生命权。考虑到新民主主义革命时期战争的困扰和资源的有限，要想保障灾民全部权利的实现是不切实际的想法，因此中国共产党提出救灾中要抓住重点，竭尽全力保障灾民最重要的权利——生命权。比如，陕甘宁边区政权在救

---

① 陕甘宁边区财政经济史编写组、陕西省档案馆：《抗日战争时期陕甘宁边区财政经济史料摘编》（第九编），西安：陕西人民出版社，1981，第 258 页。
② 高冬梅：《1921－1949 年中国共产党救灾思想探析》，《中国减灾》2011 年 6 月（下）。
③ 《毛泽东选集》（第四卷），人民网，http://cpc.people.com.cn/GB/64184/64185/66618/4489034.html，最后访问日期：2018 年 4 月 19 日。

灾中多次公开要求"不饿死一个人""竭力救活生命为第一"。1942 年太行区政府针对中原地区发生的严重旱情及时成立了各级旱灾救济委员会,要求各级政权"保证不饿死一个人",并在《太行区旱灾救济委员会第四次会议决议事项》中规定了救灾失责的处罚方法。①

新中国成立后,在执政党和政府的高度关注下,灾民人权保障的思想得到了新的发展。首先,将防灾救灾工作确认为国家最重要的义务之一。新中国成立后,国家关心民众苦难,主动承担起了防灾救灾的主要责任,并多次强调救灾工作的重要地位。比如,1949 年 12 月《关于生产救灾的指示》指出"救灾事关几百万人生死的问题、是新民主主义政权在灾区巩固存在的问题,是开展明年大生产运动、建设新中国的关键问题",因而必须"克服单纯靠救济的恩赐观点与怕麻烦、推出了事的不负责观点",并要求"各级人民政府以及人民团体把救灾作为工作的中心"。1950 年,中央救灾委员会主任董必武指出政府应该将防灾救灾工作视为一项非常重要的政治任务。②周恩来在 1965 年 8 月召开的国务院全体会议上说:"主席要我们注意战争,注意灾荒,注意一切为人民。……"③防灾救灾工作在当时已经成为政府工作的重中之重,更好地推进了灾民的人权保障工作。其次,保障生命权和适当生活水准权为核心的灾民权利。政府首先要求确保灾区人民的生命安全,避免大范围的因灾死亡现象。比如,1949 年 11 月,内务部针对当时严重的灾情召开了各重灾省区救灾汇报会,提出了"不许饿死人"的口号。1950 年内务部发布的《关于生产自救的补充指示》指出,"不要饿死一个人","不允许有一个逃荒的人被饿死"。1954 年,《关于加强救灾工作的指示》强调救命第一,应避免过分强调恢复生产而导致的灾民大量死

---

① 姚红艳、肖光文:《中国共产党救灾减灾思想的历史回顾与经验总结》,《学术交流》2011年第 10 期。

② 董必武:《1950 年人民政府在政治法律方面的几项重要工作》,《人民日报》1950 年 10月 1 日。

③ 《关于生产救灾的指示》,载中华人民共和国内务部办公厅《民政法令汇编:1949—1954》(内部印行),1954,第 113 ~ 114 页。

亡。内务部在应对 20 世纪 60 年代初的重大自然灾害时指出，灾区必须把救
灾工作当作压倒一切的政治任务，要千方百计做到不饿死人，不冻死人。①
在这一时期，政府在救灾中除了强调全力保障灾民的生命权外，还努力关
注灾民的适当生活水准权等权利，涉及食物权、住房权、健康权以及撤离
和转移中的安全和费用。比如，1955 年发布的《关于切实做好水灾的紧急
救济工作》认为，对灾民的紧急救助应包括解决灾民的吃、住、穿、抢救
中雇佣的船只和民工费用、灾民转移中的路费、病灾民的医疗、参与灾区
防疫的医生的补助以及清理环境卫生和处理尸体的相关费用等。再次，特
别关注脆弱灾民的权利保障。在该时期的防灾救灾规范性文件中，特别强
调保障脆弱灾民的权利，在救济款物的发放上主张向脆弱灾民倾斜。比如，
在 1949～1952 年，中央层面一共发布了 19 份防灾救灾的规范性文件，其中
有 6 份文件提及脆弱灾民的权益保障。这些文件分别是 1949 年 12 月 19 日
政务院发布的《关于生产救灾的指示》，1949 年 12 月 19 日内务部发布的
《关于加强生产自救劝告灾民不往外逃并分配救济粮的指示》，1950 年 10 月
12 日内务部发布的《关于处理灾民逃荒问题的再次指示》，1951 年 1 月 20
日内务部发布的《关于检查救灾工作的指示》，1951 年 3 月 16 日内务部发
布的《关于春荒期间加强生产救灾工作的指示》以及 1952 年 5 月 14 日内务
部发布的《关于生产自救工作领导方法的几项指示》。脆弱灾民权利的特别
保护在救灾实践中也得到了执行。比如，1950 年 8 月，河北省大清、永定
发生较大的洪灾，在抢险过程中，"许多干部冒雨淌着过膝的深水，到灾民
被困的最危急的村中，首先抢救烈、军属和残、老、孤幼及居处较低的
户"；在救济粮的发放上，不是搞平均主义，而是通过民主评议的方法，确
定救济对象，重点救助重灾区以及灾民中"烈、军、工属中的老弱孤独与
群众中的孤老残弱"。②

---

① 参见唐钧《社会救助：从边缘到基础和重点》，《中国社会保障》2009 年第 10 期；康沛竹
《中国共产党执政以来防灾救灾的思想与实践》，北京：北京大学出版社，2005，第 156 页。
② 高冬梅：《1949－1952 年中国社会救助研究》，中共中央党校博士论文，2008，第 130 页。

二 政策主导型防灾救灾规范体系的构建

(一) 防灾救灾规范性文件的制定

新中国成立以后,中央和地方出台了一系列有关防灾救灾的规范性文件。这些文件既包括全国层面的规范文件,也包括大量地方层面的规范文件。

1. 全国性规范文件

根据笔者的不完全统计,该时期颁布的全国专门性防灾救灾规范性文件有 73 份。[①] 从制定主体来看,大部分文件由中央人民政府(政务院或国务院)或中央某一部委(或机构)单独制定,也有部分文件由中央几个部委联合制定。在单独颁布的防灾救灾文件中,内务部(后为民政部)作为防灾救灾工作的主管机构,颁布了 26 份文件,数量最多,比较重要的包括《关于加强生产自救劝告灾民不往外逃并分配救济粮的指示》(1949 年)、《关于灾民逃荒问题的再次指示》(1950 年)、《关于防止夏荒的指示》(1950 年)、《关于生产救灾工作领导方法的几项指示》(1952 年)、《关于加强查灾、报灾及灾情统计工作的通知》(1952 年)等。中央人民政府颁布了 23 份文件,比较重要的有《关于生产救灾的指示》(1949 年)、《关于发动群众继续开展防旱、抗旱运动并大力推行水土保持工作的指示》(1952 年)、《关于增产粮食和救灾工作的指示》(1953 年)、《关于加强灾区节约渡荒工作的指示》(1953 年)等。中央其他部委或机构颁布了 7 份文件,制定的主体包括卫生部、监察部、中央气象局、农业部等。专门性救灾机构制定了 3 份文件,分别是中央生产救灾委员会颁布的《关于统一灾情计算标准的通知》(1951 年)、中央防汛总指挥部制定的《关于 1955 年防汛工作的指示》(1955 年)以及《关于 1956 年防汛工作的指示》(1956 年)。中共

---

① 笔者是根据《民政法令汇编:1949—1954》、《民政法令汇编:1954—1955》、《民政法令汇编:1956》以及《中华人民共和国民政工作文件汇编(1949—2004)》的资料进行的整理和统计。

中央单独制定了《关于保证执行中央人民政府政务院防旱、抗旱决定的指示》（1952 年）。在联合制定的全国性防灾救灾文件中，既有中央不同部委联合发布的文件，也有中共中央和中央人民政府共同发布的文件。

2. 地方性规范文件

在党中央和政务院（或国务院）的要求下以及全国性防灾救灾规范性文件的影响下，地方政府发布了大量的防灾救灾规范性文件。比如，《河南省人民政府关于处理灾民逃荒问题的指示》（1950 年）、《安徽省人民政府关于收容遣返逃荒灾民的指示》（1953 年）、湖北省人民政府发布的《关于防汛抢险的紧急命令》（1954 年）和《中共山西省委员会、山西省人民委员会关于加强生产救灾工作消灭春荒并预防夏荒的通知》（1958 年）等。事实上，该时期地方政府颁布的防灾救灾规范性文件在数量上远远高于全国性规范文件，因为当时的惯例是，只要中央发布了某一文件，地方都会发布配套文件予以配合，用以落实中央文件的精神。

（二）防灾救灾规范体系的形式特征

综观新中国成立后到改革开放前的防灾救灾规范体系，我们发现其具有如下特点。

首先，从文件制定主体的属性来看，所有防灾救灾规范性文件的制定主体都是党政机关，有的文件还是党委与政府联合发布，突出了那一历史时期党政不分的基本趋势。在这一时期，作为最高权力机关和立法机关的人民代表大会在防灾救灾立法和政策的制定上毫无作为，体现了那一历史时期人民代表大会在国家权力体系中实际地位的贫弱。

其次，从文件制定的时间跨度来看，这一时期的防灾救灾规范性文件基本上是"文革"前制定的。这一点足以表明，"文革"乃是该时期防灾救灾工作的分水岭。"文革"前执政党和政府对防灾救灾工作高度重视，但是"文革"发生后，国家政治经济法制等领域的诸多重要工作被其阻碍，防灾救灾的制度建设也遭到"文革"的强烈冲击。

最后，从防灾救灾规范性文件的名称和内容来看，所有的规范性文件皆以"决定"、"通知"和"指示"等命名,没有一份文件被冠以"法"或者"条例"等。事实上,改革开放之前的新中国不仅没有一部专门性的灾害立法,明确提及灾害以及灾害救济的法律条款也非常罕见。根据笔者的整理,与灾害相关的法律条款仅见于1954年宪法的第93条,该条提及国家应举办社会保险和社会救济等事业确保劳动者获得物质帮助权。此外,有"临时宪法"性质的《中国人民政治协商会议共同纲领》第34条明确规定了国家的防灾救灾减灾职责,该条款规定,人民政府应根据国家计划和人民生活的需要兴修水利、防洪抗旱、防止病虫害,以及救济灾荒。这一现象足以表明,这一历史时期中国的防灾救灾规范性文件仅仅停留在党和政府的政策层面,还未能上升为国家的法律。并且,所有这些规范性文件基本上是针对当年或者来年防灾救灾工作而制定的,大都具有内容的相似性以及应景性,明显属于"头痛治头、足痛治足"的治标性文件。正因如此,该时期中国的防灾救灾工作属于政策主导型,而非法制主导型。

（三）防灾救灾规范性文件的主要内容

本着"依靠群众、依靠集体、生产自救、互助互济、辅之以国家必要的救济和扶持"的救灾工作基本方针,新中国成立至改革开放前防灾救灾规范体系的主要内容包括生产自救、灾害救助、灾害预防、防止流民四个方面。

1. 生产自救

新中国成立之后,连年战争使得国力空虚,而自然灾害又造成了众多的受灾人口,因此,即使"政府的拨粮发款和非灾区群众的捐输数量很大",但是"如果灾民同胞不好好地利用这些救济和帮助,积极从事生产",[①] 仍然难以应对频繁发生的自然灾害,因而国家要求灾民必须进行生产自救。该阶段存在三个主要的防灾救灾政策制定部门分组,其中农业部辅以粮食部和全国供销合作社联合会是其中非常重要的政策制定组群,从

---

① 伍云甫:《中国人民救济总会两年半来的工作概况》,《人民日报》1952年9月29日。

内容上看农业生产自救是该阶段灾害管理的重要目标。^① 该时期颁布的防灾救灾文件中几乎都有生产自救的内容。比如，1949 年灾害造成 4000 万受灾人口，粮食减产 1.2 亿斤。在此情况下，政务院颁布了《关于生产救灾的指示》，要求灾区各级人民政府和灾区群众把生产自救作为工作中心，并要求恢复发展副业手工业，各地贸易合作社应保障灾民生产品的销路。^② 随后为了进一步贯彻落实该方针，内务部分别于 1950 年和 1952 年发布了《关于生产救灾的补充指示》和《关于生产救灾工作领导方法的几项指示》。1963 年中共中央和国务院共同发布了《关于生产救灾工作的决定》，这些文件为各级政府推动生产救灾工作、帮助灾民实现人权提供了更为明确的指引。

2. 灾害救援救助

该时期的防灾救灾规范性文件的另一核心内容是灾害救援救助。当自然灾害发生后，国家会颁发文件迅速组织人员展开救援，并积极予以一定的灾害救助。灾害救助的手段主要包括实物救助、现金救助两种，救助的内容包括粮食、燃料、盐油、衣物以及药品等。比如，1949 年的《关于生产救灾的指示》要求供给灾民低于市值的食粮油盐；运煤下乡，保障灾民柴火；救济粮的发放不要平均分配，首先要发放给最困难的灾民，节约互助，不仅提供部分贷款和救济粮，还号召机关干部每天节约 1 两米。^③《内务部关于目前救灾工作中几个问题的指示》（1957 年）要求清查社内粮食紧张状况以及粮食潜力，并妥善解决粮食问题。^④ 除了上述文件外，内务部发布的《关于加强生产自救劝告灾民不往外逃并分配救济粮的指示》和《关于加强发放夏荒救济款具体领导的通知》（1955 年）等文件皆对灾民的救助

---

① Qiang Zhang, Qibin Lu, Deping Zhong, Xuanting Ye, "The Pattern of Policy Change on Disaster Management in China: A Bibliometric Analysis of Policy Documents, 1949 – 2016," *International Journal of Disaster Risk Science*, 2018, 2, pp. 1 – 19.

② 中华人民共和国内务部办公厅：《民政法令汇编：1949—1954》（内部印行），1954，第 113 ~ 114 页。

③ 中华人民共和国内务部办公厅：《民政法令汇编：1949—1954》（内部印行），1954，第 113 ~ 114 页。

④ 《中华人民共和国国务院公报》，1957 年第 13 号，第 244 页。

进行了明确的规定。

3. 防止流民

灾害史告诉我们，流民乃灾害的必然衍生物。执政党和政府深刻意识到大规模流民对灾区乃至社会秩序的稳定和安全、灾民的生存和发展以及社会经济的发展可能带来诸多的负面影响，因此在制定防灾救灾政策时特别重视防止流民。比如，1949 年的《关于生产救灾的指示》中，政务院要求各级政府教育灾民不要乱跑，防止流民现象发生；流民能安置则安置，不能安置者遣返原籍。同年内务部发布了《关于加强生产自救劝告灾民不往外逃并分配救济粮的指示》，该指示要求政府通过劝告和分配救济粮的方式防止灾民外逃。1950 年内务部《关于灾民逃荒问题的再次指示》进一步明确了防止灾民逃荒的方法。除了中央层面发布的关于阻止灾民外逃的文件之外，一些地方政府也出台了类似规定，比如，《河南省人民政府关于处理灾民逃荒问题的指示》（1950 年）要求政府通过设立劝阻站和保障灾民就业的方式防止灾民外逃；《安徽省人民政府关于收容遣返逃荒灾民的指示》（1953 年）要求政府设灾民收容站，收容遣送口粮以及车船费用在省拨救济款内支付，灾民回乡后，当地政府应切实解决灾民生产、生活上的一切困难。

4. 灾害预防

这一时期的防灾救灾规范性文件除了规制各种灾后应对措施外，还有一个重要的内容就是灾害预防。国家领导人多次在公共场合或重要会议上强调预防对于灾害损失减轻的重要意义。比如，周恩来多次表示，救灾必须与防灾联系起来，要像对待疾病那样，用预防为主的方式去应对灾害。"今年要防明年之灾，现在要防今后之灾；在救今年之灾时要结合预防明年的灾，在救当前之灾时要结合预防今后的灾"；"除涝不忘防旱，抗旱不忘防涝。"毛泽东也明确提出"备战、备荒、为人民"。正是基于这一思想的指导，中央和地方政府制定了诸多的专门性防灾规范性文件或涉及灾害预防的规范性文件。比如：内务部 1950 年发布了《关于防止夏荒的指示》，要求各级政府积极采取措施预防夏荒发生；中共山西省委员会、山西省人民委员会 1950 年也发布了《关于加强生产救灾工作消灭春荒并预防夏荒的通知》。

　　该时期的防灾救灾规范性文件除了规范防灾和救灾的相关内容外，部分文件也强调和规定了防灾救灾工作中的官员责任问题。比如，1954 年中共湖北省纪律检查委员会发布了《关于防汛救灾工作的纪律规定》，明确规定了防汛救灾工作中官员不作为、临阵脱逃或不能坚守工作岗位的官员所应承担的行政责任和法律责任。[①] 根据该规定的精神，1954 年 8 月 7 日中共湖北省委和湖北省人民政府分别做出了《关于王力全、杨家发同志所犯错误的处分决定》和《关于处理王力全、杨家发等在防汛中严重失职的决定》，对时任中共黄石市委委员兼秘书长的王力全同志和时任黄石市人民政府公安局副局长的杨家发同志在防汛工作中的不作为和失职导致严重的生命财产损失的行为进行了处理，撤销二人的行政职务，并责令黄石市人民法院予以判刑，同时责成黄石市人民政府根据情节轻重对其他相关行政人员分别予以处分。[②]

（四）防灾救灾规范体系的人权保障价值

　　虽然在新中国成立至改革开放前的防灾救灾规范性文件中找不到明确的人权或权利话语，但是该时期的防灾救灾规范对灾民的人权保障仍然具有重要的价值，对灾区人民的生命安全和生存保障具有重要的意义，重点保障了灾民的生命权、适当生活水准权、财产权和健康权等权利。

　　1. 农业生产自救与灾民的生命权和适当生活水准权保障

　　国家之所以将农业生产自救作为这一时期防灾救灾工作的核心内容，主要是出于两个方面的考虑。一方面考虑到新中国成立早期国家的社会经

---

①　《中共湖北省纪律检查委员会关于防汛救灾工作的纪律规定》，《湖北日报》1954 年 7 月 9 日，第 1 版。

②　分别参见《中共湖北省委关于王力全、杨家发同志所犯错误的处分决定》，《湖北日报》1954 年 8 月 8 日，第 1 版；《湖北省人民政府关于处理王力全、杨家发等在防汛中严重失职的决定》，《湖北日报》1954 年 8 月 8 日，第 1 版。

济条件相对落后，国家的救助能力相对有限；另一方面考虑到农业生产自救是摆脱自然灾害最为有效的方式。并且，由于自然灾害事件并非国家所引发，灾民乃是减轻灾害损失以及开展恢复重建的主体，国家对灾民乃是一种补充性义务。也就是说，只有灾民通过自身的努力还无法摆脱自然灾害困境时国家才负有当然之义务。从国际人权法角度来看，组织和倡导灾区人民积极进行农业生产自救不仅可以保障他们获得生存所需的生活资料，同时也可增加灾民购买基本生活用品的能力。因此，农业生产自救有助于灾害情形下基本生活资料可获得性和可提供性的实现，有助于灾民的生命权和适当生活水准权的实现。

2. 灾害预防、灾害救援救助与生命权、健康权和适当生活水准权保障

预防可以最大限度减少自然灾害带来的人权风险，对自然灾害时期的人权保障显然具有重要意义。这一时期的防灾救灾规范在考虑救灾的同时，也积极谋求自然灾害的预防。比如，为了防止或减少水旱灾害的发生，许多文件都明确要求加强水利工程的建设。1956 年 9 月 21 日发布的《内务部关于加强救灾工作的指示》第 7 点明确指出，"与其灾后救济，不如加强防灾的水利工程建设"，要求地方政府通过以工代赈的方法加强水利工程建设，能够避免今后的自然灾害。① 除了要求预防原发性灾害之外，大量的规范性文件还要求各级政府积极避免次生灾害。比如，"应当重视灾区卫生工作，贯彻防重于治的方针，组织灾民改善环境卫生，防止疫病流行。同时要组建中西医务人员到灾区进行固定的或巡回的医疗工作"。② 在灾民救援救助方面，上述规范性文件所确立的救援救助手段不仅包含抢救生命、撤离疏散灾区人民，还包括发放救济粮和救济款以及提供住房救助。比如，《关于加强生产自救劝告灾民不往外逃并分配救济粮的指示》要求政府给灾区人民发放救济粮。《内务部关于加强救灾工作的指示》明确要求，当年救济款用于灾民口粮救济及房屋、寒衣、医疗和牲畜饲料补助，着重保证灾

---

① 《中华人民共和国内务部加强救灾工作的指示》，《江西政报》1956 年第 18 期，第 31 页。
② 《中华人民共和国内务部加强救灾工作的指示》，《江西政报》1956 年第 18 期，第 32 页。

民的生活。并且，凡应当发给个人的口粮救济、寒衣、房屋的补助等，都应当发给个人。为了便于灾民自己做规划，该文件还要求口粮救济要分几次集中发放。同时，该指示还要求，"迅速帮助灾民修复房屋，使有安身之所"，并且，"房屋修建要及时，并要保证一定的质量，能够避风、避雨、抗寒，以使灾民安全过冬"。①

从人权的角度来看，这一时期的防灾救灾文件是关于防灾和灾害救援救助的规定，规定了国家积极履行自然灾害下人权保障的各项积极义务，既包括减轻灾害导致的生命和财产损失的保护义务，也包括提供实物救助或其他手段帮助灾区人民保护生命财产安全和满足生活所需的实现义务。特别值得一提的是，在救援救助方面，新中国非常重视社会弱者的人权保障。比如，《内务部关于加强救灾工作的指示》明确要求："对于生活有困难的烈属、军属、残疾军人、复员军人应当优先照顾。对于灾区'五保'对象，农业生产合作社应当负责加以安排和照顾，如果本社力量不够，则应当救济。"② 这一规定与国际人权法中一再强调的照顾弱者原则是完全吻合的。

3. 流民阻止与生命权、财产权和生活水准权

灾民外逃虽然往往是因为生存的不得已之计，但是灾民外逃同时也使灾民其他人权面临一些不确定的人权风险。背井离乡带来的生命安全风险，离家后原有财产权面临的风险以及外逃过程中食物获得的不确定性、住房的缺乏等，对灾民的食物权、住房权、健康权和财产权等权利都可能带来损害。因此，尽管在灾民的收容遣返过程中也可能出现侵害人权现象，但是通过保障灾民基本生活方式防止灾民外逃，本身就意味着对灾民的食物权、住房权、财产权等权利的积极保护。

三　中央主导型防灾救灾体制的建立

考察新中国成立至改革开放以前的防灾救灾体制，我们不难发现，这

---

① 《中华人民共和国内务部加强救灾工作的指示》，《江西政报》1956 年第 18 期，第 30~32 页。
② 《中华人民共和国内务部加强救灾工作的指示》，《江西政报》1956 年第 18 期，第 31~32 页。

一时期的防灾救灾工作无一例外是在中央人民政府的统一领导下进行的，最终形成了"灾民找政府，下级找上级，全国找中央"的救灾格局。① 当然，这一时期形成的中央主导型的防灾救灾体制与当时高度集中的中央集权体制与计划经济体制是完全吻合的。

（一）中央统一领导的防灾救灾组织体制

新中国成立后，防灾救灾组织体制逐渐完善。新中国成立之初，救灾工作由 1949 年 11 月成立的主管救灾和政权建设的中央人民政府内务部负责，内务部下设社会司主管灾害救济工作。一个多月后，《关于生产救灾的指示》指出："把生产救灾工作看作只是人民政府中民政部门的事是不对的。各级政府须组成生产救灾委员会，包括民政、财政、工业、农业、贸易、合作、卫生等部门及人民团体代表，由各级人民政府首长直接领导……"② 根据该文件精神的指示，1950 年 2 月中央救灾委员会成立，政务院副总理董必武同志担任委员会主任，财经委员会、内务部、水利部、农业部、财政部、贸易部、食品工业部、铁道部、卫生部、中央合作事业管理局、中央政法委员会以及全国妇联的主要领导担任委员，该机构集中领导和指挥全国的防灾救灾工作。中央救灾委员会成立后，各地方政府也相继成立了救灾委员会。地方政府除了成立救灾委员会外，在易灾区域还实施了首长责任制，由该行政区域的首长全面负责防灾救灾抗灾工作。1957年，国务院调整了中央救灾委员会的人员组成，并发布了《中央救灾委员会组织简则》，明确规定了中央救灾委员会的具体职责。1969 年，内务部撤销，救灾工作被分化给农业部、中央农业委员会和财政部等不同的部门。此外，这一时期国家根据重大自然灾害防治的需要，还设置了一些常设和非常设的防灾救灾管理机构，典型的机构包括：中央生产防旱办公室、中

---

① 康沛竹：《中国共产党执政以来防灾救灾的思想与实践》，北京：北京大学出版社，2005，第 22 页。
② 中华人民共和国内务部办公厅：《民政法令汇编：1949—1954》（内部印行），1954，第 113 ~ 115 页。

央防汛总指挥部以及国务院抗震救灾指挥部等。

在具体的防灾救灾实践中，央地防灾救灾机构共同发挥作用，领导灾区人民积极防灾抗灾。其中，中央层面的防灾救灾专职组织发挥着领导和决策的作用；中央层面其他的机构承担主管或辅助的功能；地方政府则以行政区划为原则具体落实该区域的抗灾救灾工作。中央统一领导的防灾救灾组织体制的建立，使得防灾救灾工作的决策权更为集中统一，救灾更有效率，一定程度上避免了重大混乱或推诿现象的出现。但是，中央统一领导的防灾救灾组织体制也有明显的不足，其中央地信息的不对称就曾经人为扩大了自然灾害的损害性后果。比如，在 1959～1961 年三年困难时期，[①]面对严重的灾情，部分地方政府不仅未向中央政府及时汇报，其主要领导人反而千方百计"捂盖子"，对灾区人民的生命安全保障产生了极其严重的负面影响。

（二）中央包揽的防灾救灾财政体制

这一时期，与高度集中的中央集权体制和计划经济体制相匹配的是"统收统支"型财政体制。1950 年 3 月 3 日，政务院颁布了《关于统一国家财政经济工作的决定》。根据该决定的规定，国家所有的财政收入全部收归中央，地方政府的预算和开支需报中央政府核定执行。此后，中央政府尽管于 1954 年、1958 年以及 1970 年三次进行了财政"放权"的尝试，但是由于计划经济体制的局囿，国家财政体制还是无法摆脱高度中央集权的特征。

这一特征在防灾救灾财政体制中也凸显无疑。在高度集中型"统收统支"的财政体制下，防灾救灾物资的调拨和分配由中央统一负责，救灾款项几乎全部由中央政府承担，防灾救灾财政体制呈现出中央大包大揽的特

---

① 这一称谓源于邓小平在 1979 年 11 月明确地将 1959～1961 年的大饥荒事件称为"三年困难时期"。之前的领导人和政府文件都称这一事件为"三年自然灾害"，称谓的转变也折射出中央主要领导人对 1959～1961 年大饥荒事件产生原因的重新认识，尤其是此次事件中人为性原因的认可。

征。在中央包揽型防灾救灾财政体制下，一旦某地发生灾害事件，地方政府需严格逐层上报，中央政府或中央主管防灾救灾的部门根据灾情严重程度，按照标准将救济物资和款项层层下拨，最后发放至灾民手中。

不可否认的是，在中央政府的强势领导下，在人民爱国热情空前高涨以及建设社会主义理想信念的高度指引下，全国人民经受住了新中国成立以来一次又一次自然灾害带来的严峻考验，防灾救灾工作取得了前所未有的成绩，灾民人权保障出现了翻天覆地的变化。

四　灾民人权保障之实效

新中国成立以后，国家不仅制定了防灾救灾制度，而且构建了相应的体制，为灾民人权保障提供了规范依据和组织保障，灾民人权保障取得了前所未有的成就。正如郑功成所言："在新中国成立的头十年间，尽管发生多起重大灾害，但是再也没有出现旧社会那样饿殍遍野、哀鸿遍野、卖儿鬻女的惨状。真可谓'一样灾害两重天'。"[1]综观这一时期我国发生的多次重大自然灾害事件，我们发现尽管当时国家的国力相对薄弱，但是国家在灾害应对方面的投入的财政比例一直较高，[2] 较好地保障了灾民的生命权、食物权、住房权以及健康权等权利。

在生命安全保障方面，国家始终把人民生命放在首位。在1954年长江特大洪灾中，国家强调救人第一，通过加固堤防、转移灾民、有序分洪等方式防止或减少洪灾对灾区人民生命的威胁。唐山大地震发生后，为了更快地抢救灾区人民的生命，10万人民解放军在地震发生后的短短4天时间内及时奔赴灾区，尽力挽救每一个灾民的生命。[3] 在食物救助方面，每次自

---

[1] 郑功成等：《多难兴邦——新中国60年抗灾史诗》，长沙：湖南人民出版社，2009，第59页。

[2] 孙绍骋的研究成果显示，建国初政府的救灾款项为财政总支出的1%左右，三年困难时期为3%，而改革开放后则不足0.5%。具体可参见孙绍骋：《中国救灾制度研究》，北京：商务印书馆，2004，第189页。

[3] 崔乃夫：《当代中国的民政》（下），北京：当代中国出版社，1994，第31页。

然灾害发生后，国家都积极为灾民发放救济粮。比如，1950 年，中央政府共下拨救济粮 8.74 亿斤，下拨皖北、苏北食盐 200 万斤，地方政府自筹救济粮超过 1.2 亿斤。1954 年长江特大水灾期间，武汉政府每日供应灾民 12 两（16 两市秤）粮食，内务部拨出 4500 多万元救济款，民政部门给每位灾民每天发放 0.5 公斤救济粮。① 即使在"三年困难时期"，政府在食物救助方面也采取了一定的措施，仅 1960 年就从 11 个大米产区调出粮食 90.6 亿斤救济灾民。② 在医疗救助方面，国家积极组织医疗队赴灾区为灾民治病和防疫。比如，唐山大地震中，中央先后动用飞机 474 架次转移伤员 2 万多人，专列 159 辆转移伤员 7 万多人。③ 同时，积极开展灾区防疫工作，创造了"大灾之后无大疫"的奇迹。在住房救助方面，国家在灾民住房被自然灾害破坏后，积极为其搭棚建屋，努力为灾民提供临时性或永久性住所。唐山大地震后，每天有 10 万多人帮助灾民建造简易住房，短短的三个月半内建成简易住房 35.1 万间，后又增加至 42 万间。④

　　总体上来看，这一时期国家通过履行积极的保护义务和实现义务，采取了诸多有利于灾民生命保障、食物保障、住房保障以及健康保障的措施，对于灾区人民的生命权、食物权、住房权和健康权的实现具有重要的意义，新中国也很少出现旧社会里大灾之后灾民大量死亡以及大荒大疫的现象。尽管如此，该时期的防灾救灾工作也出现了一定的波动，尤其是"三年困难时期"和"文化大革命"期间一些防灾救灾工作出现了一些错误，人为加重了灾民的人权风险，灾民人权保障出现了局部性的倒退。

---

① 分别参见中华人民共和国内务部农村福利司《新中国成立以来灾情和救灾工作史料》，北京：法律出版社，1958，第 73、18 页；郑功成等《多难兴邦——新中国 60 年抗灾史诗》，长沙：湖南人民出版社，2009，第 71 页。

② 赵朝峰：《中国共产党救治灾荒史研究》，北京：北京师范大学出版社，2012，第 205 页。

③ 王子平：《瞬间与十年——唐山地震始末》，北京：地震出版社，1986，第 118～119 页。

④ 马友智：《中华人民共和国成立以来河北抗击重大自然灾害的斗争》，中国共产党历史网，http://www.zgdsw.org.cn/GB/218994/219014/220570/222735/14739022.html，最后访问日期：2018 年 5 月 10 日。

第四节　中国灾民人权国家保障历史的反思

综观中国改革开放以前灾民人权保障的思想、制度和实践，我们发现统治者面对自然灾害时出于种种考虑都会主动或被动地介入灾害、援助灾民，尽量帮助灾民摆脱困境。并且，从时间层面纵向来看，国家对灾民的人权保障整体上呈现进步的态势，保障效果逐渐提升，当然也存在一些不足。

一　从非制度保障到法制保障

通析中国自然灾害史，国家在灾民权利保障方面最明显的一大进步就是在规范建设上由非制度保障到制度保障再到法制保障。正如前文所述，中国古代社会国家对灾民的人权保障是一种典型的人治型保障模式。此种保障模式最大的特点在于依靠统治者的个人意志而非依据制度，尤其是法律制度来统治国家。尽管儒家提倡"为政在人"，推崇的是圣贤之治，认为"惟仁者宜在高位"。但是由于贤能之治依赖的是贤能的选拔机制和贤能者的道德自省，一旦选拔机制失灵，统治者德行不良，昏君佞臣"任心而行"，结果就是"不仁而在高位，是播其恶于众也"。比如，西晋惠帝时期，天灾连连，哀鸿遍野，民不聊生，惠帝竟然建议"百姓无粟米充饥，何不食肉糜"。当然，古代社会的圣贤之道也推崇民生，制定了一些自然灾害治理以及有利于灾民权利保障的政策甚至法律，并且不可否认的是这些制度在某些特定时期自然灾害应对实践中也曾发挥过重要的正面功能。但是，从总体上来看，古代社会的自然灾害管理制度较为松散、不够系统化，并且其基本目标主要是基于政权和社会秩序的考量。更重要的是，由于没有相应的权力监督和制约机制，统治者权力过于集中，他们在自然灾害治理过程中可能出现随心所欲、以言代法、一事一法等现象，因而在自然灾害管理的程序和措施、自然灾害救助条件和救助标准的规定上随意性较大，可能导致灾民权利保障效果不佳甚至漠视灾民生命和尊严的情形，最终引发更大的混乱和骚动。比如，唐僖宗在位期间曾经出现过严重的蝗灾，而统治者们竟然将蝗灾视为五谷丰登的喜兆，因此不仅没有采取任何减灾救灾措施来保障民众的生命和健康安全，反而大加庆贺，最终激发了黄巢起义，导致了政权的变更。

民国时期，由于社会的进步以及权利话语的引入，先秦儒家民本思想里的权利要素找到了合适的表达和必要的升华，改制变法也获得了前所未有的动力和内容。① 自然灾害法制的构建就是明证。民国时期，国家构建了以根本法、综合法和专门法为基本框架的自然灾害法律规范体系，灾民权利有了明确的法制保障。灾民人权保障的法制化为国家保障灾民人权提供了规范和程序指引，有利于监督和约束国家不当的自然灾害治理行政行为，提高了自然灾害治理和救助的效率。尽管民国时期自然灾害法律的实施状况并不理想，灾民权利常常被虚置，但是灾民人权法制建设的重要意义不容置疑，因为制度的存在甚至超越了制度本身。

在新中国成立至改革开放前这段时间里，在自然灾害治理和灾民权利保障规范建设上出现了一定的波动。但是，值得一提的是，新中国成立早期的自然灾害治理政策体系是较为完善的。在这一时期，中央和地方出台了数量众多的防灾救灾规范性文件，内容涉及生产自救、灾害预防、灾民救济以及阻止灾民外逃等方面，促进了自然灾害时期生命权、食物权、财产权、住房权、健康权以及弱势人群等权利的实现。

二　从道德义务到法律义务

灾民人权保障法制化趋势附带而来的是灾民人权保障的另一进步——国家义务形式的拓展：由道德义务、政治义务到法律义务。在古代社会里，国家对灾民人权的保障义务体现为统治者的道德义务和政治共同体的政治

---

① 夏勇：《中国民权哲学》，北京：生活·读书·新知三联书店，2004，第 26 页。

义务。儒家圣贤之治的治国主张强调的是掌权者对社会和民众的义务，履行这些义务并不是法律的要求，而是依赖于掌权者的内心自发或自我完善。儒家学说突出强调的是掌权者的道德义务并以此作为治国平天下的出发点，这也是中国传统政治法律文化的一大特色——"义务本位"的真精神。① 自然灾害发生后，国家的主权者基于同情和怜悯以及个人的人格，积极关注民生，为受灾民众提供帮助，这也是主权者德行的体现，是主权者应尽的道德义务。正因如此，当自然灾害发生后，皇帝往往会进行自责，谴责自己的失职或德行不济，采取一定的措施进行自我反省，比如减膳、改元等措施。

由于自然灾害与政治休戚相关，在古代社会中自然灾害事件成为衡量国家行政效率和官吏体制优劣的重要因素之一，自然灾害治理的成效也关系着国家政权的稳定、繁荣甚至延续。因此毫无疑问的是，国家及其统治者对灾民负有相应的政治义务，这种政治义务是古代中国政治哲学的精华——民本思想的恰好体现。民本思想讲究的是民为本君为末，如果统治者在灾民无力自救时也不实施救助义务，置灾民于水火之中而不顾，灾民就可以质疑该政治共同体的合法性，行使其反抗恶政的权利，进而取而代之建立新的政权。统治者履行灾民人权保障义务，正是出于维持政治秩序的需要。

民国时期自然灾害法律体系的构建使得国家对灾民人权保障负有了法律上的义务。法律义务意味着国家开展防灾救灾减灾工作以及对灾民进行人权保障既不是出于圣贤统治者的同情和恩赐，也不是基于维持国家稳定的政治考量，而是将其视为国家及其统治者应尽的义务。政府如果不履行相应的法律义务，就应当承担相应的法律后果，追究违法者的法律责任，权利受侵者也可以寻求相应的法律救济。这一时期的立法中规定了国家在自然灾害管理中应该履行的职责以及应承担的责任。

---

① 夏勇：《中国民权哲学》，北京：生活·读书·新知三联书店，2004，第152~153页。

在新中国成立至改革开放这段时间里，国家在自然灾害治理以及灾民权利保障方面更多承担的是政治义务。正如前文所述，基于政府对民众的重视以及对社会稳定的考虑，在新中国成立早期国家资源高度紧缺的情况下，中央主要领导人在不同重要场合或正式文件中屡次提及救灾工作的政治重要性，认为救灾是政府的一项中心工作，强调要高度重视救灾工作。比如，董必武在《1950年人民政府在政治法律方面的几项重要工作》里面明确指出救灾是政府的重要政治任务。[①] 周恩来更是将战争、灾荒和人民利益作为政府工作最重要的三件大事。

三　权利保障内容的有限性

尽管灾民权利内容众多，但是从上文我们可以得知，改革开放以前的中国关注的灾民权利内容比较有限，保障的重心在于灾民的生存权。古代社会中灾民人权的内容主要是生命权、食物权、健康权和住房权等权利，民国时期和改革开放前的新中国在灾民权利的内容方面并没有较大范围的拓展。当然，灾民权利内容的有限性是与当时的经济社会发展水平相对较低相适应的。也就是说，权利的实现需要成本，灾民权利内容的拓展以及灾民权利保障水平的提升需要一定的物质基础，权利的实现与国家能力休戚相关，国家能力也决定了国家履行人权义务的物质边界。

灾民人权内容除了受到物质基础的限制外，还呈现以下两大特点。首先，权利内容仅为最低层面的生存权。所谓生存权，是指在一定社会关系中和历史条件下，人们应当享有的维持正常生活所必需的基本条件的权利。[②] 不同社会人群正常生活所需的基本条件不同，且随着权利理论的发展，生存权有三层内涵。第一层面的生存权是指维护生理生命需求的生存权；第二层面的生存权是指维护尊严生命需求的生存权；第三层面的生存

---

① 董必武：《1950年人民政府在政治法律方面的几项重要工作》，《人民日报》1950年10月1日。

② 中国人权研究会：《生存权和发展权是首要的人权》，《人民日报》2005年6月27日。

权是指维护安全生命需求的生存权。① 国家保障的生存权仅限于最低层面的生存权，通过提供灾民维持生命或健康所需的物资，确保灾民存活。其次，权利实现的手段主要是灾后有限的物质帮助。在中国灾民人权保障历史中，国家看重的是灾后的救助义务，对于灾前预防义务和灾后重建义务却不甚重视。这种治标不治本的自然灾害治理手段对于灾民人权保障的效果甚为有限。

当然，中国灾民人权国家保障历史留给我们的反思远远不只这些，灾民人权保障实践中还存在许多问题。比如，救济渠道极为单一，灾民所能获得的公力救济的渠道就是从行政内部的监督机制以及救灾过程中失职官员的法律责任的追究中享有的"反射性利益"，国家始终缺乏对公权力侵害进行救济的公法救济体系。还有在某些特定的历史阶段，国家不仅未能履行相应的灾民人权保护义务，而且还公然地侵害灾民的人权。此外，制度的完善并不必然带来灾民人权保障水平的提升，因为灾民人权保障还与国家意愿和政府的执行能力有关。因此，一个负责任的政府必须勇于担负义务，完善相关立法，提高行政执行能力，拓宽权利内容以及权利救济途径，这样才能更好地帮助本国民众摆脱自然灾害的苦难。

---

① 汪进元：《论生存权的保护领域和实现途径》，《法学评论》2010 年第 5 期。

第七章

中国灾民人权国家保障的当代
实践和完善之道

中国实行改革开放以后，自然灾害仍然频繁发生，给中国人民的生命财产带来了极大的威胁，比如，1998 年的自然灾害损失为 3007 亿元，而 2008 年自然灾害损失更是高达 11752 亿元。[①] 面对如此严重的自然灾害，执政党和政府皆给予了高度的重视，采取了众多措施防灾、减灾和救灾，在灾民人权保障方面取得了伟大的成就。尽管如此，我国在履行灾害时期人权保障义务方面仍然存在一些不足，需要我们比照国际标准、结合国外以及历史经验探索完善之道。

第一节　当代中国灾民人权国家保障的巨大成就

改革开放后，中国立法机关加强了自然灾害法制建设，构建了完整的自然灾害法律规范体系；行政机关加速推进自然灾害组织体制的改革，提升了自然灾害应对的行政能力；司法机关加快了涉灾能动司法的探索，促进了自然灾害下国家义务的司法救济。

[①] 孟涛：《中国非常法律研究》，北京：清华大学出版社，2012，第 79 页。

一 灾民人权保障法律体系之初步构建

"法治优于一人之治"，亚里士多德几千年前提出的这一观点现在正被越来越多的国家和人民接受，并在联合国的积极倡导下发展成为一种全球性共识。在经历了十年"文革""无法无天"的浩劫和悲剧之后，中国与许多发展中国家一样也开始反思人治的严重危害，并在 20 世纪末通过执政党报告以及宪法修正案宣示，依法治国是党领导人民治理国家的基本方略，坚持"有法可依、有法必依、执法必严、违法必究"是党和国家事业发展的必然要求，"依法治国、建设社会主义法治国家"乃中国宪法的基本原则。

正是由于对法治的重视以及法治方针的逐步确立，作为法治逻辑起点的立法也得到了国家和人民的日益重视。改革开放以来中国的立法工作取得了全面快速的发展，立法数量大幅增加，立法质量明显提升，法律部门日益完备，立法所涉及的社会领域逐步拓展，自然灾害时期人权保障的立法便是明证。随着自然灾害立法的迅猛发展，中国已经形成了一个宪法统领下的，包含法律、行政法规和地方性法规等多个层级法律渊源，内容涵盖灾前预防、灾中救援以及灾后重建多个阶段的综合的自然灾害法律体系，这一体系构成了中国自然灾害时期人权保障的法律基础。

（一）中国当前自然灾害人权保障的法律体系

1. 宪法

列宁曾经指出："宪法是一张写满人民权利的纸。"[1] 正因如此，宪法不仅是国家权力的制约器，也是人民权利的宣言书。由于宪法上的权利大多属于人权，也由于权力制约的根本目的在于保障人权，因此宪法是人权法重要的法律渊源。[2] 我国现行宪法虽然没有提及自然灾害，但是第 33 条明

---

[1] 《列宁全集》（第十二卷），北京：人民出版社，1987，第 50 页。
[2] 李步云：《人权法学》，北京：高等教育出版社，2005，第 111 页。

确规定"国家尊重和保障人权",并且第二章的权利条款也没有排除自然
灾害时期,因此宪法无疑是自然灾害时期人权保障最高且最重要的法律
渊源。

2. 灾害法

改革开放后,国家高度重视自然灾害应对的法律规范建设,自然灾害
法制体系日趋完善。根据有关学者的统计,从 1981 年至 2010 年 30 年间,
我国平均每年颁布 22.1 项灾害法律法规文件。[①] 当前来看,中国已经形成
了一个包括专门性灾害立法以及附带性灾害立法的自然灾害法律体系。

专门性灾害立法是指专门针对自然灾害的立法,其基本特征是法律名
称中包含灾害二字或者某类自然灾害或者某次自然灾害的名称。它们有的
属于综合性自然灾害立法,如《自然灾害救助条例》(2010 年)。有的属于
单一性自然灾害立法,比较典型的中央立法有《防震减灾法》(1997 年颁
布,2008 年修订)、《防洪法》(1997 年)、《森林防火条例》(1988 年颁布,
2008 年修订)、《草原防火条例》(1993 年颁布,2008 年修订)、《地质灾害
防治条例》(2003 年)、《汶川地震灾后恢复重建条例》(2008 年)、《气象
灾害防御条例》(2010 年)和《海洋观测预报管理条例》(2012 年);地方
性立法有《山西省地质灾害防治条例》(2011 年)和《湖北省气象灾害防
御条例》(2013 年)等。[②]

附带性灾害立法主要是指立法的根本目的不单纯是自然灾害防治,防
灾减灾只是该法的部分内容。这类法律最为典型的有《突发事件应对法》
(2007 年)、《太湖流域管理条例》(2011 年)和《森林法》(1984 年颁布,

[①] 必须强调的是,该研究选择的样本并非严格意义上的法律法规,是指所有与灾害相关的法
律文件,包括国家法律、行政法规和部门规章、地方性法规、关键司法解释等。详情可参
见张鹏、李宁、范碧航等《近 30 年来中国灾害法律法规文件颁布数量与演变时间研究》,
《灾害学》2011 年第 3 期。

[②] 除了上述两个地方性法规之外,云南(2012 年)、海南(2012 年)、湖北(2013 年)、陕
西(2010 年)、安徽(2007 年)和江苏(2006 年)等省制定了《气象灾害条例》,重庆
(2007 年)、吉林(2009 年)、浙江(2009 年)、江西(2013 年)、山西(2011 年)等省制
定了《地质灾害防治条例》,湖北省(2014 年)还制定了《雷电灾害防御条例》。

1998 年修订）等。《突发事件应对法》的立法目的显然是预防突发事件的发生以及迅速有效地处理突发事件，维护良好的社会秩序，自然灾害只是其中一种突发事件类型。《森林法》虽然也有关于森林火灾的规定，但是其内容还包括森林经营管理等。《太湖流域管理条例》虽然包含防汛抗旱的内容，但其主要内容是水资源保护和水污染防治。

（二）人权理念在当前自然灾害立法中日益凸显

仔细分析改革开放以来中国自然灾害立法的进程，我们发现中国自然灾害立法经历了一个从无到有、从零散到专门化以及从粗糙到逐步完善的过程。并且，人权理念在自然灾害立法中的日益凸显乃是这一过程的最大特色。2008 年是一个分界线，2008 年之后的自然灾害立法在立法目的、权利内容、权利主体以及权利保障措施上更能体现这一特色。

1. 立法目的的转变：从国家中心到以人为本

立法目的是法律文本价值目标的体现，是法律文本的指南。仔细分析中国自然灾害的法律文本，笔者发现，2008 年以后公布的自然灾害立法与此前公布的自然灾害立法在立法目的的表达上有根本性的差异。[①] 在 2008 年以前公布的 20 多部自然灾害立法中，"保障社会建设安全"、"保障社会主义现代化建设顺利进行"和"适应国民经济和社会发展的需要"等"宏词大论"在立法目的条款中占据了较大比例，[②] 把保障人民生命和财产或满足防灾救灾减灾需要表述为立法目的的仅有 11 部，不足该时间段内所颁布法律法规总数的一半。反观 2008 年以后公布和修订的 9 部自然灾害立法，我们发现每部立法的第 1 条都将保护人民的生命和财产或满足防灾救灾减灾的需要作为立法目的。比起社会发展、国民经济以及社会主义现代化建设等具有较强国家主义色彩的宏大话语来说，将生命和财产的保障作为立法

---

① 分析样本仅限于中央层面的自然灾害立法。

② 具体可参见《水库大坝安全管理条例》（1991 年）的第 1 条；《防洪法》的第 1 条；《森林法》的第 1 条；《气象法》（1999 年）的第 1 条；《防汛条例》（1991 年颁布/2005 年修订）的第 1 条和《水法》（1988 年颁布/2002 年修订）的第 1 条等。

目的表明了自然灾害立法已经将以人为本作为其中心目的。这一转变不仅凸显了自然灾害应对的人权理念，对灾民而言也来得更为实在，并且更加具有可行性。因为，"太概括的观念与太遥远的目标，都同样地是超乎人们的能力之外的；每一个个人所喜欢的政府计划，不外是与他自己的个别利益有关的计划，他们很难认识到自己可以从良好的法律要求他们所作的不断牺牲之中得到怎样的好处"。①

2. 权利内容的拓宽：从生命权和生存权到其他权利

除了立法目的从国家中心转变为以人为本之外，我国自然灾害立法发展的另一明显特征是灾民权利内容的日益拓宽。尽管没有一部自然灾害法律法规明确提及保障"人权"，甚至权利一词也未被提及，② 但是对于灾民权利的保护确实存在。并且，从相关法律条文来看，2008 年之后的自然灾害立法所保障的权利种类正在不断拓宽。

2008 年之前的自然灾害立法大多只关注生命权和生存权，尽管这一特征完全符合自然灾害时期国家人权义务所应遵循的权利位阶原则，但是片面关注生命权和生存权，显然忽略了灾民对其他人权内容的需求以及人权之间的联系。正是考虑到这一原因，自然灾害立法对人权保障的种类有拓宽的趋势。以 1993 年制定的《防震减灾法》为例，其涉及的人权只包括生命权（第 1 条）；财产权（第 1 条、第 38 条）；住房权（第 17~20 条、第 32 条）；知情权（第 16 条）；健康权（第 32 条、第 34 条）和食物权（第 32 条）。但是在 2008 年修订后该法与人权保障相关的条款近 20 条，其保障的权利包括生命权（第 1 条、第 50 条、第 54 条）；财产权（第 1 条）；知情权（第 29 条、第 52 条）；住房权（第 35~41 条、第 50 条、第 59~60 条、第 67 条、第 70 条）；食物权（第 50 条）；健康权（第 50 条、第 62 条、第 69 条）；水权（第 50 条、第 62 条）；受教育权（第 70 条）；文化权

① 〔法〕卢梭：《社会契约论》，何兆武译，北京：商务印书馆，1980，第 57 页。
② 《森林法》和《森林法实施条例》提到了要保护林农和森林、林木和林地经营者的合法权益。

（第 67 条、第 69 条）；参与决策权（第 70 条）以及文书证书保护权（第 71 条）；等等。

除《防震减灾法》外，2010 年制定的《自然灾害救助条例》对自然灾害中的人权保障也非常重视，该条例保障的人权不仅包括传统自然灾害立法保护的生命权和财产权，对生存权层面的食物权、水权、住房权、健康权等权利也给予高度的关注，要求政府在自然灾害发生并符合启动应急预案的情况下，采取一项或多项措施，保障上述权利。

3. 权利主体的拓展：从普遍关注到重视弱者

"照顾弱者原则"乃是国际人权法以及各国人权立法应遵循的基本原则，该原则要求在人权保障过程中给予弱者更多的关注和扶助。并且，从国内外灾民人权国家保障实践来看，弱者最易成为自然灾害应对中的被歧视对象，脆弱人群的权利和需求常常被忽视。正因如此，在自然灾害情形中，这一原则必须得到充分重视。因为，对于易受歧视以及脆弱的人群来说，他们在自然灾害中遭受的人权风险比普通人群更大，他们实现人权所受到的阻碍也更多。同时，由于自然灾害增加了政府实现人权的成本和难度，对于常态社会下人权实现都面临困难的社会弱者而言，这无疑又是一个巨大打击。如果不对这些弱势人群给予特别的保障，他们可能会深陷自然灾害的深渊，成为自然灾害时期人权灾难的主角。正因如此，必须对这些人群进行合理的区别对待，给予他们更多的关注。

仔细分析我国自然灾害立法，我们发现早前的立法对于弱势群体权利的保障缺乏应有的重视，其对灾民权利的关注乃是不加区别的一般性的普遍关注。令人欣慰的是，2008 年以来的自然灾害立法逐步加强了对残疾人、孕妇、未成年人、孤儿、孤老、老年人、少数民族、生活困难人员等社会弱势人群的关注，这些弱势人群既包括因自然的生理的原因造成的弱势人群，也包括因社会的结构性原因造成的弱势人群。比如，《汶川地震灾后恢复重建条例》第 13 条规定："活动板房应当优先用于重灾区和需要异地安置的受灾群众，倒塌房屋在短期内难以恢复重建的重灾户特别是遇难者家庭、孕妇、婴幼儿、孤儿、孤老、残疾人员以及学校、医疗点等公共服务设施。"第32条规定："……民政部门具体组织实施受灾群众的临时基本生活保障、生活困难救助、农村毁损房屋恢复重建补助、社会福利设施恢复重建以及对孤儿、孤老、残疾人员的安置、补助、心理援助和伤残康复。"《自然灾害救助条例》第19条规定："自然灾害危险消除后，受灾地区人民政府应当统筹研究制订居民住房恢复重建规划和优惠政策，组织重建或者修缮因灾损毁的居民住房，对恢复重建确有困难的家庭予以重点帮扶。"第21条规定："自然灾害发生后的当年冬季、次年春季，受灾地区人民政府应当为生活困难的受灾人员提供基本生活救助。"

4. 权利保障措施的细化：从粗糙简单到具体可操作

中国自然灾害立法中有关灾民权利保障的措施呈现逐渐细化的趋势。以《防震减灾法》对地震紧急措施的规定为例，修订后的《防震减灾法》第50条显然比修订前的《防震减灾法》第32条详细，更具有可操作性。

1997年《防震减灾法》第32条规定："严重破坏性地震发生后，为了抢险救灾并维护社会秩序，国务院或者地震灾区的省、自治区、直辖市人民政府，可以在地震灾区实行下列紧急应急措施：（一）交通管制；（二）对食品等基本生活必需品和药品统一发放和分配；（三）临时征用房屋、运输工具和通信设备等；（四）需要采取的其他紧急应急措施。"

2008年修订后的《防震减灾法》第50条则规定："地震灾害发生后，抗震救灾指挥机构应当立即组织有关部门和单位迅速查清受灾情况，提出地震应急救援力量的配置方案，并采取以下紧急措施：（一）迅速组织抢救被压埋人员，并组织有关单位和人员开展自救互救；（二）迅速组织实施紧急医疗救护，协调伤员转移和接收与救治；（三）迅速组织抢修毁损的交通、铁路、水利、电力、通信等基础设施；（四）启用应急避难场所或者设置临时避难场所，设置救济物资供应点，提供救济物品、简易住所和临时住所，及时转移和安置受灾群众,确保饮用水消毒和水质安全,积极开展卫生防疫,妥善安排受灾群众生活;(五)迅速控制危险源,封锁危险场所,做好次生灾害的排查与监测预警工作,防范地震可能引发的火灾、水灾、爆炸、山体滑坡和崩塌、泥石流、地面塌陷,或者剧毒、强腐蚀性、放射性物质大量泄漏等次生灾害以及传染病疫情的发生;(六)依法采取维持社会秩序、维护社会治安的必要措施。"

将两个条款的文本进行对比发现,后者不仅将前者没有提及的生命抢救义务放在首要位置,内容也更加详尽,用语更为专业规范,操作性更强。具体体现在以下几个方面。首先,从条款制定目的来看,前者指出采取紧急应急措施的目的是抢险救灾并维护社会秩序;而后者尽管没有明确指出该条款的制定目的,但是从具体的紧急应急措施可以看出是为了保障灾区人民的生命和财产安全以及减少灾害损失。其次,前者使用的是模糊的并具有较大自由裁量空间的词汇,认为政府在严重破坏性地震发生后"可以"在地震灾区实行紧急应急措施;后者使用的是明确的强制义务性词汇,要求政府在地震发生后"应当"立即采取紧急应急措施。显然,"可以"意味着行为的可选择性,不作为并不必然导致否定性的法律后果;"应当"表示此行为是必为的,具有法律强制性,不为意味着对法律规则的违反,需要承担一定的法律责任。再次,保障措施更为细化。前者认为政府可以使用交通管制、统一发放和分配食品和药品、临时征用物品以及其他紧急应急措施来应对地震灾害,这些紧急应急措施中只有食品和物品救助这一项措施直接用于灾区人民的生存保障;而后者要求政府采取的是迅速组织抢救被压埋人员、紧急医疗救护、抢修毁损的基础设施、启用应急避难场所、提供救济物品和住所、转移和安置受灾群众、确保饮用水消毒和水质安全、积极开展卫生防疫、迅速控制危险源和封锁危险场所、防范次生灾害、预防传染病疫情的发生以及其他维持社会秩序、维护社会治安的必要措施等紧急手段来应对地震灾害,从生命抢救、健康、住房、食品、供水、安全转移以及防止二次灾害发生等方面全方位地保障灾民的生命和生存权利。

通过上文的分析，我们发现人权理念在我国自然灾害立法中日益凸显。人权理念在中国自然灾害立法中的日益凸显不仅源于中国自然灾害频发的现实、政府的积极努力以及民众高涨的人权热情，而且与中国逐渐融入人权主流化的国际浪潮紧密相关。正如联合国人权事务高级专员路易丝·阿博尔女士所言："在决心采纳国际标准进行人权的基础性建设方面，中国取得了巨大进步。"①

二　自然灾害时期人权行政保障之进步

《孟子·离娄上》中言："徒善不足以为政，徒法不能以自行。"法的生命在于实施。立法只是自然灾害时期人权国家保障的制度基础，灾民人权保障的重点还在于自然灾害立法的充分有效执行。近些年来，随着自然灾害立法体系的日益完善、政府对自然灾害防治的高度重视以及"依法行政"理念的深入人心，自然灾害管理机构发生了重大变革，自然灾害立法得到了较好的执行，灾民人权保障取得了明显的进步。

（一）自然灾害管理机构的重大改革

改革开放之后，在自然灾害管理组织体制建设上，国家沿袭了新中国成立以来的做法，在中央层面和地方层面设置了各种常设的和非常设的自然灾害管理机构，形成了"条块结合"和"平战结合"多管齐下的自然灾害管理组织体制。但是，随着国家对风险防控以及公民权利的重视，原有的自然灾害管理组织体制已经不再适应时代要求。2018 年 3 月，根据第十三届全国人民代表大会第一次会议批准的国务院机构改革方案设立了专门的应急管理部，该机构的设立结束了自然灾害管理中的"九龙治水"的局面，对于提升国家的防灾减灾抗灾能力以及确保民众安全和社会稳定有重要的意义。

---

① 尤雪云、王演兵：《联合国人权高专接受本刊专访谈话录》，《人权》2006 年第 1 期。

1. "条块结合"和"平战结合"的自然灾害管理体制

改革开放后，根据自然灾害立法的相关规定，国家设立了自然灾害的常设管理机构和非常设管理机构。自然灾害常设管理机构又可分为专职的自然灾害常设管理机构和兼职的自然灾害常设管理机构。中央层面专职的自然灾害常设管理机构主要包括五种。①国务院应急管理办公室。该机构是根据《国务院办公厅关于设置国务院应急管理办公室（国务院总值班室）的通知》的规定于 2006 年 4 月成立的，其主要职责在于处理国务院应急管理的日常工作和国务院总值班工作，履行值守应急、应急信息汇总和应急综合协调职能，发挥应急运转枢纽作用。②国家减灾委员会。该组织的前身是中国国际减灾十年委员会（1989 年）和中国国际减灾委员会（2000年），2005 年更名为国家减灾委员会。该委员会由国务院办公厅、民政部、国土资源部、公安部、国家发改委、国防科工委、外交部、中国地震局等30 多个单位组成。该委员会的主要职责在于研究、制定和落实减灾工作的方针、政策和规划；负责减灾的综合协调工作；协助、指导地方开展减灾抗灾救灾工作以及推动国际减灾救灾交流和合作；等等。③国家防汛抗旱总指挥部办公室。该办公室主要负责领导组织全国的防汛抗旱工作，组成单位有 20 余个，具体职责由水利部承担。④国务院各部委或国务院直属事业单位中有关灾害管理的常设机构。比如，民政部下设的国家减灾中心和救灾司，前者的职能是成为国家灾害管理工作的智能库，为政府灾害管理提供信息服务、技术支持和决策咨询；后者的职能是组织和协调全国救灾工作以及全国减灾计划制订和灾害管理的制度建设。⑤全国抗灾救灾综合协调办公室。该办公室的功能与国家减灾委员会办公室的功能类似，负责全国抗灾救灾的组织和协调等事宜。此外，根据自然灾害立法的规定，兼职的自然灾害常设管理机构更多。比如，国土资源部下设的地质环境司兼任地质灾害应急管理的职责。

自然灾害的非常设管理机构是根据《突发事件应对法》以及其他自然灾害立法的规定而设立的。根据这些法律的有关规定，在特别重大的自然

灾害发生后，可以设立临时性的应急指挥机构。① 比如，在 2008 年 5 月 12
日汶川地震当晚，中共中央政治局常务委员会会议决定成立国务院抗震救
灾总指挥部，温家宝总理担任总指挥。该临时性应急指挥机构的设立使得
权力迅速集中，减灾抗灾效率大大提升，极大地减少了地震灾区人民的生
命和财产损失。在我国的自然灾害应对实践中，除了在地震灾害中经常设
立临时性的应急机构外，其他突发性、灾情严重或者涉灾范围广的自然灾
害发生时，也常常设立类似的临时性应急机构。比如，2008 年南方雪凝灾
害时国务院就临时成立了煤电油运和抢险抗灾应急指挥中心。

　　从上我们可以看出，我国自然灾害管理组织体制呈现"条块结合"和
"平战结合"的特点。其中，"条块结合"是指我国自然灾害管理组织体制
中既包括"统一领导、综合协调、属地管理为主"的"块为主型"的综合
型管理机构，也包括"分行业、分部门、分灾种"的"条为主型"的分散
型管理机构。"平战结合"是指我国自然灾害管理体制既包括组织和协调防
灾备灾减灾工作的常设管理机构，也包括处理重大自然灾害事故的临时性
应急管理机构。

　　2. "条块结合"和"平战结合"的自然灾害管理体制的弊端及其改革

　　在长期的自然灾害应对实践中，"条块结合""平战结合"的自然灾害
管理组织体制逐渐呈现其弊端，具体体现在以下方面。首先，常设自然灾
害管理机构职权有限，容易出现"小马拉大车"的局面。以减灾委员会为

---

① 　比如《突发事件应对法》第 8 条规定："国务院在总理领导下研究、决定和部署特别重大
突发事件的应对工作；根据实际需要，设立国家突发事件应急指挥机构，负责突发事件应
对工作；必要时，国务院可以派出工作组指导有关工作。县级以上地方各级人民政府设立
由本级人民政府主要负责人、相关部门负责人、驻当地中国人民解放军和中国人民武装警
察部队有关负责人组成的突发事件应急指挥机构，统一领导、协调本级人民政府各有关部
门和下级人民政府开展突发事件应对工作；根据实际需要，设立相关类别突发事件应急指
挥机构，组织、协调、指挥突发事件应对工作……"《防震减灾法》第 51 条规定："特别
重大地震灾害发生后，国务院抗震救灾指挥机构在地震灾区成立现场指挥机构，并根据需
要设立相应的工作组，统一组织领导、指挥和协调抗震救灾工作……"《破坏性地震应急
条例》第 7 条规定："造成特大损失的严重破坏性地震发生后，国务院设立抗震救灾指挥
部，国务院防震减灾工作主管部门为其办事机构；国务院有关部门设立本部门的地震应急
机构。"

例，尽管法律规定减灾委员会是组织和协调自然灾害事件的最高机构，但是各级政府的减灾委员会基本上设置在民政部门，而民政部门只是各级人民政府的一个行政机构，它与减灾委员会成员单位是平行关系，并没有上下级的归属关系。面对错综复杂的自然灾害应对工作，减灾委员会的组织、支配和调拨资源的职权有限，一旦成员单位出现各自为政、互不配合的现象，其控制和协调的能力不够，最终可能出现防灾不力、延误灾情或加重灾害损失的情形。其次，正是考虑到常设自然灾害管理机构领导协调职权上的限制，因而常常在重大自然灾害事件发生后成立临时性的应急指挥机构，但这种临时性管理机构也存在严重的瑕疵。一方面，拥有强大的、综合性的权力的临时性自然灾害应急指挥机构明显缺少法律法规的明确规定，甚至没有明确的"被授权"条款。这种可能架空常规机构的特殊机构，在法治国家里应当得到充分规范。① 另一方面，由于灾后恢复重建的持续性和长期性，临时性自然灾害应急机构不能完全胜任该阶段工作的开展。再次，央地分层的自然灾害管理体制不仅没能清晰区分中央和地方政府的权力和责任，而且出现了严重的"职责同构"现象。② 这种职责同构的自然灾害管理体制架构，既可能导致地方政府在灾前逃避应尽义务，而且容易使下级政府在自然灾害发生后对上级政府产生职责依赖和财政依赖，同时可能降低下级政府在自然灾害应对中的自主性。③ 正因如此，在我国自然灾害应对实践中有如此数量众多、职权不明的管理机构介入，极易出现政出多门、各自为政、相互推诿的现象，最终可能影响防灾救灾减灾的成效和灾民权利的充分实现。

正是由于我国自然灾害管理体制存在"政出多门、各自为政"的弊端，

---

① 孟涛：《应急预案之治：中国法治的分化与异化——以自然灾害规范治理为视角》，中国法理学研究会 2013 年学术年会论文，大连，2013 年 9 月，第 324 页。

② 自然灾害应对管理体制的"职责同构"现象是指目前我国自然灾害管理体制中中央政府和地方各级政府的自然灾害管理机构职责几乎一致，上下对口，地方政府层面机构的职责几乎是中央政府各部委的翻版。具体请参见张粉霞《从社会政策视角分析〈自然灾害救助条例〉》，《城市与减灾》2011 年第 1 期。

③ 张粉霞：《从社会政策视角分析〈自然灾害救助条例〉》，《城市与减灾》2011 年第 1 期。

应急管理部应运而生，这是中国应急管理史上具有重要里程碑意义的机构改革。该部门是全面承担国家应急管理工作以及实现应急管理体系和能力现代化的职能部门。该部门将原来分属于民政部的救灾、国土资源部的地质灾害防治、水利部的水旱灾害防治、农业部的草原防火、国家林业局的森林防火、中国地震局的地震应急救援以及国家防汛抗旱总指挥部、国家减灾委员会、国务院抗震救灾指挥部、国家森林防火指挥部等部门的职责进行整合。这种综合性极强的应急管理机构符合国际发展趋势，可以有效破解原有的"九龙治水"的困局，更有利于自然灾害等应急管理的专业化建设和发展。尽管如此，正如应急管理部部长黄明所言，该部门的挑战也是前所未有的，因此在机构改革的推进过程中必须坚持"优化、协同、高效"的原则。①

（二）自然灾害应急预案制度的全面实施

改革开放之后，自然灾害人权行政保障的第二大进步就是自然灾害应急预案制度的全面实施。中国自然灾害应急预案制度的产生与 2003 年非典事件中突发事件应急立法的缺位有关。为了弥补自然灾害这一突发应急性事件立法的不完善，自然灾害应急预案制度也得到了迅猛发展，时至今日，作为应急预案制度重要组成部分的自然灾害应急预案体系已具雏形。中央层面的专门的自然灾害应急预案有 6 部：《国家防汛抗旱应急预案》（2006年）、《国家突发地质灾害应急预案》（2006 年）、《国家气象灾难应急预案》（2010 年）、《国家自然灾害救助应急预案》（2011 年）、《国家地震应急预案》（2012 年）和《国家森林火灾应急预案》（2012 年）。根据中央的要求和部署，各级地方政府以及相关部门也制定了相应的应急预案。尽管灾害应急预案本身并没有法律效力，但是相比立法而言，应急预案为应对自然灾害等紧急事件提供了更为具体的操作规程，因此应急预案制度诞生后，我国应急预案体系的发展速度大大超过了自然灾害立法体系。在自然灾害

---

① 《当好守夜人，筑牢安全线》，《人民日报》2018 年 4 月 18 日。

治理领域，本质上是"配套规定"的应急预案反而盖过了法律法规，上升为主导性的规范依据。[①]

从以上灾害应急预案的内容来看，灾害应急预案显然是自然灾害时期人权保障的重要依据。因为自然灾害应急预案必须确立灾害应急响应、灾害后期处置和保障等方面的具体措施。这些具体措施中对灾区人民以及灾害应急人员的生命安全、人员安置、灾害救援救助、信息和通讯保障、医疗卫生保障、灾后恢复重建、灾害应对中的经费和物资保障等对灾民人权保障皆有十分重要的意义。此外，作为国内关于自然灾害应对最为权威的应急预案，《国家自然灾害救助应急预案》不仅明确将"坚持以人为本，确保受灾人员基本生活"确立为自然灾害救助应急工作的一项基本原则，还通过设立自然灾害管理机构、确定救灾资金分担机制、构建应急准备机制、预警响应机制和应急响应机制来规范防灾减灾救灾工作，并明确规定灾后重建中的过渡性生活救助措施、冬春救助措施和倒损住房恢复重建措施。显然，无论是以人为本的基本原则，还是应急准备机制中的物资和资金准备机制以及灾后重建中救助措施的规定，都对灾民人权有直接或者间接的保护作用，尤其是对灾民的生命权、财产权以及适当生活水准权的保障具有十分重要的意义。

（三）其他自然灾害规范性文件的制定

为了更好地落实和执行自然灾害立法，行政机关除了制定应急预案外，还制定了许多相关的配套性文件，用以提升自然灾害风险防治能力，帮助灾民更为充分地实现人权。这些规范性文件很多，既包括综合性规范文件，也包括专门针对自然灾害的规范性文件，比较重要的有《国家综合防灾减灾规划（2016—2020年）》、《国家人权行动计划（2009—2010年）》以及《中国的减灾行动》白皮书等。这些规范性文件不仅推进了自然灾害防治制

[①] 孟涛：《应急预案之治：中国法治的分化与异化——以自然灾害规范治理为视角》，中国法理学研究会2013年学术年会论文，大连，2013年9月，第318页。

度的快速发展，也在自然灾害防治和灾民人权保障实践中发挥了不可替代的作用。

此类规范性文件中，与灾民人权保障关系最为紧密的当属《国家人权行动计划（2009—2010 年）》。该计划作为中国政府制定的第一份以人权为主题的国家规划以及全面推进中国人权事业发展的阶段性政策文件，是中国政府在人权领域做出的庄严承诺。① 该计划高度关注灾民人权保障问题，在"经济、社会和文化保障"的第九部分中专门规定了汶川灾民人权保障的目标和措施，这是国家规范性文件第一次明确提及灾民人权的保障。

（四）行政救济成为灾民权利救济的主要途径

当国家未履行或未能充分履行义务导致灾民权益受损后，灾民可以通过相应的救济途径获得救济，其中最主要的救济途径包括行政救济和司法救济。在实践中，灾民往往很难通过司法渠道获得救济。时任成都市中级人民法院胡建萍副院长曾对成都法院 2008 年 10 月以前的涉灾案件进行过调查，其调查结果显示，汶川地震发生后至 2008 年 9 月底，成都市所有的法院没有受理一件涉灾行政诉讼案件。此后，成都市中级人民法院涉灾法律问题研究课题组又对汶川地震后两年来（2008 年 5 月 12 日～2010 年 5 月 5 日）成都法院的涉灾案件进行了统计，成都法院共受理了 12 件涉灾行政案件，占涉灾案件的 1.86%。其中仅 2 件是关于行政违法行为和行政征用的，其余 10 件均是劳动和社会保障的关于工伤认定的行政确认案件。王海萍等人也曾对汶川地震后至 2010 年 12 月的四川灾区人民法院的案件情况进行过统计，汶川县、北川县、绵竹市、什邡市、青川县、都江堰市、彭州市、平武县、安县和茂县 10 个极重灾区共受理行政案件 169 件，同比减少 5 件，降幅 2.87%。其中受理的涉灾行政案件 89 件，占行政案件受案总数的 52.66%。在 10 个极重灾区中，汶川县和平武县地震后两年多的时间里没有

---

① 参见《〈国家人权行动计划（2009－2010 年）〉评估报告》的前言部分，中国政府网，http://www.gov.cn/jrzg/2011－07/14/content_1906151.htm，最后访问日期：2018 年 6 月 3 日。

受理过一件行政案件。① 之所以出现这一现象，除了法律规定司法救济为终端救济途径外，还出于以下两个方面的原因。

首先，自然灾害情形下行政相对人的诉求具有特殊性。由于自然灾害是一种对人类发展产生重大负面影响的自然现象，自然灾害常常会在瞬间吞噬人的生命以及财产，破坏人的健康以及人们赖以生存的生计环境。在能力骤降、资源匮乏的情形下，灾民寻求救济的首要目标不是正义，而是追求效率，他们更希望通过救济获得更多的资源来抵消自然灾害带来的消极后果。相比而言，行政救济的成本和效率优势凸显。作为行政机关自我改正或补救的法律制度，行政救济的主要途径有两种——行政复议和信访，② 《行政复议法》和《信访条例》都规定除特殊情况外行政复议机关和有权处理信访事项的权力机关必须在 60 日内作出相应的处理决定。③ 而高度程序化的司法救济需要耗费较多的时间成本。此外，由于自然灾害往往具有不可逆性、不确定性和瞬时性，再加上自然灾害法律规范的模糊性和

---

① 分别参见胡建萍《涉灾案件审判和执行情况调查分析——以成都法院 2008 年 10 月前的情况为视角》，载牛敏《破解——大地震下的司法策略》，北京：人民法院出版社，2009，第 51 页；成都市中级人民法院涉灾法律问题研究课题组《涉地震灾害案件审理情况综合分析报告》，载牛敏《应对——灾后重建中的司法对策与实践》，北京：人民法院出版社，2010，第 39 页；王海萍《汶川特大地震灾后涉法事务的司法应对》，北京：人民法院出版社，2013，第 4 ~ 7 页。

② 我国行政法律制度起步较晚，学界对行政救济定义的探讨一直持续至 21 世纪初。学界争议的焦点主要集中在两个方面。一是救济的客体是否必须与行政行为所造成的权利缺损相勾连。一种观点认为国家机关依法做出的所有行政矫正行为都是行政救济，也就是说一切监督行政行为都是行政救济；而另一种观点坚持"无权利即无救济"，因此行政救济必须是对行政侵权实施救济的法律制度。笔者赞同第二种观点。二是实施救济的主体是否限定为行政机关。有人认为权利受损的行政相对人的救济主体只限于行政机关，也就是行政内救济；而有人认为权利受损的行政相对人的救济主体是所有的国家机关。两种观点都不违背法理和现行法律制度。前者是行政救济的狭义定义，后者是行政救济的广义定义。前者主要用以区别针对行政行为的司法救济，后者用以区别民事救济和刑事救济。本研究采用的是行政救济的狭义概念，是指行政机关自我改正或补救的法律制度，具体途径包括行政复议、行政调解、信访等，救济手段包括行政赔偿、行政补偿等。有关行政救济定义的争议可参见应松年《行政救济制度之完善》，《行政法学研究》2012 年第 2 期；叶必丰《行政法学》，武汉：武汉大学出版社，1996；林莉红《行政救济基本理论问题研究》，《中国法学》1999 年第 1 期。

③ 参见《行政复议法》第 31 条和《信访条例》第 33 条。

概括性，因此在很多情况下，现有的司法技术既无法清晰回答人为干预自然灾害的应有限度，也很难准确计算人为干预自然灾害可能挽回的损失。自然灾害这些特质造成了司法实践中难以解决的一个问题：如何准确确认自然灾害应对中行政应急行为的合法性和合理性标准。正因如此，权利被侵害的灾民即使选择司法救济也很难获得确定的救济结果。对于更为专业化的行政机关而言，他们拥有的技术优势使得在审查灾害情形下权益争议的合法性和合理性方面留有更多的判断空间。

其次，行政救济受案范围和审查范围更宽。从受案范围来看，抽象行政行为不属于行政诉讼的受案范围。但防灾应灾行政行为大都不是针对某一特定行政相对人的，因而涉灾行政案件极少能够被法院受理。① 比如，在"黄某、徐某、邓某、黄某、黄某、冯某、李某、何某起诉桂平市人民政府、桂平市水利局及桂平市安全生产监督管理局行政不作为纠纷案"中，原告认为桂平市人民政府、桂平市水利局及桂平市安全生产监督管理局在2013 年 8 月 19 日洪灾中没有动员群众撤离，导致原告的亲属死亡或失踪，构成了行政不作为。该案的一审和二审法院的裁定结果都是不予受理此案，理由是"行政机关在自然灾害中采取的应对措施，是针对不特定对象的行政应急行为，不属于《中华人民共和国行政诉讼法》规定的可以提起行政诉讼的具体行政行为"。② 此外，由于行政机关在自然灾害管理上拥有较大的自由裁量权，他们可以有选择地采取一种或多种自然灾害应对行为，因而在很多涉灾案件中司法机关要做的不是合法性审查，而是合理性审理。

---

① 成都重灾区人民法院在汶川地震之后也接触到关于政府征用土地补偿、灾害救助金、交通管制、因排除险情需要炸毁房屋的赔偿、因灾垮塌房屋不予鉴定或不满危房鉴定评估结果等行政争议，法院主要通过咨询、说明和引导工作化解纠纷和矛盾，直至 2008 年 9 月没有受理一件行政诉讼案件。参见胡建萍《涉灾案件审判和执行情况调查分析——以成都法院 2008 年 10 月前的情况为视角》，载牛敏《破解——大地震下的司法策略》，北京：人民法院出版社，2009，第 51 页。
② 《黄在平、徐燕云、邓清连、黄炜杰、黄炳耀、冯木兰、李业基、何庆凤起诉桂平市人民政府、桂平市水利局及桂平市安全生产监督管理局行政不作为纠纷二审行政裁定书》，(2014) 桂立行终字第 21 号，中国裁判文书网，http://wenshu.court.gov.cn，最后访问日期：2018 年 6 月 13 日。

但是从《行政诉讼法》的相关规定来看，人民法院仅对具体行政行为的合法性进行审查，对抽象行政行为以及具体行政行为的合理性不予审查，这是一种有限的审查。① 在司法实践中，行政诉讼的有限审查原则在一定程度上阻碍了灾民寻求司法救济的脚步。比如，在"余某、王某、余某、余某诉石棉县安顺彝族乡人民政府不履行行政职责案"中，二审法院四川省雅安市中级人民法院认为："在地震发生后的非常态下，行政机关实施的大量行为由于没有法律的具体授权和相应的实施条件和规定，属于政府的裁量行为或依临时性政策实施的行为，依法不属于人民法院受案范围。……一审法院予以受理属适用法律不当，应予以纠正。"②

相对而言，行政救济的门槛设置较低，行政救济的审查标准和受案范围更为宽泛。《行政复议法》第3条第3款规定行政复议机关可以对具体行政行为合法性与适当性进行审查；第6条规定行政复议的受案范围包括人身权、财产权、受教育权和其他权利被侵犯的情形；第7条对行政复议的申请范围进行了扩大性的规定，行政相对人可以对行政机关的具体行政行为所依据的相关规范性文件的合法性提出审查申请。《信访条例》第14条规定的信访事项的范围更为宽泛，具体包括五类参与公共事务管理的组织和人员的职务行为或不服组织和人员的职务行为的情形。

（五）当代中国灾民人权行政保障实效明显：以汶川地震为例③

在自然灾害法律规范的制约下以及执政党的高度重视下，我国当代灾民人权保障取得了明显效果，2008年的汶川地震就是明证。汶川地震是我国改革开放以来遭受的最为严重的自然灾害，所幸的是，中国政府在此次

---

① 《行政诉讼法》第6条规定："人民法院审理行政案件，对具体行政行为是否合法进行审查。"
② 《余元才、王恩琼、余平、余燕诉石棉县安顺彝族乡人民政府乡政府不履行行政职责二审行政裁定书》，（2015）雅行终字第67号，中国裁判文书网，http://wenshu. court. gov. cn，最后访问日期：2018年6月13日。
③ 如无特别说明，本小节有关汶川地震人权保障的相关数据均出自民政部国家减灾中心、联合国开发计划署：《汶川地震救灾援救工作研究报告》，联合国开发计划署中文网站，ht-tp://ch. undp. org. cn/downloads/cpr/2. pdf，最后访问日期：2015年10月17日。

特大自然灾害中采取了众多行之有效的措施，积极履行了灾民人权保障的义务，确保灾民家家有房住、户户有就业、人人有保障。① 具体而言，我国灾民人权行政保障取得了如下三个方面的成就。

1. 积极保障自然灾害下的易损人权

由于自然灾害时期有些人权遭受的风险更大，因而相关的国际法律文书确认了自然灾害时期易损人权的清单。汶川地震中，中国政府通过不懈的努力最大限度地保障各项易损人权。

（1）生命权保障

在此次地震中，政府积极迅速地展开援救，努力搜寻和抢救每一个幸存的生命。政府在保障灾区人民生命权方面主要采取了如下措施。首先，努力争取生命救援的及时性，赢得抢救生命的宝贵时间。地震发生后，灾区人民群众和当地干部立即开展自救互救；灾后 1 小时，当地的武警部队和消防部队以及原成都军区部队赶到灾区；灾后 8 小时，国家地震紧急救援队赶到；此后邻省的救援队伍、较远省份的救援队伍以及国际救援队伍陆续赶到。其次，参加救援的总人数为 170000 人，专业救援人员 18000 人，救援力量为我国历次救援之最。最后，坚持"生命权至上"，绝不放弃每个生命。救援人员在自身生命安全可能遭受危险以及救援环境奇差和资源奇缺的情况下，争分夺秒、竭尽所能地搜寻和抢救每一个灾民，留下了许多可歌可泣的故事。此次地震解救被困群众 140 万人，总计救出 87000 余名灾民，其中通过自救互救的方式救出约 70000 人，军队救出约 10000 人，专业救援队合计救出 7439 人。

（2）适当生活水准权保障

在适当生活水准权保障方面，中国政府主要采取了灾害救助、住房安置以及诸多的灾后恢复重建措施，确保灾区人民获得适足的食物、住房、饮水以及衣物，从可提供性、可获取性、可接受性和质量四个方面较好地

---

① 《〈国家人权行动计划（2009—2010 年）〉评估报告》，中国政府网，http://www.gov.cn/jrzg/2011 - 07/14/content_1906151.htm，最后访问日期：2018 年 4 月 12 日。

履行了适当生活水准权的相关义务。在可提供性方面，政府保障灾区足够数量的适当的食物、住房、饮水、卫生设施以及商品和服务，主要措施有维修基本生活设施、提供足量的生活物资、维护市场供应等。在可获取性方面，政府不仅确保了其实际获得性，而且照顾了经济上不可承受的灾民的可获取性，具体措施是直接提供灾民基本生活用品或者货币补助。政府在地震初期免费提供给灾民食物、临时住所、饮水以及衣物等基本生活用品，安排专项资金为灾区首批建造 100 万套过渡安置房；同时还出台了自建过渡安置房适当补贴政策。在可接受性和质量保障方面，政府也做出了努力。比如，在食物权方面，政府不仅坚决打击假冒伪劣、以次充好等不法行为，而且向灾区提供 400 台农药残留快速检测仪，加强安全生产技术指导和农产品质量抽检。在住房权方面，政府不仅要监督和保障住房的质量，同时兼顾少数民族建筑文化的特征。灾后两年，四川、甘肃、陕西三省灾区共维修加固农村住房 292 万户、城镇住房 146 万套，重建农村住房 191 万户、城镇住房近 29 万套，城乡居民居住条件比震前明显改善。①

（3）健康权保障

中国政府主要采取了救治伤病员、卫生防疫以及对灾民进行心理疏导等措施来保障灾民的健康权。在伤病员救治方面，"各地共向灾区派出 14950 名医疗卫生人员，投入医疗卫生人员约 9.13 万人，其中投入一线的医疗卫生人员 6.5 万人"。同时，各级政府根据形势需要向全国各地转送伤员，化解了灾区医疗资源不足的困境。为了确保灾民灾后能够得到更好的健康服务，在灾后两年时间里规划重建的 3001 个医疗卫生机构完工 92.2%，基本完成了 1108 个地震灾区计划生育服务机构的恢复重建工作。② 在卫生防疫

---

① 《〈国家人权行动计划（2009—2010 年）〉评估报告》，中国政府网，http://www.gov.cn/jrzg/2011-07/14/content_1906151.htm，最后访问日期：2018 年 4 月 12 日。

② 《〈国家人权行动计划（2009—2010 年）〉评估报告》，中国政府网，http://www.gov.cn/jrzg/2011-07/14/content_1906151.htm，最后访问日期：2018 年 4 月 12 日。

方面，政府从全国各地紧急调集大批卫生防疫人员，共组织调拨消毒药品
3670 多吨，卫生防疫工作覆盖了所有受灾县乡村和受灾群众集中安置点，
每个村和安置点都有 1~3 人开展卫生防疫工作；及时组织开展建筑废墟等
环境消毒工作，加强对饮用水的监测和食品卫生监督检查，精心组织易感
人群免疫接种，实行突发公共卫生事件每日报告制度，加强疫情监测并严
密防范传染病流行蔓延；妥善处理遇难者遗体，处理 69164 具尸体，对数千
万的死亡畜禽进行了无害化处理。① 在心理辅导方面，灾区政府工作人员以
及专业人员深入灾区，为灾民开展心理安抚和思想疏导工作。从灾区居民
对自身健康状况的自评看，灾后一年灾区居民认为自己健康状况"很好"
或"比较好"的比例比灾害初期（2008 年 6 月）的调查结果上升 5 个百分
点，达到 69%，仅比灾前（2004 年）的调查结果低 1 个百分点。②

（4）知情权保障

汶川地震发生后，抗震救灾总指挥部以及四川、甘肃、陕西等受灾
省份，建立健全了抗震救灾新闻发布机制，及时准确客观地向国内外媒
体发布灾情和人员搜救、医疗防疫、基础设施抢修、次生灾害防范尤其
是灾害死亡人数等情况，为抗震救灾工作营造了良好的舆论氛围。此次
救灾抗灾减灾信息的公开透明，最大限度地满足了公众的知情权，稳定
了社会公众恐慌的情绪，维护了灾区的社会秩序，激发了全国人民支援
灾区的热情。

（5）工作权保障

政府在保障工作权方面主要采取了以下措施。一是国家直接提供就业
岗位。政府采取建立就业援助联席会议制度等措施，投入 36.78 亿元支持扩
大就业和社保事业，直接帮助灾区劳动者实现就业 176.5 万人，稳定就业

---

① 数据来源于 2008 年 6 月 24 日回良玉在第十一届全国人民代表大会常务委员会第三次会议
　上所做的《国务院关于四川汶川特大地震抗震救灾及灾后恢复重建工作情况的报告》。
② 中国科学技术发展战略研究院：《汶川地震灾区居民重建恢复情况调查报告》，中国科学技
　术发展战略研究院网站，http：//www. casted. org. cn/upload/news/Attach - 20091130163058. pdf，
　最后访问日期：2018 年 5 月 13 日。

13 万多人，开发 23 万个公益性岗位，实现了"零就业"家庭至少一人以上就业的目标。二是出台政策措施加快培育灾区农村产业，拓展农民稳定增收渠道，包括提供资金帮助灾区农民恢复生产，低息或贴息扶持灾区农民创业，积极尝试和推广互助资金以及其他创新手段。[①] 三是政府积极实施就业技能培训和技术指导，提升灾区劳动者的人力资本。中国科学技术发展战略研究院灾后一年的调研结果显示，灾区失业率控制在相对较低的水平，就业形势呈现积极态势。[②] 灾区就业者对于当前工作的总体满意度处于相对较高的水平，其中 13.4% 的就业者对当前工作"相当满意"，61.1% "比较满意"，比 2004 年四川省的总体工作满意率（62.1%）高出 10 多个百分点。[③]

（6）受教育权保障

政府在灾民的受教育权保障方面也采取了多项措施。一是及时修建校舍，灾区学生于 2010 年春季开学时已全部进入永久性建筑学习。灾后两年，国家规划重建的 3972 所学校开工 99.7%，完工达 93.8%。在重建校舍质量和标准方面，调查结果显示，认为新建校舍硬件设施有所改善的学生比例高达 77.1%。[④] 二是对灾区学生采取各种形式的优惠政策，保障每一个学生享有接受教育的机会。51.0% 的中小学生地震后享受了某种形式的优惠政策或补贴，其中 27.6% 获得了生活费补助，26.2% 享受了学杂费/学费/住宿费减免，1.6% 获得了助学金，0.4% 考大学时得到一定优惠照顾，0.3% 被

---

① 比如，成都市灾后重建中著名的"联建"模式就有效地缓解了灾后重建中的资金短缺问题。"联建"模式是指农民在保障自住的前提下，将空闲的宅基地退回集体，经过合法合理程序后以集体建设用地流转形式转让其使用权或者通过抵押获得融资。有关成都"联建"模式的详细介绍可参考赵曼、薛新东《农村救灾机制研究》，北京：中国劳动社会保障出版社，2012，第 226 页。

② 中国科学技术发展战略研究院：《汶川地震灾区居民重建恢复情况调查报告》，中国科学技术发展战略研究院网站，http://www.casted.org.cn/upload/news/Attach – 20091130163058. pdf，最后访问日期：2018 年 5 月 13 日。

③ 《〈国家人权行动计划（2009—2010 年）〉评估报告》，中国政府网，http://www.gov.cn/jrzg/2011 – 07/14/content_1906151. htm，最后访问日期：2018 年 4 月 12 日。

④ 《〈国家人权行动计划（2009—2010 年）〉评估报告》，中国政府网，http://www.gov.cn/jrzg/2011 – 07/14/content_1906151. htm，最后访问日期：2018 年 4 月 12 日。

送到其他城市学校免费就读；① 各类高校也对灾区的受教育者采取了不同形式的政策照顾。三是多手段确保灾区中小学教育的教学质量。尽管震后的灾区中小学的硬件设施条件普遍恶化，但是在政府和教育工作者的努力下，教学质量保持了相对稳定，许多学校甚至还有所改善。灾后一年的调查结果显示，认为教学质量变差的学生比例只占 12.9%，远低于认为变好的比例（22.6%），家长对子女学校教学质量的满意度高达 84.2%。②

（7）财产权保障

在财产权的保障上，政府也采取了诸多行之有效的措施，主要可以总结为以下几个方面。首先，在灾害紧急救援阶段，救援人员尽其所能抢救财产，减少灾民的财产损失，并对灾民的遗失物严格执行登记制度，为灾后归还或依法处理财产提供了合理合法的依据。其次，各灾区政府和有关单位都启动了特别程序，及时有效地对灾民遗失或损坏的相关权利凭证进行补办或处理，为灾民认领遗失财物、恢复生活以及寻求重建资源提供了便利。再次，政府针对灾区大量房屋倒塌、摧毁或损坏以及耕地被损的状况，出台并落实了受损的城镇土地使用权和农村宅基地使用权以及灾毁耕地整理复垦的补助或其他替代性政策。比如，都江堰市的城市土地使用权的补偿措施是原址重建住房或置换土地建房，城市中受损房屋无法继续使用的采取了货币补偿的方式；农村宅基地使用权的补偿政策是原址重建住房、置换土地建房以及购买安居住房。对于灾毁耕地，四川省国土资源厅和财政厅联合出台了《汶川地震灾毁耕地整理复垦补助项目及资金管理办法》。复次，妥善处理了灾民的部分债务。对于个人债务，中国银监会出台了《关于做好四川汶川地震造成的银行业呆账贷款核销工作的紧急通知》。

---

① 中国科学技术发展战略研究院：《汶川地震灾区居民重建恢复情况调查报告》，中国科学技术发展战略研究院网站，http://www.casted.org.cn/upload/news/Attach - 20091130163058.pdf，最后访问日期：2018 年 5 月 13 日。

② 中国科学技术发展战略研究院：《汶川地震灾区居民重建恢复情况调查报告》，中国科学技术发展战略研究院网站，http://www.casted.org.cn/upload/news/Attach - 20091130163058.pdf，最后访问日期：2018 年 5 月 13 日。

该通知要求对于灾害中下落不明、死亡以及无力偿还债务的借款人的债务认定为呆账并及时予以核销。最后，依法赔偿灾区购买保险的人身伤亡及财产损失。截至 2009 年 5 月 10 日，保险业共处理有效赔案 23.9 万件，已赔付保险金 11.6 亿元，预付保险金 4.97 亿元。[①]

2. 全面履行尊重、保护和实现三层义务

在汶川地震中，中国政府不仅通过全面履行尊重、保护和实现三层义务积极保障灾民人权，而且遵循了自然灾害下国家履行人权保障义务的特殊规律，即强调积极义务的重要性，在灾中紧急救援阶段以保护义务和实现义务为主要实现手段，在灾后恢复重建阶段以实现义务为主要实现手段。在汶川地震灾害应对中，各级政府不仅尽量尊重灾民的各项权利，而且最大可能地利用各种资源保护灾民的生命和财产安全，提供灾民基本生活用品，积极创造各种条件为灾民和灾区的恢复重建提供秩序基础和制度优惠。比如，在健康权保障方面，政府不仅不歧视脆弱灾民，反而为因灾致残的灾民提供特殊的医疗照护政策。由于汶川地震造成的伤病人数庞大，灾区的医疗资源显然无法承受如此巨大的救治压力，政府采取异地治疗的方式化解这一风险。[②] 此外，国家还积极开展灾区卫生防疫避免重大公共卫生风险事件的发生，在灾后努力恢复和重建卫生医疗机构用以提升灾区的医疗卫生能力。正是由于政府在健康权保障方面履行了尊重、保护和实现义务，灾后一年的调查数据显示，灾区居民因附近没有合适的医院而有病无法就诊的比例不到百分之一（0.6%）；因经济原因而有病不去就诊的居民比例为 28.8%，比灾前（2004 年，43.1%）大幅降低。94.0% 的灾区居民享有某种医疗保障或保险，比灾前（2004 年，18.8%）有大幅度提高。农村户口居民提高趋势更加明显，从灾前（2004 年）的 13.0% 上升至

[①] 周伟、杜社会：《汶川地震灾后重建人权保护状况报告》，载李君如《中国人权事业发展报告（2011）》，北京：社会科学文献出版社，2011，第 492 页。

[②] 汶川地震累计救治伤病员 445 万人次，累计住院 143367 人，因灾致残 7000 余人。数据来源于四川省人民政府新闻办公室在 2009 年 5 月 7 日发布的 "5·12" 汶川特大地震灾后恢复重建情况通报。

目前的 96.3%。①

3. 努力恪守国家人权义务的履行原则

在汶川地震中，中国政府努力恪守权利位阶原则、最大努力原则、比例原则、平等和非歧视原则以及照顾弱者原则，积极保障灾民人权。比如，政府在生命权保障方面的成功主要来源于严格遵循权利位阶原则和最大努力原则，坚持"生命权至上"。在自然灾害背景下，"生命权至上"包括三层含义，一是尊重和珍惜所有灾民的生命，因为人的生命只有一次，生命权是所有人权的基础；二是维护灾民的生命安全是抗灾救灾的基本出发点；三是灾害发生后应当救人优先，无论是国家财产还是其他公共财产，都不如人的生命重要。② 正是基于"生命权至上"的认识，为了保障汶川地震灾民的生命安全，帮助灾区人民摆脱生命危险，政府在生命权保护方面采取了许多有效措施。政府派出和接纳了众多的救援力量，极力争取更多的救援时间，努力抢救每个生命。整个抗震救灾过程中先后出动军队武警 14.6 万人（其中武警部队 2.3 万人），组织民兵预备役 7.5 万人，动用车辆机械 9670 台、飞机（直升机）193 架。政府除了努力搜寻和抢救灾区人民生命外，还积极采取各种预防和控制措施，避免灾民生命遭受二次威胁。灾害发生后，政府采取多种有效措施排查隐患，多次解除险情，防止次生灾害的侵袭，提供必需的生活用品和基本药品，并进行大规模的灾后防疫和心理干预，努力保障每一位灾民的生命安全。

此外，政府遵循弱者照顾原则努力促进脆弱灾民人权的实现。在汶川地震中，政府特别关注弱势群体，充分考虑脆弱灾民的需求。一是优先救援脆弱灾民，采取多种措施保障脆弱灾民的身体安全和心理健康。二是关注脆弱灾民基本生活条件的保障。在灾后 3 个月内，政府向灾区困难群众每

---

① 中国科学技术发展战略研究院：《汶川地震灾区居民重建恢复情况调查报告》，中国科学技术发展战略研究院网站，http://www.casted.org.cn/upload/news/Attach - 20091130163058.pdf，最后访问日期：2018 年 5 月 13 日。

② 郑功成：《构建科学、合理的灾害管理及运行机制》，《群言》2008 年第 8 期。

人每天发放 1 斤口粮和 10 元补助金，为地震造成的"孤儿、孤老、孤残"每人每月提供 600 元基本生活费，对因灾死亡人员的家庭按照每位遇难者 5000 元的标准发放抚慰金。有些地方政府还针对因灾致残的灾民制定了长期的特殊救助政策。比如，北川县不仅为因灾致残的灾民进行居家无障碍设施改造，还实施学生伤残专项补助。学生伤残专项补助根据伤残的级别给予不同标准的护理费和生活费，其中一、二级的残疾学生终身可领取 1600 元的护理费和生活费，三、四级的残疾学生可领取 800 元和 600 元的护理费和生活费至 25 岁。此外，因灾致残的学生还可享受特殊就业的政策。三是对脆弱灾民采取了特殊住房补助或安置。比如，《北川羌族自治区老县城建成区入住新县城居民安置办法》对于脆弱灾民的特殊安置方法包括：符合廉租房政策的城镇居民可申请廉租房安置；租房居民可申请租房租金补助；地震造成的三孤人员可以通过纳入福利院统筹解决住房问题。四是加强对灾区困难学生的资助。五是特别关注灾区妇女的生育权。鉴于汶川地震伤亡严重的事实，四川省于 2008 年 7 月 25 日出台了《关于汶川特大地震中有成员伤亡家庭再生育的决定》。根据该决定的原则，民族自治地方也做出了相应的规定。这些措施的实施在一定程度上安抚了灾区有成员伤亡家庭的情绪，促进了灾区的恢复重建工作。六是关注少数民族权利，尤其关注少数民族文化权利的保障。《汶川地震灾后恢复重建条例》以及《汶川地震灾后恢复重建总体规划》中多次提及少数民族权利，强调对少数民族文化设施、重建选址、民族建筑物以及文物古迹和非物质文化遗产的保护。

三 自然灾害时期人权司法救济之发展

"没有救济就没有权利。"权利和救济这两面关系合成一个整体，构成了法治社会价值的两个要素。[①] 正是因为权利与救济密不可分，权利救济的程度也成为国家保障公民权利力度的真正"试金石"。尽管行政救济对自然

---

① 程燎原、王人博：《赢得神圣——权利及其救济通论》，济南：山东人民出版社，1998，第 349 页。

灾害时期的人权保障具有重要的价值，但是千万不可忽视司法救济的地位和功能，因为司法权乃人权保障的最终堡垒。[①] 事实上，我国灾区各级人民法院非常重视与自然灾害有关案件的应对工作，在灾害尤其是严重突发性灾害发生之后、涉灾法律问题"井喷式"爆发之时，司法机关迎难而上，深入了解灾害时期特殊的司法需求，积极探索灾害时期的司法策略，最大限度地发挥自然灾害应对中的司法职能。具体而言，各级人民法院在办理涉灾案件时坚持民生至上的基本理念，优先保障脆弱灾民的合法权益；在办案形式上充分考虑灾区人民的困难，采取多种司法便民的措施；在办案方针上贯彻"调解优先"的原则，积极化解各类涉灾纠纷，努力探索灾害事件下司法应对的成功路径。[②] 司法机关的这些努力取得了较好的成效，司法成为自然灾害应对的重要组成部分，较好地保障了灾民人权的实现。

（一）专门性司法文件的发布

我国在改革开放后灾害人权司法保障方面取得的一大重要成就就是最高人民法院针对 2008 年南方雪凝灾害、2008 年汶川大地震以及 2010 年玉树地震等严重突发性灾害事件发布的系列司法文件。

1. 关于 2008 年南方雪凝灾害的司法文件

2008 年南方雪凝灾害发生之后，最高人民法院行政审判庭在贵阳召开了与低温雨雪冰冻灾害有关的行政案件的专题座谈会，并下发了《最高人民法院关于审理与低温雨雪冰冻灾害有关的行政案件若干问题座谈会纪要的通知》（法〔2008〕139 号）。该通知明确规定："人民法院在审理与其他自然灾害等突发事件有关的行政案件时，可以参照本座谈会纪要的精神处理。"因此可将该通知视为一份专门性的涉及自然灾害的行政诉讼文件，是我国自然灾害时期人权司法保障重要的规范依据。该通知确立了审理涉灾

---

① 〔日〕大沼保昭：《人权、国家与文明》，王志安译，北京：生活·读书·新知三联书店，2003，第 214 页。

② 王海萍：《汶川特大地震灾后涉法事务的司法应对——四川法院能动司法的探索与实践》，北京：人民法院出版社，2013，第 32 页。

行政案件的基本原则和期限以及不同类型涉灾行政案件的具体处理方法。根据该通知的要求,审理与自然灾害有关的行政案件必须遵守三大基本原则。一是服从服务大局、实现两个效果的统一。人民法院对于灾害应急抢险救灾措施要有服从和服务大局的意识,切忌就案办案、孤立办案的倾向,实现法律效果和社会效果的统一。二是注重权利救济、切实保障民生。人民法院对因灾害引发的行政案件,凡是符合法定起诉条件的,均应当及时立案,不得以属于紧急状态为由不予受理。三是遵从应急规则、维护权力运行。人民法院在审理相关行政案件时既要坚持合法性审查原则,又要充分考虑灾害时期行政权力的特殊运行原则,切实维护行政机关合理合法的必要应对活动。这些必要应对活动包括基于正当理由进行的暂停、限制或克减权利的活动;危机状态下追求效率价值、遵循特殊程序的活动;依法采取的应急措施;危机状态下行使较大自由裁量权的活动,但以处置灾害为由滥用行政权力的活动除外;根据比例原则采取的应对突发事件的措施。此外,该通知对与自然灾害有关的行政案件的起诉期限、举证期限以及中止诉讼做出了特别的规定;同时对自然灾害事件中行政处罚、行政强制措施类案件,自然灾害事件中临时雇用员工的工伤认定、工作时间的认定、工作场所的认定、上下班途中的认定以及自然灾害事件中行政征用、发放救济款物以及减免税费、救助、抚恤、安置等类型的行政案件的处理进行了详尽的规定。该通知在自然灾害时期人权保障方面的贡献表现为两点。一是准确把握了应急权力运行和公民权利保障之间的关系。该通知正确处理了危机时期公民权利保障、维护社会稳定和保障权力运行之间的关系,强调了行政诉讼在自然灾害事件中的权利救济功能。二是拓宽了行政诉讼的受案范围。该通知将自然灾害生活救助资金案件以及要求临时救助、抚恤、安置等案件纳入行政诉讼的适用范围,为自然灾害时期人权保障打开了司法的大门,切实保障了与灾民生存紧密相关的权利的救济。

2. 针对汶川地震的系列司法文件

2008 年汶川地震发生后,最高人民法院发布了一系列震后司法适用的文件。这些文件包括《最高人民法院关于依法做好抗震救灾期间审判工作切实维护灾区社会稳定的通知》（法〔2008〕152 号）、《最高人民法院关于依法做好抗震救灾恢复重建期间民事审判和执行工作的通知》（法〔2008〕164 号）、《最高人民法院关于处理涉及汶川地震相关案件适用法律问题的意见（一）》（法发〔2008〕21 号）、《关于四川汶川特大地震发生后人民法院受理宣告失踪、死亡案件应如何适用法律问题的答复》（法研〔2008〕73 号）、《关于依法惩处涉抗震救灾款物犯罪确保灾后恢复重建工作顺利进行的通知》（法〔2008〕286 号）、《最高人民法院关于处理涉及四川汶川特大地震相关案件适用法律问题的意见（二）》（法发〔2009〕17 号）。上述规范性司法文件要求人民法院通过司法手段保障灾民的合法权益，维护灾区社会秩序，加速灾区的恢复重建，要求人民法院依法受理地震期间的行政处罚和行政强制案件。其中，《最高人民法院关于依法做好抗震救灾期间审判工作切实维护灾区社会稳定的通知》要求依法严惩危害抗震救灾和灾后重建的各种犯罪活动，对盗抢抗震救灾的物资设备、拐卖灾区孤残儿童妇女，严重扰乱灾区市场秩序，生产、销售或者以赈灾名义故意向灾区提供伪劣产品、有毒有害食品、假药劣药，以及妨害传染病防治等犯罪行为从重处罚。该通知还要求各级人民法院对于涉及灾区群众基本生活保障、恢复生活生产的案件，要依法快立、快审、快执；在审判和执行过程中特别注意保护灾区的未成年人、孤寡老人、因地震伤残人员的合法民事权益。这些规定对于保障灾民的生命权、财产权、适当生活水准权以及健康权等人权无疑具有重要意义。

3. 关于玉树地震的司法文件

2010 年青海玉树地震发生后，最高人民法院发布了《最高人民法院关于依法做好抗震救灾和恢复重建期间审判工作切实维护灾区社会稳定的通知》（法〔2010〕178 号）。与"法〔2008〕152 号"文件相比，该文件除了增加了维护民族团结的内容之外，其他内容大体一致。因此，该文件对于维护玉树灾区人民的生命权、财产权、健康权以及适当生活水准权等权利同样具有重要意义。

（二）司法便民措施之采取

在上述司法文件的指导下，灾区各级人民法院积极开展司法审判，努力化解灾区人民的矛盾和纠纷，打击妨碍救灾以及侵犯灾民权益的违法犯罪，对于灾民人权保障做出了重要贡献。灾区人民法院考虑到灾区环境的特殊性，为了方便灾区当事人诉讼，采取了许多司法便民的措施。比如，汶川地震灾区的人民法院在审理和执行案件时，充分考虑到灾区人民的困难，尽量保障受灾当事人依法行使诉讼的权利。受灾当事人如因地震灾害被安置在住所地之外的安置点居住或就医的，安置点人民法院或就医点人民法院可以报请上级人民法院指定其管辖。受灾公民、法人或其他组织起诉时因灾害等客观原因暂不能提供诉讼主体证明材料或部分证据的，灾区人民法院先接受其起诉材料并做好登记，并指导其补充相关材料。受灾当事人因灾害出现经济困难且提供了相关单位证明，提出缓、减、免诉讼费申请的，灾区人民法院应及时给予司法救助。① 在办案形式上，部分灾区人民法院建立了法庭巡回速裁制度，法官到集中安置点巡回审理案件。对灾区执行案件，凡是涉及灾区群众基本生活的案件，符合申请支付令条件的，人民法院优先执行此类案件；对于符合先予执行条件的，执行法官在两个工作日内予以执行。② 以上司法便民措施的采取，更有效地保障了灾民的诉讼权利，在一定程度上有利于灾民受侵害的权利得到救济。

（三）自然灾害应对中能动司法之探索

自然灾害时期的司法环境与常态社会有明显的差异。因为在自然灾害时期矛盾纠纷的类型和产生的原因都有其特殊性，因此需要特别的纠纷处理和应对手段。这些都要求司法工作人员打破常态社会的惯常思维方式，

---

① 李陈抒：《汶川地震后法律适用问题研究》，载牛敏《破解——大地震下的司法策略》，北京：人民法院出版社，2009，第64~65页。
② 陈台荣：《地震中失踪人员财物主要由亲属代管》，《成都日报》2008年6月8日。

准确把握自然灾害应对中司法的功能，积极发挥司法的主观能动性，坚持"有所为，有所不为"，[①] 努力寻求灾区稳定、灾民权利保障以及救灾和重建工作顺利开展三者之间的平衡。在灾区司法实践者们尤其是汶川地震灾区司法工作人员的不断努力下，灾区法院顺利开展了涉灾案件的专项审判活动，积极化解灾区纠纷，稳定灾区社会秩序，为我国非常社会能动司法的探索提供了丰富的经验。灾区法院力争在涉灾案件的专项审判中实现"三个效果"的统一，具体的做法是：一是在涉灾刑事专项审判中，坚持宽严相济原则；二是在涉灾民事专项审判中，努力攻克疑难敏感民事案件难题，积极化解民事矛盾；三是在涉灾行政专项审判中，坚持民生保障和依法行政的统一，多元手段化解行政纠纷；四是开展了宣告死亡、宣告失踪的专项审判；五是积极解决涉灾案件法律程序的疑难问题，维护程序公正。[②]

第二节　当代中国履行自然灾害时期人权保障义务存在的不足

通过上文的分析已经得知，改革开放以后中国政府在自然灾害时期人权保障方面取得了伟大的成就和巨大的进步，但是我们也应该清醒地认识到，人权保障是一项永无止境的事业，由于历史、制度和经济社会等方面的原因，中国政府在履行自然灾害时期的人权保障义务方面并非完美无缺，无论是灾害时期人权保障的立法、行政还是司法上都存在一定的问题。为

---

① 灾区司法实践者认为，自然灾害应对中司法"有所不为"的是：不宜承担抗震救灾和灾后重建的一线主力职责，对于极易产生不稳定因素的特殊、敏感案件应慎重受理，人民法院的工作应服务于国家灾害应对大局，不能脱离政策盲目行动。"有所为"的是：从民生出发处理涉灾案件，提高涉灾案件的审理质量和效率防止司法个案的不良影响，司法工作必须与灾区政府的中心工作主动对接，积极探索灾区矛盾纠纷化解和预防机制。参见王海萍《汶川特大地震灾后涉法事务的司法应对——四川法院能动司法的探索与实践》，北京：人民法院出版社，2013，第28～30页。

② 王海萍：《汶川特大地震灾后涉法事务的司法应对——四川法院能动司法的探索与实践》，北京：人民法院出版社，2013，第50～51页。

了更好地保护自然灾害时期的人权，我们必须正确认识当代中国灾民人权保障取得的成就，理性挖掘和对待现存的问题。

一 中国自然灾害时期人权保障立法存在的问题

尽管中国已经初步构建了一个宪法统领下的多层次的自然灾害人权保障法治体系，但是中国自然灾害时期人权保障立法仍然存在一些需要进一步完善的地方。

（一）自然灾害立法体系不完整

自然灾害应对是一个复杂的系统工程，自然灾害法治建设的任务也非常艰巨。从目前来看，我国自然灾害立法体系并不完整，突出表现在以下方面。

1. 自然灾害基本法律的不完善

（1）"抗灾宪法"的阙如[①]

自然灾害应对基本法即"抗灾宪法"的阙如是中国自然灾害法制建设的最大缺憾之一。由于现代社会的自然灾害越来越呈现多样性和综合性的特征，单项自然灾害立法模式显然难以应对新型和综合的自然灾害事件，再加上自然灾害的管理和应对包括了灾前的预防预警预报、灾中的紧急响应和救援、灾后的恢复和重建，它需要高效集中的指挥机构，多部门的有效分工合作，资源的迅速调配和整合，因而制定一部专门针对自然灾害应对的基本法就显得尤为必要。实际上，许多国家都通过制定专门的自然灾害基本法来指导和规范自然灾害应对工作，并在实践中取得了较好的成效。比如，日本 1961 年制定的《灾害对策基本法》就在频繁的救灾实践中发挥了巨大作用。

（2）单项自然灾害立法不全面

根据国家科委、国家计委和国家经贸委自然灾害综合研究组对自然灾

[①] 由于自然灾害应对基本法是驾驭减灾系统工程全局的纲领性法律，因而有人将其称为"抗灾宪法"。参见吴妮《日本减灾防灾措施扫描：专立基本法抗灾》，《新京报》2008 年 6 月 8 日。

害的分类，自然灾害应分为七个大类：气象灾害、海洋灾害、洪水灾害、地质灾害、地震灾害、农作物生物灾害和森林生物灾害、森林火灾。其中，我国在洪水灾害、地震灾害、地质灾害、气象灾害和森林火灾方面已经有了专门的立法，而海洋灾害、农作物生物灾害和森林生物灾害尚无专门的立法。我国是世界上遭受海洋灾害最严重的国家之一，海洋灾害在各类自然灾害总经济损失中约占 10%，2000 年至 2010 年，海洋灾害共造成直接经济损失约 1514.43 亿元，死亡、失踪 2281 人。我国现有的海洋防灾减灾能力已经不能完全满足沿海地区经济社会的快速发展和人口高速增长的需求，特别是我国海洋观测预报预警能力和海洋灾害提前防御能力非常弱。因而，制定海洋灾害专门立法，提高我国海洋灾害观测预报预警水平和海洋灾害提前防御能力迫在眉睫。[①] 在农作物生物灾害和森林生物灾害立法方面，尽管国务院于 1989 年制定了《森林病虫害防治条例》，但是该条例仅限于规范森林病虫害的防治，不能囊括农作物生物灾害和森林生物灾害，并且该条例原则性较强，在实践中可操作性不强，因而也需要针对该灾种制定专门的立法。

除了自然灾害应对基本法的阙如和单项灾害立法种类不全外，我国自然灾害管理具体问题立法方面也存在严重的缺陷，尤其是灾害财政措施、志愿者抚恤、地方政府援建、灾害废弃物处理、灾后融资、备灾物资储备、灾民权利保障以及灾害保险等方面的专门立法仍处于空白状态。

（二）政府义务型人权保障模式存在不足

仔细分析当前我国自然灾害立法中与人权保障相关的条款，我们发现它们绝大多数没有采用权利宣示的方式，而是使用了政府义务的形式。按照内容进行划分，这些政府义务型条款主要可梳理为三种类型：救援救助条款、限制条款和补偿条款。三者都属于职责型条款。其中，救援救助条

---

① 张媛：《海洋防灾减灾能力薄弱台盟中央建议立法提高海洋灾害防御力》，《法制日报》2011 年 6 月 24 日。

款要求国家直接调配公共资源给予灾民物质上或精神上的援助。比如，《自然灾害救助条例》第 14 条规定："……县级以上人民政府或者人民政府的自然灾害救助应急综合协调机构应当及时启动自然灾害救助应急响应，采取下列一项或者多项措施：……（二）紧急转移安置受灾人员；（三）紧急调拨、运输自然灾害救助应急资金和物资，及时向受灾人员提供食品、饮用水、衣被、取暖、临时住所、医疗防疫等应急救助，保障受灾人员基本生活；（四）抚慰受灾人员，处理遇难人员善后事宜；……"限制条款通过限制人们的部分自由维持社会秩序和保护公民生命和财产安全。比如，《防汛条例》第 31 条规定："在紧急防汛期，公安部门应当按照人民政府防汛指挥部的要求，加强治安管理和安全保卫工作。必要时须由有关部门依法实行陆地和水面交通管制。"而补偿条款通过事后补偿机制保障公民因公共利益等缘由而受损的财产权益。比如，《森林防火条例》第 38 条规定："……因扑救森林火灾需要征用物资、设备、交通运输工具的，由县级以上人民政府决定。扑火工作结束后，应当及时返还被征用的物资、设备和交通工具，并依照有关法律规定给予补偿。"

我国自然灾害立法所广泛采用的政府义务型人权保障模式在人权实践中有一定的优势。因为几乎每一项权利都蕴含着相应的政府义务，所有权利都需要政府的积极回应。[①] 如果政府未能积极调配资源履行义务，那么灾民的人权只能是纸上谈兵。正因如此，对政府义务的明确规定在一定意义上有利于权利的实现，尤其是在自然灾害的特殊情况之下。尽管单纯规定义务的做法与当前大多数国家的自然灾害立法一致，但是与国际标准尤其是《IASC 业务准则》等文件的规定有较大差距，因为这些国际人权文件明确规定了灾民享有的权利。对一个负责任的政府来说，规定国家义务与宣示灾民权利可能殊途同归，但是由于人的恶性存在，国家不履行义务的情况在所难免。一旦出现国家不履行义务的情况，权利宣示显然比规定国家

---

① 〔美〕史蒂芬·霍尔姆斯、凯斯·R. 桑斯坦：《权利的成本——为什么自由依赖于税》，毕竞悦译，北京：北京大学出版社，2004，第 26 页。

义务对于寻求救济来说更为有力。

（三）权利内容与国际标准有一定差距

上文已经论及我国自然灾害立法中权利范围正在逐渐拓宽，由单一的生命权和生存权逐步拓展到其他权利。尽管如此，将我国自然灾害立法与国际灾害法律文书的权利清单两相比较就可以发现，我国自然灾害立法中灾民权利内容远远不够。比如，《IASC 业务准则》中灾民权利种类覆盖了公民权利、政治权利和社会经济权利。该准则还强调只有充分尊重这三种类型的权利，才能确保灾民权利的完整性。反观我国自然灾害立法，尽管灾民权利内容已经有所拓宽，但是与国际标准相比，仍然有较明显的差距。当前我国自然灾害立法中所保障的人权主要在生命权、财产权、适当生活水准权和健康权等权利领域，灾民的参与权、知情权和工作权的法律保障条款相对较少，保护自由权的法律条款基本没有，这无疑与《IASC 业务准则》等国际人权法律文书所规定的灾害人权保护标准有一定差距。这样的做法既忽视了人权之间的普遍联系以及人权体系的完整性，也可能在人权保障实践中出现刻意忽略某些人权的危险倾向，最终导致灾民人权无法完全实现。

（四）自然灾害给付程序和权利救济立法存在缺陷

在自然灾害的紧急救援和恢复重建中，政府帮助灾民维持最低生活水平并使其脱离灾难和危险的抢救和援助行为实质上就是灾害给付行为。[①] 鉴于给付行为对于灾民人权保障的重要价值以及自然灾害期间政府权力的扩张，因此对政府灾害给付行为必须给予程序上的限制。但是，令人遗憾的是，我国自然灾害立法对于行政给付的程序缺乏应有的关注，对于申请人资格、给付标准、内容、方式及其程序缺乏清晰的规定，这无疑不利于灾民人权保障实践的开展。

除了自然灾害给付程序的缺失外，我国自然灾害立法对权利救济的规

---

① 杨建顺：《比较行政法——给付行政的法理论及实证性研究》，北京：中国人民大学出版社，2008，第156页。

定也不完善。"无救济则无权利。"遗憾的是，我国自然灾害立法中通常缺乏这样的权利救济条款。以《自然灾害救助条例》为例，该法第 29 条规定行政机关工作人员截留、挪用、私分自然灾害救助款物或者捐赠款物的，由任免机关或监察机关依法给予处分，情节严重的，追究刑事责任。但是，该法并没有规定依法应该获得救助的行政相对人如何要求国家给付救助物。事实上，不仅《自然灾害救助条例》存在这一问题，《突发事件应对法》《防震减灾法》以及其他大部分灾害法都存在以追究官员责任代替权利救济的问题。显而易见的是，行政主体对其违法行为所承担的法律责任只是国家令其承担的不利后果，因该行为遭受侵害的相对人并不能得到任何直接效益，因此这种惩治对灾民权利救济而言并无多大的实质意义。造成这一现象最重要的原因就是立法时的价值取向仍然是国家中心主义，关注的焦点是政治的稳定和社会秩序的恢复，而不是着眼于灾民权利的保障。正因如此，灾民权利一旦受到侵害，没有相应的法律规范依据去寻求法律救济，灾民就失去了权利保障的最后一道防线。

在现有的中国自然灾害人权保障立法中，除了上述问题外，还存在一些不足。比如，科学在自然灾害立法中指导作用不明显、对弱势群体关注不够等。这些都将在不同程度上影响灾民人权保障的实效。

二 中国自然灾害时期人权行政保障存在的问题

中国除了在自然灾害时期人权保障立法方面存在一定的缺陷外，在灾民人权行政保障方面也有一定的不足，主要体现在灾前预防执行不力、灾后公民参与程度不够以及行政救济不完善。

（一）灾前预防义务履行不够充分

与自然界相关的灾害的危险和可能危险，基本是由当前所采取的防灾、减灾和备灾措施的脆弱性水平和有效性决定的。① 预防是目前国际社会减灾

---

① 《自然灾害领域人道主义援助从救济向发展过渡的国际合作》，A/60/227，第 1 段。

的重要手段，也是自然灾害下国家人权义务国际标准的重要组成部分。这一义务不仅包括立法对国家灾害预防义务的确认，更要求国家对法定预防义务的落实。中国已经形成了一个多个层级法律渊源建构起来的自然灾害权利保障法律体系，这些法律法规中包含了大量的预防义务条款，具体内容涉及防灾规划的编制、灾害预警以及工程建设中的防灾考量等方面。第一，在防灾规划的编制方面，《防洪法》（第 3 条）、《防震减灾法》（第 4 条）、《地质灾害防治条例》（第 5 条）和《气象灾害防御条例》（第 4 条）都要求将相应的防灾减灾工作纳入本级国民经济和社会发展规划，这充分表明了立法者对防灾减灾工作的重视。同时，这些法律法规还要求中央和地方编制本级政府相应的防灾规划。这类规划的制定将进一步明确防灾主体和防灾程序，并且筹划防灾的主要措施等。良好的防灾规划为国家防灾义务的履行奠定了基础，为国家履行生命权保障义务设定了基本规程。第二，在灾害预警方面，《突发事件应对法》《防震减灾法》专章规定了地震灾害的监测网络和预报制度，《地质灾害防治条例》要求建立地质灾害检测网络和预警信息系统，《气象法》和《气象灾害防御条例》也要求建立气象灾害预警机制，《防洪法》要求接近安全水位时，应该宣布进入紧急防汛期。这些法律规定不仅有助于人民采取积极措施预防和应对灾害，也能督促政府积极履行灾害中的生命权保障义务。第三，土地规划与利用的灾害预防评价机制。为了预防灾害发生，减少灾害损失，我国多数自然灾害法律法规要求在土地规划和利用时进行防灾评价，确定其是否达到灾害预防的要求。比如，《防震减灾法》第 35 条规定："新建、扩建、改建建设工程，应当达到抗震设防要求，……对学校、医院等人员密集场所的建设工程，应当按照高于当地房屋建筑的抗震设防要求进行设计和施工，采取有效措施，增强抗震设防能力。"《地质灾害防治条例》第 13 条规定："编制和实施土地利用总体规划、矿产资源规划以及水利、铁路、交通、能源等重大建设工程项目规划，应当充分考虑地质灾害防治要求，避免和减轻地质灾害造成的损失。编制城市总体规划、村庄和集镇规划，应当将地质灾害防治规划作为其组成部分。"第 19 条规定了政府保障地质灾害危险区居民的生命财产安全的义务以及该区域的特殊限制行为。除了上述灾害法之外,《城乡规划法》第 17 条和第 18 条也分别规定了城镇规划和乡村规划的内容中应包含防灾减灾的具体安排。

比照欧洲人权法院和国外所处理的自然灾害权利保障案例,不难发现我国关于灾害预防义务的法律规定已经颇为完善。欧洲人权法院重视的灾害预警义务及关于土地规划时防灾考量在我国法律中已有明确规定。除此之外,我国法律还明确要求制定防灾规划并将防灾事项写入经济与社会发展规划中,这些颇具中国特色的规定对中国政府履行防灾义务有重要的助益。正是由于有关防灾义务的法律规定已经颇为完善,在预防义务上我国当前面临的主要问题已经不是立法问题,而是法律实施的问题。以救灾设施建设和救灾物资储备为例,尽管我国多部法律都规定了政府的备灾物资储备义务,但政府对于该义务的履行状况并不理想。

(二) 灾后重建中灾民参与决策权利保障不充分

当代中国灾民人权行政保障实践中政府除了未能充分履行预防义务外,在灾后重建阶段对灾民参与决策的权利的保障也不甚理想。由于政府在灾后恢复重建阶段仍然沿用紧急救援救助阶段的做法,将自己定位为公共管理者,而不是市场监督者,因而在住房重建、生产恢复等私人事务的问题上,仍然认为自己是主体。[1] 灾害应对实践中这种全能政府的存在,可能会使灾民对全能政府的信赖产生习惯或路径依赖。也就是说,即使在抗震救灾的非常时期结束和应急制度停止适用后,人们仍然会对根据应急制度产生的权利配给模式存在依赖和预期。[2] 事实上,正是在对灾民负责的责任感

---

① 比如,汶川地震后,民政部、财政部、住房和城乡建设部 6 月 12 日联合发布的《关于做好汶川地震房屋倒损农户住房重建工作的指导意见》明确规定:"重建工作的责任主体是县级人民政府,乡、村负责组织实施。各有关县级人民政府要成立农户住房重建工作领导机构,及时协调解决受灾农户住房重建中出现的困难和问题。"

② 罗登亮:《汶川地震灾后住房恢复重建的法律选择——以'政府—市场'关系为视角》,北京:法律出版社,2010,第 4 页。

的驱使下以及如期完成政治任务的重负下，我国政府常常在灾后重建中实施"一揽子包干"的重建模式，[①] 这种重建模式容易演变成行政科层内部的"锦标赛"。政府独揽了恢复重建中所有关键的权力，但是实践证明"一揽子包干"的重建模式不仅使得灾民的积极性大打折扣，而且很难取得预期的效果。当然，这种"催工技术"的有效性部分源于灾后由政府或经由政府向受灾者提供的资金、物质等被道德化为某种"施舍"，而不是政府帮助灾民的义务。在接受施舍和享受权利的不同框架中，人们对于资源的可获得性的确定程度是不一样的，不确定性越高，越可能采取短期行为，落袋为安。在强大的时间压力下，由政府主导的灾后重建更容易"重硬轻软""重短轻长"，对社会参与、协商更为保守，更可能去激发和利用那些符合政府设定目标但未必良性的社会行为逻辑。[②] 国家有可能由一个灾害的积极应对者转变为"二次灾害"的制造者。[③]

　　政府为主体的"一揽子包干"重建模式之所以在实践中成效不佳，最关键的原因在于灾后重建过程中未能充分重视灾民的主体作用，灾民参与决策的权利被搁置。如果灾民参与决策权利能够得到充分的保障，不仅能更充分具体地了解灾民的需求，而且能充分调动灾民的信心以及增进政府和灾民之间的信任，从而真正快速有效地推进灾区的恢复重建。但是，令人遗憾的是，我国政府在灾后重建过程中未能充分保障灾民的参与权，因而经常会听到灾民期望落空和需求未得到满足时发出的不满和愤慨

---

① 比如，《关于做好汶川地震房屋倒损农户住房重建工作的指导意见》规定，政府在农户重建中应做的工作有：制定住房重建规划；科学选址，合理设计，无偿向受灾群众提供可选择的、能够满足不同需求、切合实际的住宅设计式样并附施工图；加强建筑材料质量监督，严格按设计要求施工，确保重建房屋结构和质量符合抗震设防和抵御灾害的要求；筹集重建资金；严格重建资金管理；提前组织主要建筑材料的生产和调运，保证建筑材料供应和价格基本稳定；建立住房重建进展统计、考核、报告制度；加强对建材供应、施工组织、竣工验收等环节的监督检查，保质保量地完成重建任务。

② 卢阳旭：《合法性基础、行动能力与灾害干预中的政府行为——以汶川地震灾后快速重建为例》，《思想战线》2015年第3期。

③ 卢阳旭：《合法性基础、行动能力与灾害干预中的政府行为——以汶川地震灾后快速重建为例》，《思想战线》2015年第3期。

之声。

（三）官员追责机制不完善

欧洲人权法院的司法实践已经表明，对官员的事后追责是自然灾害时期国家人权义务的重要内容，无论是俄罗斯案还是土耳其案，对官员的事后追责始终是原告与当事国的争议焦点。我国灾害立法也重视对违法官员的追责，现行法律中规定的追责事项包括防灾计划编制、土地规划灾害风险评估、灾情汇报、灾害预警以及灾后救援等，追责手段具体包括行政处分和刑事处罚。

尽管我国灾害立法中有众多关于官员追责的规定，但是它们仍然存在责任方式不合理以及责任尺度不一致的问题。第一，在责任尺度上，对未编制应急预案、隐瞒和谎报灾情、未按规定采取预防措施等行为，《突发事件应对法》规定给予行政处分；《地质灾害防治条例》要求承担的最低法律责任是降级或者撤职的行政处分，造成地质灾害导致人员伤亡和重大财产损失的，依法给予开除的行政处分；《气象灾害防御条例》确立的最低法律责任是责令改正，情节严重的才给予行政处分；但是作为公务员行政处分的一般性法规，《行政机关公务员处分条例》规定的最低追责方式是给予记过、记大过处分，情节较重的，给予降级或者撤职处分，情节严重的，给予开除处分。显然，这四部法律法规的规定存在明显的尺度不一致情况。由于《地质灾害防治条例》属于旧的特别法规，《行政机关公务员处分条例》属于新的一般性法规，根据《立法法》第 94 条第 2 款的规定，二者之间的矛盾需国务院裁决，这显然增加了法律适用的难度，影响了法律的实际效率。另外，上述三个法规给相同性质的违法行为不同的处罚，也会引发对法的公平性的质疑，甚至削弱法的权威性。第二，责任方式的适当性问题。责任适当性原则要求，对违法行为的处罚应该与违法行为正相关。根据该原则，我国自然灾害立法关于行政追责的规定显然存在适当性问题。比如，编制防灾规划和瞒报灾情等行为，《地质灾害防治条例》要求降级或撤职作为最低责任方式似乎过于严苛；《气象灾害防御条例》将责令改正作为最低责任方式又过于轻缓，一旦上级机关没有及时检查，不仅违法行为难以得到纠正，相关机关也难以追究违法者责任；《突发事件应对法》只规定给予行政处分，显然赋予了行政机关过大的自由裁量权；相比而言，《行政机关公务员处分条例》规定的最低追责方式是给予记过或记大过处分较为适中。正因如此，我国法律在规定政府和相关工作部门及其工作人员的涉灾法律责任时，应该在责任尺度上保持一致，并遵循责任适当的基本原则。在笔者看来，关于公务员行政处分的基本规定，应该以《行政机关公务员处分条例》为依归，以免造成法律适用上的困难。

除了存在尺度不一和责任不合理的情形外，我国自然灾害的行政问责法律还存在调查制度的缺失问题，这一问题也极不利于灾民人权的保障。尽管多数灾害立法都规定了政府及工作人员的行政责任，但是并未明确规定灾害调查制度。这一机制的缺失极易造成灾害发生后，将所有损失归因于自然因素，掩盖导致灾害发生或者灾情扩张的人为因素。从欧洲人权法院的实践来看，灾害调查制度是欧洲人权法院高度重视以及对灾民人权保障具有重要价值的一项制度。尤其是出现灾民死亡的情况下，国家必须调查灾民的死亡是纯属自然因素，还是具有政府违法失职的人为因素。在实践中，尽管我国自然灾害年均发生数较高，因灾死亡人数一般都在千人以上，但是关于政府正式成立调查组开展调查和追责的新闻报道以及司法判决几乎屈指可数。在行政公开成为依法行政的基本要求、灾害预防和抢险救灾成为法定的政府信息公开事项的情况下，这一现象足以说明我国在涉灾行政上对问责问题并没有给予足够的重视。它不仅不利于防止灾害应对上的懒政和恶政，也不利于保障灾民的生命财产安全。

（四）涉灾行政救济存在缺陷

尽管行政救济已是灾民优选的权利救济途径，但是并不代表我国行政救济完美无瑕，事实上我国涉灾行政救济存在一定的缺陷。首先，从救济途径来看，正如诸多学者所言，行政复议存在非独立性的瑕疵和公正性的存疑，信访体制、程序和功能存在固有的缺陷。其次，从救济手段来看，涉灾行政补偿制度并不完善，而涉灾行政赔偿缺少法律确认。我国自然灾害立法已经基本上建立起行政补偿制度，但仍有部分立法存在行政补偿立法空白。比如，《气象灾害防御条例》就没有设立补偿条款。并且，大部分补偿规范只是原则性规定，可操作性不足。比如，《突发事件应对法》第12条规定："有关人民政府及其部门为应对突发事件，可以征用单位和个人的财产。被征用的财产在使用完毕或者突发事件应急处置工作结束后，应当及时返还。财产被征用或者征用后毁损、灭失的，应当给予补偿。"此外，尽管国家赔偿制度是一项保障灾民权利的重要制度，但我国法律没有明确规定自然灾害情形下的国家赔偿责任。我国《国家赔偿法》中虽然规定了行政赔偿制度，但是该法第3条并未明确规定政府及其工作人员防灾救灾的违法失职行为造成灾民死亡和重大财产损失的赔偿责任。根据笔者在中国裁判文书网上的检索，国内至今没有一起灾民死亡或灾害财产损失的国家赔偿案例。在实践中，尽管现行的《国家赔偿法》阻断了灾民的国家赔偿之路，许多灾民一旦认定其灾害损失具有政府的人为原因，如果得不到其理想的赔偿或补偿，便会坚持通过信访等方式维权。比如汶川地震后，面对校舍大面积倒塌的情况，许多学生家长要求国家调查倒塌校舍的建筑质量，并对死亡学生承担赔偿责任。另外，我国《国家赔偿法》不支持灾民及其亲属的国家赔偿之诉，政府通常通过人道主义救助的方式给予补偿。比如，2013年3月22日长沙暴雨事件中，杨某不幸坠入一个没有井盖的深井被冲走，对于杨某的死亡，长沙市天心区人民政府相关职能部门向其父母支付了人道主义救助金72万元。① 人道主义救助金或抚慰金虽然能够给灾民提供补偿，但是不利于督促国家积极履行防灾减灾救灾义务。

此外，我国政府在灾民人权行政保障方面还存在很多的问题。比如，应急行政行为中合法性和应急性的部分失衡、对参与灾害应对的非政府组织监督不力、行政问责制度执行不力、灾害教育普及程度较为低下、政策

---

① 吕宁：《论公有公共设施致害的国家赔偿》，《政治与法律》2014年第7期。

执行主体义务意识薄弱等。这些问题或多或少地影响灾民人权的实现。

三　中国自然灾害时期人权司法保障存在的问题

司法是正义的最后一道防线，但是司法权在应急状态下都会受到一定程度的抑制，尤其是在自然灾害紧急救援阶段司法对灾民的权利保障作用相对有限。但是，在灾后安置以及恢复重建阶段，灾民人权司法保障的作用明显提升。尽管中国司法机关对灾民人权尤其是灾民的生命权和财产权的保障做出了重要贡献，但是透过灾民权利保障案件进行分析，我们发现中国与自然灾害相关的诉讼案件多见于民事案件，对人权保障具有重大意义的行政诉讼相对少见。

正如德国学者胡芬所言："基本权利倘若不能在日常行政实践中受到尊重，并通过复议程序和行政诉讼得到保障，它们其实是毫无意义的。"① 行政诉讼作为民告官的诉讼，乃是灾民对抗政府违法行政行为的重要武器。但是，学者关于汶川地震灾区人民法院受理案件的统计结果显示，灾民要想通过行政诉讼的方式获得权利救济将会面临一定的困难。从汶川地震发生到 2010 年 12 月为止，四川省各级人民法院共受理案件 1142923 件，其中民事案件 770094 件，占案件总量的 67.4%；受理行政案件 30548 件，占案件总量的 2.7%。灾区人民法院受理的行政案件不仅比例较低，而且还呈现类型化的特征。这些行政案件可以划分为城镇危房强制拆除的争议、行政应急行为的赔偿和补偿争议、涉灾工伤认定等几类行为，对于行政机关依据法律的原则性规定和临时性政策做出的非常态行政行为及相应的不作为引发的争议行为，法院暂不受理。②

出现这一现象的原因除了考虑到我国非常态行政法制体系的缺陷、服

---

① 〔德〕弗里德赫尔穆·胡芬：《行政诉讼法》，莫光华译，北京：法律出版社，2003，第 5、9 页。

② 王海萍：《汶川特大地震灾后涉法事务的司法应对——四川法院能动司法的探索与实践》，北京：人民法院出版社，2013，第 2、第 86～91 页。

从救灾抗灾大局以及维持社会秩序的需要外，还有一个重要的原因在于《行政诉讼法》的受案和审查范围过窄。首先，正如前文所述，行政诉讼的受案范围仅限于具体行政行为，而在自然灾害管理中出现的大量抽象行政行为被排除在行政诉讼受案范围之外。其次，行政诉讼只对具体行政行为的合法性进行审查，而主要适用于灾害中排除危险、人员和财产保护、紧急救援以及救助行为更多审查的是合理性问题，而非合法性问题。最后，在《行政诉讼法》第 12 条规定的受案范围中，关于灾民人权的行政诉讼仅限于政府积极侵害或者怠于保护人身权和财产权以及发放抚恤金的诉讼，其他行政行为不属于行政诉讼法的受案范围。此外，《关于审理与低温雨雪冰冻灾害有关的行政案件若干问题座谈会纪要的通知》对自然灾害事件中发放救济款物、救助、安置等类型的行政案件的处理进行了详细的规定和解释，部分弥补了国家实现义务的司法救济的不足。尽管如此，自然灾害下行政不作为所导致的权利损害难以进行司法救济。

第三节　自然灾害下中国国家人权义务的完善

一　人权视野下中国自然灾害立法之完善

尽管我国单项灾害立法覆盖了大部分的灾种，并且针对灾害管理和应对实践中的突出问题还制定了单行的法律法规，庞大而又具体的应急预案在灾害应对中的作用也非常明显，但是自然灾害法律体系仍不完整，还须从以下几个方面进行努力。

（一）完善自然灾害法律框架

中国当前虽然已经初步构建了自然灾害人权保障法律体系，但是我国自然灾害立法还不完善。针对现存问题，我们首先必须制定专门的自然灾害应对基本法，该法名称可以定为《防灾减灾法》或《自然灾害基本对策法》，内容和体例可以借鉴日本的《灾害对策基本法》，该法至少应包括以下主要内容：防灾减灾组织；灾害预防、灾害应急以及灾后重建对策；财政金融措施和法律责任。其次，完善单项灾害立法。在目前的灾害应对实践中，"一事一法"的灾害立法发挥了非常重要的作用，因而应尽快完善全部灾种的单行立法。日前，海洋灾害立法已经被台盟中央等组织建议纳入立法工作。最后，应完善灾害管理中具体问题的相关立法。针对我国灾后重建、灾害保险、灾害财政措施、地方政府援建以及备灾物资储备等方面立法的欠缺，建议我国进行相关的立法。

（二）加强灾害法对人权的保障

1. 确立自然灾害法的人权保障原则

为了健全自然灾害时期的人权保障，我们除了完善法律框架之外，也必须考虑强化自然灾害立法的人权理念，这首先需要我们将人权保障原则作为自然灾害法的基本原则。因为法律原则乃是立法的基本指南，是一部法律中法律规则的基础和灵魂，也是填补法律漏洞的重要工具。因此，将人权保障原则确立为自然灾害法的基本原则，不仅可以强化自然灾害立法的人权理念，也可以为自然灾害行政和自然灾害司法中的人权保障提供指南和规范依据。

2. 构建"权利—义务—责任"型的人权保障模式

有学者指出，只规定相应的义务而不能提出要求的权利只是一种受到规范确认和保护的利益，在实践中很容易蜕变为义务主体的一种恩赐和施舍。[①] 正因如此，自然灾害立法采取单纯的政府义务型人权保障模式有先天的不足。为克服这一缺陷，我们有必要构建"权利—义务—责任"三位一体的人权保障模式。这不仅需要我们在自然灾害立法中明确宣示灾民的权利，也需要进一步完善国家的相应义务，并明确规定义务主体以及相关人员的法律责任，明确政府怠于履行义务时应该承担的法律责任，促使和逼

---

① 黄金荣：《司法保障人权的限度——经济和社会权利可诉性研究》，北京：社会科学文献出版社，2009，第79页。

迫义务主体认真履行自己的法律义务。

3. 参照国际标准拓宽人权保障的范围

自然灾害立法中人权理念的强化不仅需要人权法律原则的确立，也需要法律规则的完善。因此，中国自然灾害立法完善的另一任务就是比照《IASC 业务准则》等自然灾害人权保障的国际法律文书确立的国际标准完善自然灾害法的具体条款，在自然灾害立法中融入反歧视原则以及加强弱者人权保护的理念，同时在现有基础上，增加国际标准所强调的但是我国自然灾害立法中不够重视的一些人权。当然，自然灾害人权保障条款的增加应该充分考虑自然灾害的阶段性特征。在自然灾害的应急救援阶段，人权保护的主要任务就是生命权和生存权性质的权利，不宜要求国家能够保障人权体系中所有权利的实现。在灾后重建阶段，由于应急救援阶段面临的一些特殊困难已经被克服，国家保障人权的主客观条件也得到了一定改善，因此该阶段就不能将目光仅仅局限于生命权和生存权的保障，而应该将权利保障的范围拓展到其他人权。比如，保障个人自由的自由迁徙权和重返家园的权利；灾民积极有效地参与灾后重建的决策权以及提升弱势人群能力和地位的弱者权利等。

(三) 自然灾害给付程序和权利救济途径的完善

1. 自然灾害给付程序的构建

由于灾害给付属于行政给付，因而自然灾害给付的程序的构建既要参考给付行政程序，同时又要兼顾自然灾害这一非常时期的特殊性。在灾中紧急救援阶段，考虑时间的紧迫性和灾难的特殊性，应该根据具体情况简化灾害给付程序，行政机关在执行行政给付时，应采取职权给付主义，而不是申请给付主义。① 也就是说，在紧急救援阶段，应该以挽救生命和维持

---

① 职权给付主义和申请给付主义两种模式的区分标准是给付程序的启动方式，前者指行政机关依据职权主动启动，后者则依据申请人的申请意思被动启动。有关职权给付主义和申请给付主义两种模式的详细论述可参考喻少如《行政给付制度研究》，北京：人民出版社，2011，第 176 ~ 178 页。

人的最低生活标准为底线，无须申请、审核、批准，直接由行政机关主动实施。但是，即使是简化的给付程序，也应该有相应的登记程序，以便进行事后审查。对于灾后恢复重建阶段的行政给付，可以遵守常态社会的行政给付程序。这一程序要求政府在不同的阶段履行不同的义务：在申请之前要履行信息公开义务；在申请阶段，应以申请给付主义为主，职权给付主义为辅；在调查阶段，应坚持最低限度之合理必要原则；在决定阶段，应坚持标准审查期间、书面主义、理由明示主义、听证或意见陈述；而给付发放阶段，坚持职能分离原则、便民与监督原则。①

2. 权利救济途径的完善

权利救济途径的完善是自然灾害时期人权保障的关键要素，因此针对我国自然灾害立法中存在救济渠道不畅通的问题，应在立法中积极完善权利救济的法律规定。具体而言，可以考虑构建以个人申诉制度、行政复议制度、行政诉讼和其他方式相结合的权利救济途径。针对灾害的不同阶段采取不同的救济方式，在灾中紧急救援阶段，向相关机关提起申诉是最为简便的权利救济手段；在灾后恢复重建阶段，申诉、行政复议和行政诉讼皆为可行的权利救济方式。考虑到自然灾害中权利救济方式的多样性，也考虑到现行权利救济制度存在的问题，我们应该进一步修改《行政复议法》和《行政诉讼法》关于受案范围的规定，将自然灾害纠纷明确纳入行政复议和行政诉讼的受案范围，并采纳最高人民法院相关司法解释的做法，明确设立先予给付程序。

二　中国自然灾害时期人权行政保障之改进

（一）依法履行灾害预防义务

惨痛的教训警诫我们，中国未来履行自然灾害下预防义务的重点，就是要求相关国家机关及其工作人员依法行政，切实履行防灾义务，及时实

---

① 喻少如：《论社会救助制度中的行政给付程序》，《法学评论》2011 年第 4 期。

行灾害预警，在土地规划时充分考虑自然灾害的影响，及时防范和化解自然灾害带来的人权风险。此外，在我国现阶段的自然灾害应对中应急预案的重要功能是不容忽视的，政府必须从灾前预防阶段就加强应急预案的规范实施。在笔者看来，灾前应急预案制度的规范实施至少需要注意两个方面。首先，应急预案本身乃是防灾减灾救灾以及人权保障的最基本的规范依据，尽管多数应急预案根据国务院的相关范本制定，但是并不排除一些地方的应急预案存在违背法律以及损害人权的可能，因此有必要加强对应急预案的备案审查。其次，应急预案制度既然是为了应急，由于紧急事态下人的行动和心智的变化可能出现异常情况，因此国家有必要加强应急预案的演练，实行应急演练的常态化。

（二）灾民参与决策权利的充分实现

灾害应对是一个长期的、持续的过程，尤其是灾后恢复重建过程可能会延续几年甚至十几年，在这个漫长的过程中政府如果不充分重视灾后重建的主体——灾民的参与决策权利，不仅可能会使自己身陷疲倦或漠视灾民和灾区的困境之中，更为可怕的是，重建无法取得预期的效果，最终引发决策制定者和决策被影响者之间的矛盾：决策制定者在未能充分了解灾民和灾区需求的情况下妄下决定却逍遥法外，灾民和灾区因无法充分参与决策却又无辜承担不利后果。上文所列举的汶川地震灾区住房重建中的矛盾就是在政府"一揽子包干"重建模式下未能充分保障灾民参与决策的权利造成的。正因如此，我国行政机关在主导自然灾害应对的过程中，应该充分关注灾民的参与决策权，确保灾民参与决策权利的充分实现，尤其是在灾后恢复重建阶段应充分地多渠道了解、咨询灾民和灾区的需求，采取各种手段确保灾民充分参与恢复重建的各个阶段。比如，在灾区住房重建过程中吸收灾民参与住房设计、住址选择以及住房建造，充分了解灾民对于住房数量、住房面积以及住房风格的要求。当然，在确保灾民参与决策权利的过程中，应特别关注弱势人群的权利和需求，应保证有足够数量的弱势人群参与决策的制定。

（三）官员追责机制和涉灾行政救济的完善

在官员追责机制方面，我国应该在《突发事件应对法》等灾害立法中，设立灾害调查制度，规定出现灾民死亡或者财产损失达到一定数量时，必须成立专门调查组，调查是否存在政府违法失职的人为因素。为了确保调查的公正性，法律应该在调查组的构成和调查的程序规定上充分考虑程序正义的因素。

由于行政程序处理争议的高效性和灵活性特征，再加上应急处置行政行为的特殊性质，并非所有应急处置行政行为都具有可诉性，因而通过行政程序解决纠纷更能有效地保护公民的合法权益和维护社会的稳定，有人甚至建议将行政处理明确为先行处理涉灾行政纠纷的基本原则。① 因此，我们必须尽量克服行政救济的弊端，进一步完善行政救济的途径和手段。

首先，增加行政复议和信访的独立性和公正性。由于信访机构缺乏独立性，信访程序不甚规范，导致信访救济在一定程度上有"人治"色彩，因此不少学者建议进一步规范信访程序，可以采取专员制或其他方式来增加信访制度的独立性。其次，完善涉灾行政补偿和行政赔偿。从欧洲人权法院和国外司法机关处理的相关案件来看，国家应该对其灾害应对中的违法失职行为承担赔偿责任。为了更好保障灾民生命权，应对《国家赔偿法》做相应的修改，明确规定灾民人身权和财产权损害的国家赔偿责任，其责任构成为：灾民有人身权或财产权损害、国家有违法失职行为、国家的违法失职行为是引起或者扩大灾民人身权或财产权损害的原因，以及在主观方面不应以故意作为赔偿条件。在国家没有尽到合理注意义务时，无论其是故意还是过失，都应承担赔偿责任。必须强调的是，国家的违法失职行为不仅是灾害发生时的失职行为，还包括灾害预防的违法失职行为，比如

---

① 万兴隆：《灾后应急处置行政行为及公民权利保障的思考》，载牛敏《破解——大地震下的司法策略》，北京：人民法院出版社，2009，第 155 页。赵颖也认为，在目前我国应急行政诉讼和行政复议关系的设置上宜适用"复议前置"即"穷尽行政救济"原则。具体理由可参见赵颖《公共应急法治研究》，北京：法律出版社，2011，第 162 ~ 163 页。

在地质灾害风险评估、城乡规划和土地规划中没有履行法定预防义务的行为，学校医院等公共设施建造中防震标准的国家监督失职行为等，一旦造成或者扩大灾民的人身权和财产权损害都应成为国家赔偿理由。

三　自然灾害时期人权司法救济渠道之拓展

司法作为人权保障的最后一道防线，对于消除公共应急状态和紧急权力滥用造成的负面影响、避免人的基本权利尤其是不可克减的权利受到非法侵害，具有重大而深远的意义。[1] 欧洲人权法院和国外司法机关在自然灾害下国家人权义务司法救济方面的卓越贡献也说明，我国司法机关在灾民人权保障上还可以发挥更大的作用。我国司法机关在自然灾害时期人权保障功能受限，不仅与中国政治制度设计中司法权处于相对弱势地位的格局有关，而且也是司法自身固有法理属性的局限以及司法机关的职责限制所致，同时还应考虑危机应对的特殊性。[2] 尽管如此，司法作为自然灾害应对的重要组成部分以及人权保障的最后一道防线，必须承担起相应的矫正和救济责任，努力化解灾区人民的矛盾和纠纷，否则将影响救灾抗灾的成效以及灾民人权保障的程度。因此，司法保障也是自然灾害时期人权的关键问题之一。

尽管欧洲人权法院和国外灾民人权司法保障实践表明了灾民人权保障的种种可能性，但是这并不能当然得出结论，中国灾民人权司法保障必须选择以上途径。实际上，中国的立法和政治体制与许多国家有一定的差异，司法机关与立法机关、行政机关相比显得更加脆弱，因而必须从中国现有的政治体制出发，选择中国灾民人权司法保障的最合适的路径。

（一）短期突破：拓宽行政诉讼的受案范围

通过上文的分析我们已经知道，《行政诉讼法》有关受案范围的规定几

---

① 赵颖：《公共应急法治研究》，北京：法律出版社，2011，第161页。
② 王海萍：《汶川特大地震灾后涉法事务的司法应对——四川法院能动司法的探索与实践》，北京：人民法院出版社，2013，第26~27页。

乎将灾民隔绝在司法机关的大门之外。因而，要想加强灾民人权的司法保障，必须修改《行政诉讼法》第 12 条，将包括自然灾害在内的突发事件中政府及其工作人员侵害公民权利的所有行为以及消极不作为纳入行政诉讼的受案范围。当然，2015 年修订后的《行政诉讼法》在灾民诉讼资格方面已经有两点明显的改变。一是将原来的第 11 条的第 6 款"认为行政机关没有依法发给抚恤金的"修改为第 12 条第 10 款"认为行政机关没有依法发给抚恤金或者支付最低生活保障待遇、社会保险待遇的"；二是新增一款作为第 12 条第 5 款"对征收、征用决定及其补偿决定不服的"。认真分析《行政诉讼法》第 12 条的第 5 款和第 10 款，我们发现这两个条款在灾民的财产权、适当生活水准权等权利的司法保障方面有了一定的突破，将政府不当征用灾民财产的行为以及部分灾民的最低生活保障权利纳入行政诉讼的受案范围。尽管《行政诉讼法》在灾民权利的司法保障上有所突破，但是正如前文所分析的那样，该法第 12 条第 10 款的最低生活保障显然是指城乡居民的最低生活保障而非灾民的最低生活保障，因而包括灾民在内的由于突发事件导致的临时性生活困难的公民的最低生活保障并未明确纳入行政诉讼的受案范围。为了更好地保障灾民权利尤其是保障灾民的基本生活，笔者建议将《行政诉讼法》第 12 条第 10 款修改为"认为行政机关没有依法发给抚恤金或者支付最低生活保障待遇、社会保险待遇的以及没有依法提供灾民基本生活保障的"。

（二）未来展望：宪法权利条款的司法适用

尽管短期内我国宪法司法化的可能性不大，但是从人权保障的普遍趋势来看，宪法层次的司法保护不仅是一种普遍的趋势，而且无法被普通法律层次的司法保护替代。因为当司法机关根据宪法人权条款来判决人权案件时，司法机关不仅可以宣告行政机关不作为或某具体作为违宪，而且可以宣告国家的有关法律或政策侵害了公民的人权，确保人权地位不受威胁。灾民人权司法保障也是如此，通过适用宪法条款保障灾民人权也是最有效的途径，国外也有许多成功的案例。

宪法层次的司法保护对人权保障的重要作用以及国外司法机关通过适用宪法权利条款保障灾民人权的成功经验表明，灾民人权司法保障的未来趋势还是建立宪法适用制度。当然，适用宪法保障灾民人权需要一个基本前提，即该国的宪法中含有灾民人权保障的条款。中国现行宪法中没有专门的灾民人权条款，与灾民人权关联最紧密的条款包括宪法第 32 条的国家尊重和保障人权条款以及第 45 条的物质帮助权条款等。考虑到物质帮助权对于灾民的重要性，同时也由于现行宪法第 45 条规定的物质帮助权的权利主体仅限于年老、疾病或者丧失劳动能力的公民，因而笔者建议在未来修宪时，应借鉴国外的经验，明确规定灾民权利，具体做法就是扩展物质帮助权的权利主体范围，明确将灾民等临时需要救助的公民纳入其中。

结束语

———❦❦❦———

在人权主流化趋势日益加强、科学技术以及工业化迅猛发展、自然灾害给人类带来的灾难有增无减的当今时代，人类除了反思如何谋求人与自然的和谐从而减少自然灾害的发生之外，还必须深入思考自然灾害时期如何保护人权，维护人类的生存并促进人类的发展。本研究认为，在国家权力触角日益延伸的今天，尽管人权学者们已经开始探讨非国家主体的人权义务，但是无论是从传统的社会契约论，还是从社会国家、共同体以及风险社会的角度，国家都是保障灾民人权最主要也是最重要的义务主体。尽管从一定意义上说，"义务是令人不快的话语，对国家而言更是需要成本的棘手难题"。但是，"国家义务以公民权利为目的，是公民权利的根本保障"。[①] 西塞罗甚至认为："生活的全部高尚寓于对义务的重视，生活的耻辱在于对义务的疏忽。"[②] 因此，以国家义务保障权利，是对国家权力保障权利的超越。[③] 并且，由于自然灾害时期权利主体的脆弱性、灾害可能导致的经济或资源困境、国家救灾过程中的权力失范以及传统人道主义救灾具有

---

① 龚向和：《国家义务是公民权利的根本保障——国家与公民关系新视角》，《法律科学》2010年第4期。
② 西塞罗：《论义务》，王焕生译，北京：中国政法大学出版社，1999，第9页。
③ 龚向和：《国家义务是公民权利的根本保障——国家与公民关系新视角》，《法律科学》2010年第4期。

的局限性都凸显了自然灾害时期国家履行人权保障义务的必要性和紧迫性，联合国以及其他国际组织构建自然灾害时期人权保障国际标准的努力也正是对这一现实的回应。

尽管当前联合国等国际组织并没有制定出关于自然灾害时期人权保障的专门性国际公约，但是本研究认为，国际人权宪章、国际灾害法、人权公约监督机构的一般性意见以及联合国机构间委员会制定的《IASC 业务准则》等规范性国际文件已经确立了自然灾害时期国家履行人权保障义务的国际标准，这些国际标准所确立的基本原则和义务体系已经为缔约国履行人权保障义务提供了行动的准则和指南。

中国作为一个自然灾害高发国家，自古以来就面临着防灾救灾的艰巨任务，在人们频繁与自然灾害斗争的历史中也孕育了中国灾民人权保障的丰富思想、制度与实践。本研究认为，尽管古汉语中缺乏人权这一词汇，人权观念进入中国后也曾长期水土不服，甚至被作为资产阶级意识形态加以批判，但是我们不能断定中国不保障灾民人权。从古代到当下，尽管在某些特定历史时期可能存在挫折或者倒退的情势，但是总体上来看，国家履行灾民人权保障义务的思想基础、制度保障以及实际效果皆呈现进步态势，自改革开放以来，进步态势尤其明显，汶川大地震灾中救援以及灾后重建阶段中，国家在履行人权保障义务方面所取得的巨大成功便是一个很好的例证。

仔细分析中国灾民人权保障的历史进程以及现状，我们发现自然灾害时期国家保障人权的水平不仅与思想文化的进步有紧密联系，也取决于统治者的政治意愿以及相关的制度。没有良好的思想文化基础，民众在自然灾害时期难以形成人权的诉求；没有统治者强烈的政治意愿，很难制定出要求国家履行人权保障义务的相应制度；没有相关的制度，国家的义务就失去了制度依靠。当然，实践当中不排除另一种可能性，统治者给予一定的政治意愿或者迫于舆论压力制定相应的制度，但是由于政治意愿不强烈，不愿将该制度真真切切地付诸实施，民国时期近乎完备的制度体系与糟糕的制度实践之间的巨大反差就是一个很好的例证。

当然，仅仅有良好的思想文化基础、统治者强烈的政治意愿以及完备的制度体系，并不必然导致国家高水平地履行自然灾害时期的人权保障义务，国家社会经济水平也是一个重要的因素。因为，正如美国学者霍尔姆斯和桑斯坦所言，一切权利都是有成本的，[①] 无论是灾难发生后的紧急救援，还是给灾民提供基本生活资料的救助，抑或是社会秩序的维护，都是要付出经济成本的。正因如此，在统治者的政治意愿不变的情况下，自然灾害时期国家履行人权保障义务的水平与国家社会经济发展水平总体上构成正相关关系。

由上可见，自然灾害时期的人权保障乃是一个复杂的系统工程，其实效取决于民众思想文化基础、统治者的政治意愿、具体制度以及社会经济水平等多个变量。中国当前在自然灾害时期人权保障上取得的巨大成就不仅归因于人权观念日益深入人心，也得益于中国共产党日益增强的保障灾民人权的政治意愿以及中国自然灾害立法的不断完善，并且这一进步与中国改革开放40多年来中国经济腾飞具有紧密的联系，没有经济的发展，汶川地震中政府根本不可能调动如此巨大的资源用于救灾与恢复重建。

人权保障乃是一个永无止境的事业。中国虽然在自然灾害时期人权保障义务的履行上取得了举世瞩目的成就和进步，但是在自然灾害时期完善人权保障的标准并非一件简单的事，它需要一代又一代中国人的不懈努力。从思想的层面来看，当务之急是提升民众的人权意识和树立执政者正确的权力观。从经济层面来看，进一步深化经济改革，促进经济可持续发展乃是国家面临的主要任务。从制度层面来看，尽管自然灾害的一些特殊状况可能需要国家行使紧急权力，但是，"紧急不避法治"，[②] 偏离制度轨道而频繁依赖临时性措施只能将灾民的人权保障推进人治与专制的泥沼中，"文革"时期我国自然灾

---

① 〔美〕史蒂芬·霍尔姆斯、凯斯·R. 桑斯坦：《权利的成本——为什么自由依赖于税》，毕竞悦译，北京：北京大学出版社，2004，第3页。

② 王旭坤：《紧急不避法治：政府如何应对突发事件》，北京：法律出版社，2009。

害时期人权保障的退步就是一个明显的例证。《世界人权宣言》在序言中曾明确指出："有必要使人权受到法治保护。"正因如此，对中国来说，当务之急是深入贯彻落实宪法的人权原则与法治原则，参照国际标准完善相关自然灾害立法、加强行政执法和促进司法公正，使自然灾害时期国家对人权保障义务的履行不偏离法治的轨道。

参考文献

一 著作类

（一）中文著作

白桂梅：《人权法学》，北京：北京大学出版社，2011。

包利民：《当代社会契约论》，南京：凤凰传媒出版集团、江苏人民出版社，2007。

陈忱、王超奕：《国外预防灾害法律汇编——以美日德为例》，北京：中国政法大学出版社，2015。

陈桂明：《汶川地震灾后恢复重建主要法律问题研究》，北京：法律出版社，2010。

陈凌云：《现代各国社会救济》，北京：商务印书馆，1937。

陈珊：《我国自然灾害事件下社会救助法制体系研究——基于汶川地震的实证研究》，北京：中国政法大学出版社，2013。

陈新民：《法治国公法学原理与实践》（下），北京：中国政法大学出版社，2007。

程燎原、王人博：《赢得神圣——权利及其救济通论》，济南：山东人民出版社，1998。

池子华:《中国近代流民》(修订版),北京:社会科学文献出版社,2007。

崔乃夫:《当代中国的民政》(下),北京:当代中国出版社,1994。

邓拓:《中国救荒史》,武汉:武汉大学出版社,2012。

傅思明:《突发事件应对法与政府危机管理》,北京:知识产权出版社,2008。

甘绍平:《人权伦理学》,北京:中国发展出版社,2009。

高晋康、何霞等:《汶川大地震灾后恢复重建重大法律问题研究》,北京:法律出版社,2009。

葛全胜:《中国自然灾害风险综合评估初步研究》,北京:科学出版社,2008。

龚向和:《作为人权的社会权——社会权法律问题研究》,北京:人民出版社,2007。

国际人权法教程项目组:《国际人权法教程》(第一卷),北京:中国政法大学出版社,2002。

国家减灾委员会办公室:《灾害管理的国际比较》,北京:中国社会出版社,2006。

国家减灾委员会办公室:《中国灾害管理实践和重大灾害案例》,北京:中国社会出版社,2006。

国家减灾委员会办公室:《中国自然灾害管理体制和政策》,北京:中国社会出版社,2006。

赫治清:《中国古代灾害史研究》,北京:中国社会科学出版社,2007。

黄承伟、向德平:《汶川地震灾后贫困村救援与重建政策效果评估研究》,北京:社会科学文献出版社,2011。

黄金荣:《司法保障人权的限度:经济和社会权利可诉性问题研究》,北京:社会科学文献出版社,2009。

季卫东:《法治秩序的建构》,北京:中国政法大学出版社,2002。

蒋银华:《国家义务论:以人权保障为视角》,北京:中国政法大学出版社，2012。

靳尔刚、王振耀：《国外救灾救助法规汇编》，北京：中国社会出版社，2004。

康沛竹：《中国共产党执政以来防灾救灾的思想与实践》，北京：北京大学
　　出版社，2005。

柯象峰：《社会救济》，南京：中正书局，1944。

李本功、姜力：《救灾救济》，北京：中国社会出版社，1996。

李步云：《论人权》，北京：社会科学文献出版社，2010。

李步云：《人权法学》，北京：高等教育出版社，2008。

李程伟、张永理：《自然灾害类突发事件恢复重建政策体系研究》，北京：
　　中国社会出版社，2009。

李建良：《宪法理论与实践》（二）（第二版）台北：新学林出版有限股份
　　公司，2007。

李君如：《中国人权事业发展报告（2011）》，北京：社会科学文献出版
　　社，2011。

李卫海：《紧急状态下的人权克减研究》，北京：中国法制出版社，2007。

林莉红、孔繁华：《社会救助法研究》，北京：法律出版社，2008。

刘小冰：《国家紧急权力制度研究》，北京：法律出版社，2008。

罗登亮：《汶川地震灾后住房恢复重建的法律选择——以"政府－市场"关
　　系为视角》，北京：法律出版社，2010。

马怀德：《应急反应的法学思考——"非典"法律问题研究》，北京：中国
　　政法大学出版社，2004。

毛俊响：《国际人权条约中的权利限制条款研究》，北京：法律出版社，2011。

孟涛：《中国非常法律研究》，北京：清华大学出版社，2012。

莫纪宏：《"非典"时期的非常法治——中国灾害法与紧急状态法一瞥》，北
　　京：法律出版社，2003。

牛敏：《破解——大地震下的司法策略》，北京：人民法院出版社，2009。

牛敏：《应对——灾后重建中的司法对策与实践》，北京：人民法院出版

社，2010。

戚建刚：《中国行政应急法律制度研究》，北京：北京大学出版社，2010。

齐延平：《人权与法治》，济南：山东人民出版社，2003。

钱宁：《社会正义、公民权利和集体主义：论社会福利的政治与道德基础》，
　　北京：社会科学文献出版社，2007。

孙谦、韩大元：《公民权利与义务——世界各国宪法的规定》，北京：中国
　　检察出版社，2013。

孙绍聘：《中国救灾制度研究》，北京：商务印书馆，2004。

孙语圣：《1931·救灾社会化》，合肥：安徽大学出版社，2008。

王海萍：《汶川特大地震灾后涉法事务的司法应对——四川法院能动司法的
　　探索与实践》，北京：人民法院出版社，2013。

王建平：《减轻自然灾害的法律问题研究》（修订版），北京：法律出版
　　社，2008。

王立峰：《人权的政治哲学》，北京：中国社会科学出版社，2012。

王旭坤：《紧急不避法治：政府如何应对突发事件》，北京：法律出版社，2009。

王子平：《瞬间与十年——唐山地震始末》，北京：地震出版社，1986。

吴尚鹰：《土地问题与土地法》，北京：商务印书馆，1935。

夏勇：《人权概念起源》（修订版），北京：中国政法大学出版社，2001。

夏勇：《中国民权哲学》，北京：生活·读书·新知三联书店，2004。

夏正林：《社会权规范研究》，济南：山东人民出版社，2007。

徐百齐：《中华民国法规大全》（第一册），北京：商务印书馆，1936。

徐泓：《清代台湾自然灾害史料新编》，福州：福建人民出版社，2007。

许纪霖、刘擎等：《政治正当性的古今中西对话》，桂林：漓江出版社，2013。

徐显明：《人权研究》（系列出版物），济南：山东人民出版社，2013。

薛小建：《论社会保障权》，北京：中国法制出版社，2007。

言心哲：《现代社会事业》，北京：商务印书馆，1943。

阎守诚：《危机与应对：自然灾害与唐代社会》，北京：人民出版社，2008。

杨建顺：《比较行政法——给付行政的法理论及实证性研究》，北京：中国人民大学出版社，2008。

杨立新：《意外灾害应急民法救济》，北京：人民法院出版社，2008。

姚国章：《日本灾害管理体系：研究与借鉴》，北京：北京大学出版社，2009。

叶必丰：《行政法学》，武汉：武汉大学出版社，1996。

应松年：《突发公共事件应急处理法律制度研究》，北京：国家行政学院出版社，2004。

喻少如：《行政给付制度研究》，北京：人民出版社，2011。

袁祖亮：《中国灾害通史》（系列丛书），郑州：郑州大学出版社。

张群：《居有其屋——中国住房权历史研究》，北京：社会科学文献出版社，2009。

张文显：《二十世纪西方法哲学思潮研究》，北京：法律出版社，1996。

赵朝峰：《中国共产党救治灾荒史研究》，北京：北京师范大学出版社，2012。

赵德余：《权利、危机与公共政策：一个比较政治的视角》，上海：上海三联书店，2012。

赵曼、薛新东：《农村救灾机制研究》，北京：中国劳动社会保障出版社，2012。

赵颖：《公共应急法治研究》，北京：法律出版社，2011。

郑功成等：《多难兴邦——新中国 60 年抗灾史诗》，长沙：湖南人民出版社，2009。

周濂：《现代政治的正当性基础》，北京：生活·读书·新知三联书店，2008。

邹铭、范一大、杨思全等：《自然灾害风险管理与预警体系》，北京：科学出版社，2010。

邹铭：《自然灾害风险管理与预警体系》，北京：科学出版社，2010。

（二）中文译著

〔古罗马〕西塞罗：《论义务》，王焕生译，北京：中国政法大学出版社，1999。

〔奥〕曼弗雷德·诺瓦克：《国际人权制度导论》，柳华文译，北京：北京大学出版社，2010。

〔奥〕曼弗雷德·诺瓦克:《民权公约评注》,毕小青、孙世彦译,北京:生活·读书·新知三联书店,2003。

〔奥〕伊丽莎白·史泰纳、陆海娜:《欧洲人权法院经典判例节选与分析第一卷:生命权》,北京:知识产权出版社,2016。

〔德〕弗里德赫尔穆·胡芬:《行政诉讼法》,莫光华译,北京:法律出版社,2003。

〔德〕卡尔·施密特:《宪法学说》,刘锋译,上海:世纪出版集团、上海人民出版社,2005。

〔德〕卡尔·施密特:《政治的概念》,刘宗坤等译,上海:世界出版集团、上海人民出版社,2004。

〔德〕乌尔里希·贝克:《风险社会》,何博闻译,南京:译林出版社,2004。

〔德〕耶里内克:《〈人权与公民权利宣言〉:现代宪法史论》,北京:商务印书馆,2012。

〔俄〕马尔琴科:《国家与法的理论》(第2版),徐晓晴译,付子堂审校,北京:中国政法大学出版社,2010。

〔法〕卢梭:《社会契约论》,何兆武译,北京:商务印书馆,2003。

〔荷〕亨利·范·马尔赛文、格尔·范·德·唐:《成文宪法的比较研究》,陈云生译,北京:北京大学出版社,2007。

〔美〕J.范伯格:《自由、权利和社会正义——现代社会哲学》,贵阳:贵州人民出版社,1998。

〔美〕伯根索尔等著《国际人权法精要》(第4版),黎作恒译,北京:法律出版社,2010。

〔美〕路易斯·亨金、阿尔伯特·J.罗森塔尔:《宪政与权利》,郑戈、赵晓力、强世功译,上海:上海三联书店,1996。

〔美〕罗纳德·德沃金:《认真对待权利》,信春鹰、吴玉章译,北京:中国大百科全书出版社,1998。

〔美〕罗纳德·德沃金:《认真对待人权》,朱伟一等译,南宁:广西师范大学出版社，2003。

〔美〕麦克法夸尔、费正清：《剑桥中华人民共和国史：1949—1965》，王建
　　朗译，上海：上海人民出版社，1990。

〔美〕彭尼·凯恩：《中国大饥荒：1959—1961 对人口和社会的影响》，毕
　　健康等译，北京：中国社会科学出版社，1993。

〔美〕史蒂芬·布雷耶：《打破恶性循环：政府如何有效规制风险》，宋华琳
　　译，北京：法律出版社，2009。

〔美〕史蒂芬·霍尔姆斯、凯斯·R. 桑斯坦：《权利的成本——为什么自由
　　依赖于税》，毕竞悦译，北京：北京大学出版社，2004。

〔美〕托马斯·雅诺斯基：《公民与文明社会》，柯雄译，沈阳：辽宁教育出
　　版社，2002。

〔美〕约翰·罗尔斯：《万民法：公共理性观念新论》，张晓辉、李仁良等
　　译，长春：吉林人民出版社，2001。

〔美〕约翰·麦克里兰：《西方政治思想史》，彭淮栋译，海口：海南出版
　　社，2003。

〔美〕威廉·埃文、马克·马尼恩：《危机四伏——预防技术灾难》，北京：
　　中国商务出版社，2007。

〔挪〕A. 艾德等：《经济社会文化权利教程》（修订第 2 版），中国人权研究
　　会组织编译，成都：四川人民出版社，2004。

〔日〕大须贺明：《生存权论》，林浩译，北京：法律出版社，2001。

〔日〕大昭保沼：《人权、国家与文明》，王志安译，北京：生活·读书·新
　　知三联书店，2003。

〔瑞士〕托马斯·弗莱纳：《人权是什么?》，谢鹏程译，北京：中国社会科
　　学出版社，2000。

〔英〕A. J. M. 米尔恩：《人的权利与人的多样性：人权哲学》，夏勇、张志
　　铭译，北京：中国大百科全书出版社，1995。

〔英〕R. J. 文森特：《人权与国际关系》，张在恒译，北京：知识出版社，1998。

〔英〕安东尼·吉登斯：《失控的世界》，周红云译，南昌：江西人民出版社，2001。

〔英〕布朗利：《国际公法原理》，曾令良等译，北京：法律出版社，2007。

〔英〕戴维·米勒、韦农·波格丹诺：《布莱克威尔政治学百科全书》（修订版），邓正来译，北京：中国政法大学出版社，2002。

〔英〕霍布斯：《论公民》，应星、冯克利译，贵阳：贵州人民出版社，2003。

〔英〕克莱尔·奥维、罗宾·怀特：《欧洲人权法·原则与判例》（第三版），何志鹏、孙璐译，北京：北京大学出版社，2006。

〔英〕莱恩·多亚尔、伊恩·高夫：《人的需要理论》，汪淳波、张宝莹译，北京：商务印书馆，2008。

〔英〕洛克：《政府论》（下篇）叶启芳、瞿菊农译，北京：商务印书馆，2007。

（三）英文著作

Amartya Sen, *Development as Freedom*, Oxford: Oxford University Press, 1999.

Andrea de Guttry, Marco Gestri, Gabriella Venturini, *International Disaster Response Law*, T. M. C. Asser Press, 2012.

Erica Harper, *International Law and Standards Applicable in Natural Disaster Situations*, www. idlo. int.

Henry Shue, *Basic Rights: Subsistence, Affluence and U. S. Foreign Policy* (Second Edition), Princeton University Press, 1996.

HIC-HLRN, *International Human Rights Standards on Post-disaster Resettlement and Rehabilitation*, www. pdhre. org.

International Human Rights Law Clinic Boalt Hall School of Law, *When Disaster Strikes a Human Rights Analysis of the 2005 Gulf Coast Hurricanes—in Response to the United States' Periodic under the International Covenant on Civil and Political Rights*, 2006.

Jaime Oraa, *Human Rights in States of Emergency in International Law*, Clarendon Press, 1992.

Janusz Symonides（ed.）, *Human Rights*：*Concept and Standard*, Ashgate Publishing Limited, 2000.

Jiri Toman, *International Disaster Response Law*：*Treaties*, *Principles*, *Regulations and Remaining Gaps*, http://ssrn. com/abstract = 1312787.

Joan Fitzpatrick, *Human Rights in Crisis*：*The International System for Protecting Rights During States of Emergency*, University of Pennsylvania Press, 1994.

Walter Kalin, Rhodri C. Williams, *Incorporating the Guiding Principles on Internal Displacement into Domestic Law*：*Issues and Challenges*, http://www. brookings. edu/idp.

二 论文类

（一）中文论文

〔美〕J. 西蒙斯：《正当性与合法性》，毛兴贵译，《世界哲学》2016 年第 2 期。

〔美〕戴维·菲德勒：《灾难治理：安全、卫生及人道援助》，朱莉译，《红十字国际评论》2007 年文选，红十字国际委员会网站，http://www. icrc. org/chi/assets/files/other/irrc_866_fidler. pdf，最后访问日期：2018 年 5 月 11 日。

〔美〕玛萨·艾伯森·法曼：《脆弱性的人类与回应性的国家》，李霞译，《比较法研究》2015 年第 2 期。

〔美〕斯蒂格利茨：《自由、知情权和公共话语——透明化在公共生活中的作用》，宋华琳译，《环球法律评论》2002 年秋季号。

〔日〕官人兴一：《灾民生活重建支援对策的演进及存在的问题》，杨华译，《首都经济贸易大学学报》2008 年第 4 期。

贝克、邓正来、沈国麟：《风险社会与中国——与德国社会学家乌尔里希·贝克的对话》，《社会学研究》2010 年第 5 期。

蔡畅宇：《关于灾害的哲学反思》，博士学位论文，吉林大学，2008。

曹树基：《1959～1961 年中国的人口死亡及其成因》，《中国人口科学》 2005 年第 1 期。

陈醇：《论国家的义务》，《法学》2002 年第 8 期。

陈海嵩：《自然灾害防治中的环境法律问题》，《时代法学》2008 年第 4 期。

陈正武：《预算法预备费应对自然灾害有关法律问题思考》，《经济体制改 革》2009 年第 5 期。

崔艳红：《论新中国建立以来我国政府防灾救灾思想的演变》，《岭南学刊》 2011 年第 3 期。

戴激涛、刘薇：《政府应急处理中的人权保障——以比例原则为视角》，《广 州大学学报》（社会科学版）2008 年第 5 期。

戴木才：《论政治的正当性》，《伦理学研究》2010 年第 1 期。

邓成明、蒋银华：《论国家义务的人本基础》，《江西社会科学》2007 年第 8 期。

邓芳、刘吉夫：《玉树地震中政府的应急准备研究》，《北京师范大学学报》 （自然科学版）2011 年第 5 期。

杜承铭：《论基本权利之国家义务：理论基础、结构形式与中国实践》，《法 学评论》2011 年第 2 期。

杜群、黄智宇：《论自然灾害管理不作为的国家侵权责任》，《中国地质大学 学报》（社会科学版）2015 年第 6 期。

杜仪方：《日本预防接种行政与国家责任之变迁》，《行政法学研究》2014 年第 3 期。

范子英、孟令杰：《有关中国 1959－1961 年饥荒的研究综述》，《江苏社会 科学》2005 年第 2 期。

房亚明、王晓先、谭丽：《论突发性公害危机中国家对公民的义务》，《长白 学刊》2006 年第 6 期。

方印、兰美海：《我国〈防灾减灾法〉的立法背景及意义》，《贵州大学学 报》（社会科学版）2011 年第 2 期。

付子堂、常安：《民生法治论》，《中国法学》2009年第6期。

高冬梅：《1921－1949年中国共产党救灾思想探析》，《中国减灾》2011年6月（下）。

高冬梅：《1949－1952年中国社会救助研究》，博士学位论文，中共中央党校，2008。

龚向和、刘耀辉：《基本权利给付义务内涵界定》，《理论与改革》2010年第2期。

龚向和、刘耀辉：《论国家对基本权利的保护义务》，《政治与法律》2009年第5期。

龚向和：《国家义务是公民权利的根本保障——国家与公民关系新视角》，《法律科学》2010年第4期。

龚向和：《基本权利的国家义务体系》，《云南师范大学学报》（哲学社会科学版）2010年第1期。

龚向和：《生存权概念的批判与重建》，《学习与探索》2011年第1期。

郭道晖：《人权的国家保障义务》，《河北法学》2009年第8期。

国家统计局农村社会经济调查总队：《2003年全国扶贫开发重点县农村绝对贫困人口1763万》，《调研世界》2004年第6期。

韩大元：《国家人权保护义务与国家人权机构的功能》，《法学论坛》2005年第6期。

何文强：《灾害救济与权利保护——我国强制农业保险的法理分析》，《行政与法》2012年第7期。

侯猛：《从校车安全事件看国家的给付义务》，《法商研究》2012年第2期。

胡建淼、杜仪方：《依职权行政不作为赔偿的违法判断标准》，《中国法学》2010年第1期。

胡玉鸿：《"人的尊严"的法理疏释》，《法学评论》2007年第6期。

黄学贤、齐建东：《试论公民参与权的法律保障》，《甘肃行政学院学报》2009年第5期。

黄学贤：《行政法中的比例原则研究》，《法律科学》2001 年第 1 期。

黄云松、黄敏：《印度灾害应急管理政策与法律》，《南亚研究季刊》2009
年第 4 期。

冀萌新：《各国灾害管理立法概况》，《中国民政》2001 年第 1 期。

贾锋：《论社会救助权国家义务之逻辑证成与体系建构》，《西北大学学报》
（哲学社会科学版）2014 年第 2 期。

姜世波：《国际救灾法：一个正在形成的国际法律部门》，《科学·经济·社
会》2012 年第 1 期。

姜世波：《国际救灾法中的人道主义与主权原则之冲突及协调》，《科学·经
济·社会》2013 年第 3 期。

蒋银华：《论国家义务概念的确立与发展》，《河北法学》2012 年第 6 期。

蒋银华：《论国家义务的理论渊源：现代公共性理论》，《法学评论》2010
年第 2 期。

蒋银华：《论国家义务的理论渊源：福利国理论》，《河北法学》2010 年第
10 期。

蒋银华：《论国家义务的价值基础》，《行政法学研究》2012 年第 1 期。

金磊：《中国综合减灾立法体系研究——兼论立项编研国家〈综合减灾法〉
的重要问题探讨》，《灾害学》2004 年第 4 期。

康均心、杨新红：《灾害与法制——以中国灾害应急法制建设为视角》，《江
苏警官学院学报》2008 年第 5 期。

孔祥成：《1931 年大水灾与国民政府应对灾害的资金筹募对策》，《安徽史
学》2011 年第 3 期。

李红勃：《人民信访：中国式人权救济机制》，《人权》2006 年第 2 期。

李嘉：《论孙中山民权思想对中国传统民本思想的继承和展开》，《广东社会
科学》2007 年第 2 期。

李翔：《灾害政治学：研究视角与范式变迁》，《华中科技大学学报》（社会
科学版）2012 年第 4 期。

李雅兴、贺建林：《试论周恩来的防灾减灾救灾思想》，《甘肃社会科学》2006 年第 4 期。

林鸿潮：《论公民的社会保障权与突发事件中的国家救助》，《行政法学研究》2008 年第 1 期。

林莉红：《行政救济基本理论问题研究》，《中国法学》1999 年第 1 期。

刘恒：《论风险规制中的知情权》，《暨南学报》（哲学社会科学版）2013 年第 5 期。

刘耀辉：《国家义务的可诉性》，《法学论坛》2010 年第 5 期。

柳华文：《以人权促进世界和谐》，《人权》2007 年第 2 期。

柳华文：《论人权在中国的主流化与本土化》，《学习与探索》2011 年第 4 期。

卢阳旭：《灾害干预与国家角色——汶川地震灾区农村居民住房重建过程的社会学分析》，博士学位论文，中国社会科学院，2012。

卢阳旭：《合法性基础、行动能力与灾害干预中的政府行为——以汶川地震灾后快速重建为例》，《思想战线》2015 年第 3 期。

吕宁：《论公有公共设施致害的国家赔偿》，《政治与法律》2014 年第 7 期。

毛兴贵：《政治合法性、政治正当性与政治义务》，《马克思主义与现实》2010 年第 4 期。

孟涛：《中国非常法律的形成、现状与未来》，《中国社会科学》2011 年第 2 期。

孟涛：《应急预案之治：中国法治的分化与异化——以自然灾害规范治理为视角》，中国法理学研究会 2013 年学术年会论文，大连，2013 年 9 月。

莫静：《论受教育权的国家给付义务》，《现代法学》2014 年第 3 期。

宁立标、罗开卷：《论食物权的司法保障》，《法商研究》2011 年第 3 期。

宁立标：《食物权的宪法保障——以宪法文本为分析对象》，《河北法学》2011 年第 7 期。

宁立标：《印度最高法院对食物权的司法保障及对中国的启示——PUCL 案

述评》，《求索》2011 年第 10 期。

祁毓：《我国自然灾害救助财政投入现状、问题及对策》，《地方财政研究》
　　2008 年第 1 期。

钱智修：《中国赈济问题》，《东方杂志》，1912 年第九卷第 1 号。

任丑：《人权视阈的尊严理念》，《哲学动态》2009 年第 1 期。

沙楠：《联合国框架下自然灾害治理研究》，博士学位论文，吉林大学，2008。

闪淳昌：《构建和谐社会中的中国应急管理》，《中国应急管理》2010 年第
　　8 期。

上官丕亮、秦绪栋：《私有财产权修宪问题研究》，《政治与法律》2003 年
　　第 2 期。

上官丕亮：《论国家对基本权利的双重义务》，《江海学刊》2008 年第 2 期。

商璟璐、刘吉夫、杨孟昀等：《1755 年里斯本大地震与 2008 年汶川大地震
　　灾后恢复重建比较》，《北京师范大学学报》（自然科学版）2015 年第
　　2 期。

施国庆、郑瑞强、周建：《灾害移民权益保障与政府责任——以 5.12 汶川
　　大地震为例》，《社会科学研究》2008 年第 6 期。

石亚军：《再造政府危机管理机制的价值选择》，《中国行政管理》2003 年
　　第 12 期。

宋立新：《解读人道主义宪章与赈灾救助标准》，《中国急救复苏与灾害医学
　　杂志》2008 年第 2 期。

苏全有、刘省省：《论民国时期〈救灾准备金法〉的实施》，《河南科技学院
　　学报》2013 年第 3 期。

汤爱平、谢礼立、陶夏新等：《自然灾害的概念、等级》，《自然灾害学报》
　　1999 年第 3 期。

唐钧：《社会救助：从边缘到基础和重点》，《中国社会保障》2009 年第
　　10 期。

唐梅玲：《从国家义务到公民权利：精准扶贫对象民生权虚置化的成因与出

路》,《湖北大学学报》（哲学社会科学版）2018 年第 1 期。

唐颖侠:《国际法与国内法的关系及国际条约在中国国内法中的适用》,《社会科学战线》2003 年第 1 期。

陶鹏、童星:《灾害社会科学:基于脆弱性视角的整合范式》,《南京社会科学》2011 年第 11 期。

田飞龙:《自然灾害、政治动员与国家角色》,《中国减灾》2008 年第 4 期。

田钊平:《减灾救灾、政府责任与制度优化》,《西南民族大学学报》（人文社科版）2009 年第 4 期。

童小溪、战洋:《脆弱性、有备程度和组织失效:灾害的社会科学研究》,《国外理论动态》2008 年第 12 期。

王建平、李军辰:《灾害应急预案供给与启动的法律效用提升——以"余姚水灾"中三个应急预案效用总叠加为视角》,《南京大学学报》（哲学·人文科学·社会科学）2015 年第 4 期。

汪进元:《论生存权的保护领域和实现途径》,《法学评论》2010 年第 5 期。

汪铁民:《应对灾害,法律能为我们做些什么》,《中国人大》2012 年第 8 期。

王识开:《南京国民政府社会救济制度研究》,博士学位论文,吉林大学,2012。

王锡锌:《面对自然灾害的个体与国家》,《南方周末》2008 年 7 月 2 日。

王新生:《略论社会权的国家义务及其发展趋势》,《法学评论》2012 第 6 期。

王勇:《国家起源及其规模的灾害政治学新解》,《甘肃社会科学》2012 年第 5 期。

魏华林、向飞:《地震灾害保险制度的法律依据和前提条件——兼评〈中华人民共和国防震减灾法〉第 45 条》,《武汉大学学报》（哲学社会科学版）2009 年第 6 期。

韦仕川、栾乔林、黄朝明等:《以土地规划为基础的地质灾害防治综合规划体系框架的构建》,《自然灾害学报》2015 年第 4 期。

吴媛媛：《明清时期徽州的灾害及其社会应对》，博士学位论文，复旦大学，2007。

武艳敏：《灾难的补偿：1930 年〈救灾准备金法〉之出台》，《四川大学学报》（哲学社会科学版）2006 年第 2 期。

武玉环：《论金代自然灾害及其对策》，《社会科学战线》2011 年第 11 期。

夏勇：《民本与民权：中国权利话语的历史基础》，《中国社会科学》2004 年第 5 期。

肖金明、张宇飞：《另一类法制：紧急状态法制》，《山东大学学报》（哲学社会科学版）2004 年第 3 期。

谢开勇、徐艺萄、简杰：《汶川地震灾区恢复重建中人力资源状况调查与分析》，《决策咨询》2011 年第 3 期。

徐显明、齐延平：《中国人权制度建设的五大主题》，《文史哲》2002 年第 4 期。

杨东：《论灾害对策立法：以日本经验为借鉴》，《法律适用》2008 年第 12 期。

杨伟清：《政治正当性、合法性与正义》，《中国人民大学学报》2016 年第 1 期。

姚红艳、肖光文：《中国共产党救灾减灾思想的历史回顾与经验总结》，《学术交流》2011 年第 10 期。

姚伟：《新型群体性事件：一项基于风险冲突的分析》，《学术界》2012 年第 4 期。

喻少如：《论社会救助制度中的行政给付程序》，《法学评论》2011 年第 4 期。

喻少如：《论行政给付行为的诉讼救济》，《中国社会科学院研究生院学报》2010 年 6 期。

袁立：《公民基本权利野视下国家义务的边界》，《现代法学》2011 年第 1 期。

岳纯之:《唐太宗时期的自然灾害及其防治》,《理论学刊》2011 年第 1 期。

岳宗福、杨树标:《近代中国社会救济的理念嬗变与立法诉求》,《浙江大学学报》(人文社会科学版) 2007 年第 3 期。

应松年:《巨灾冲击与我国灾害法律体系的完善》,《中国应急管理》2010 年第 9 期。

应松年:《行政救济制度之完善》,《行政法学研究》2012 年第 2 期。

应星:《作为特殊行政救济的信访救济》,《法学研究》2004 年第 3 期。

张粉霞:《从社会政策视角分析〈自然灾害救助条例〉》,《城市与减灾》2011 年第 1 期。

张鹏、李宁、范碧航等:《近 30 年中国灾害法律法规文件颁布数量与时间演变研究》,《灾害学》2011 年第 3 期。

张清、廖宁:《作为人道权的灾民权利研究》,《金陵法律评论》2011 年春季卷。

张翔:《基本权利的受益权功能与国家的给付义务——从基本权利分析框架的革新开始》,《中国法学》2006 年第 1 期。

赵宏:《社会国与公民的社会基本权:基本权利在社会国下的拓展与限定》,《比较法研究》2010 年第 5 期。

赵延东:《社会资本与灾后恢复:一项自然灾害的社会学研究》,《社会学研究》2007 年第 5 期。

赵延东:《自然灾害中的社会资本研究》,《国外社会科学》2007 年第 4 期。

郑功成:《构建科学、合理的灾害管理及运行机制》,《群言》2008 年第 8 期。

郑智航:《论老年人适当照顾权中的国家义务》,《江海学刊》2014 年第 4 期。

中国人权研究会:《生存权和发展权是首要的人权》,《人民日报》2005 年 6 月 27 日。

周飞舟:《"三年自然灾害"时期我国省级政府对灾荒的反应和救助研究》,

《社会学研究》2003 年第 2 期。

周利敏：《社会建构主义与灾害治理：一项自然灾害的社会学研究》，《武汉
　　大学学报》（哲学社会科学版）2015 年第 2 期。

祝明：《国际自然灾害救助标准比较》，《灾害学》2015 年第 2 期。

庄天慧、张海霞、杨锦秀：《自然灾害对西南少数民族地区农村贫困的影响
　　研究——基于 21 个国家级民族贫困县 67 个村的分析》，《农村经济》
　　2010 年第 7 期。

邹海贵、曾长秋：《罗尔斯差别原则对弱势群体利益的关注——基于社会救
　　助（保障）制度之道德正当性与政治合法性思考》，《天津大学学报》
　　（社会科学版）2010 年第 5 期。

（二）英文论文

Allehone Mulugeta Abebe，"Special Report——Human Rights in the Context of
　　Disasters：the Special Session of UN Human Rights Council on Hatti," *Jour-*
　　nal of Human Rights，Vol. 10，2011.

Amanda M. Klasing, P. Scott Moses, Margaret L. Satterthwaite，"Measuring the
　　Way Forword in Haiti：Grounding Disaster Relief in the Legal Framework of
　　Human Rights," *Health & Human Rights：An International Journal*，Vol.
　　13，Issue 1，2011.

Charles W. Gould，"The Right to Housing Recovery after Natural Disasters,"
　　Harvard Human Rights Journal，Vol. 22，2009.

Cortelyou Kenney，"Disaster in the Amazon：Dodging 'Boomerang Suits' in
　　Transnational Human Rights Litigation," *California Law Review*，Vol.
　　97，2009.

David Fisher，"Legal Implementation of Human Rights Obligations to Prevent Dis-
　　placement Due to Natural Disasters", in Walter Kalin, Rhodri C. Williams,
　　eds.，*Incorporating the Guiding Principles on Internal Displacement into Do-*
　　mestic Law：Issues and Challenges，2005，http：//www. brookings. edu/idp.

Hope Lewis, "Human rights and Natural disaster: the Indian Ocean Tsunami," *Human Rights*, Vol. 33, No. 4, 2006.

Hotel Africana, Kampala, Uganda, "Protecting and Promoting Rights in Natural Disasters in the Great Lakes Region and East Africa," http://www. brookings. edu/idp.

J. L. Frattaroli, "A State's Duty to Prepare, Warn, and Mitigate Natural Disaster Damages, " *Boston College International & Comparative Law Review*, 2014.

James K. Boyce, "Let Them Eat Risk? Wealth, Rights and Disaster Vulnerability," *Disasters*, Vol. 24, No. 3, 2000.

John Handmer, Rebecca Monson, "Does a Rights Based Approach Make a Difference? The Role of Public Law in Vulnerability Reduction," *International Journal of Mass Emergencies and Disasters*, Vol. 22, No. 3, 2004.

Natalia Yeti Puspita, "Legal Analysis of Human Rights Protection in times of Natural Disaster and its Implementation in Indonesia," http://law. nus. edu. sg/asli.

Oscar Schachter, "Human dignity as a normative concept," *the American Journal of International Law*, Vol. 77, No. 4.

Phillip Alston, "Out of the Abyss: The Challenges Confronting the New U. N. Committee on Economic, Social and Cultural Rights," *Human Rights Quarterly*, Vol. 9, 1987.

Salil Shetty, "Human Rights and Natural Disasters: Mitigating or Exacerbating the Damage?" *Global Policy*, Volume. 2, Issue . 3, 2011.

Tyra Ruth Saechao, "Natural Disasters and the Responsibility to Protect: Form Chaos to Clarity, " *Broomlyn Journal of International Law* , Vol. 32.

Walter Kälin, "A Human Rights-Based Approach to Building Resilience to Natural Disasters," http://www. brookings. edu/research/papers/2011/06/06-disasters-human-rights-kaelin.

三 其他类

2009 年国内流离失所者人权问题秘书长代表瓦尔特·卡林的报告:《增进和保护所有人权、公民、政治、经济、社会和文化权利,包括发展权》,A/HRC/10/13。

"第 22 号一般性意见:思想、良心和宗教自由", HRI \\ GEN \\ 1 \\ Rev. 7, 155(2004)。

"第 27 号一般性意见:迁徙自由", CCPR/C/21/Rev. 1/Add. 9。

"第 28 号一般性意见:缔约国在《公约》第 2 条之下的核心义务", CE-DAW/C/2010/47/GC. 2。

"第 29 号一般性意见:紧急状态期间的克减问题", HRI \\ GEN \\ 1 \\ Rev. 7, 186(2004)。

"第 1 号一般性意见:教育的目的", CRC/GC/2001/1。

"第 7 号一般性意见:在幼儿期落实儿童权利", CRC/C/GC/7/Rev. 1。

"第 6 号一般性意见:远离原籍国无人陪伴和无父母陪伴的儿童待遇", CRC/GC/2005/6。

"第 23 号一般性建议:政治和公共生活", CEDAW/C/GC/25。

"第 22 号一般性建议:《公约》关于难民和流离失所者的第五条", CERD/C/GC/22。

"第 3 号一般性意见:缔约国义务的性质", E/1991/23。

"第 3 号一般性意见:各国的执行工作", HRI \\ GEN \\ 1 \\ Rev. 7, 125(2004)。

"第 3 号一般性意见:艾滋病毒/艾滋病与儿童权利", CRC/GC/2003/3。

"第 4 号一般性意见:适足住房权", E/1992/23。

"第 5 号一般性意见:克减问题", HRI \\ GEN \\ 1 \\ Rev. 7, 126(2004)。

"第 12 号一般性意见:食物权", E/C. 12/1999/5。

"第 14 号一般性意见:健康权", E/C. 12/2000/4。

"第 15 号一般性意见：水权"，E/C. 12/2002/11。

"第 19 号一般性意见：社会保障的权利"，E/C. 12/GC/19。

"第 3 号一般性意见：艾滋病毒/艾滋病与儿童权利"，CRC/GC/2003/3。

第 22/32 号《儿童权利：儿童享有可达到的最高标准的健康的权利》的决议，A/68/53。

第 31/6 号《危难情况和人道主义紧急情况下的残疾人权利》的决议，A/71/53。

第 32/33 号《人权与气候变化》的决议，A/71/53。

第 19/117 号《普遍定期审议结果：海地》的决定，A/67/53。

第 PRST 25/1 号《海地的人权状况》的主席声明，A/69/53。

《2015–2030 年仙台减少灾害风险框架》，A/69/L. 67。

《紧急情况中的受教育权利》，A/RES/64/290。

《关于难民和移民的纽约宣言》，A/RES/71/1。

《发生灾害时的人员保护秘书处的备忘录》，A/CN. 4/590。

《关于联合国善后救济总署的协定》，贝文斯（第三卷）。

《联合国、国际联盟和联合国善后救济总署（救济总署）》，《联合国条约汇编》（第一卷），第 6 号。

《联合国国际法委员会第 63 届会议的大会正式记录》，A/63/10。

《发生灾害时的人员保护起草委员会一读时通过的条款草案的案文和标题》，A/CN. 4/L. 831。

《印度洋海啸灾难后加强紧急救援、恢复、重建和预防工作》的决议，A/RES/62/91。

《印度洋海啸灾难后加强紧急救援、恢复、重建和预防工作》的决议，A/RES/63/137。

《对遭"伊达"飓风破坏性影响的萨尔瓦多的人道主义援助、紧急救济和善后》的决议，A/RES/64/74。

《因应海地地震造成的破坏性影响提供人道主义援助、紧急救济和善后》的决议，A/RES/64/250。

《在巴基斯坦发生严重洪灾后加强紧急救济、恢复、重建和预防工作》的决议，A/RES/64/294。

《人权理事会对 2010 年 1 月 12 日地震之后海地恢复过程的支持：从人权角度》的决议，A/65/53。

《在灾害背景下的适足生活水准权所含适足住房问题》的决议，A/67/53。

《国内流离失所者的人权》的决议，A/67/53。

《在灾后和冲突后增进和保护人权》的决议，A/68/53。

《国内流离失所者人权问题特别报告员的任务》的决议，A/68/53。

《国内流离失所者人权问题特别报告员的任务》的决议，A/71/53。

《自然灾害领域人道主义援助从救济向发展过渡的国际合作》的决议，A/60/227。

《在灾害背景下的适足生活水准权所含适足住房问题》的决议，A/HRC/RES/19/4。

《减少灾害风险》的决议，A/RES/71/226。

《制定人权领域的国际标准》的决议，A/RES/41/120。

《加强紧急救济、恢复和重建应对尼泊尔地震造成的灾难性影响》的决议，A/RES/69/280。

《海地境内人权情况独立专家米歇尔·福斯特的报告》，A/HRC/20/35。

《关于发生灾害时的人员保护问题的初步报告》，A/CN.4/598。

《关于发生灾害时的人员保护问题的第二次报告》，A/CN.4/615。

《关于发生灾害时的人员保护问题的第六次报告》，A/CN.4/662。

《〈发生灾害时的人员保护〉起草委员会二读通过的发生灾害时的人员保护条款草案的标题以及序言和第 1 至 18 条草案案文》，A/CN.4/L.871。

《受审议国不与普遍定期审议机制合作》的决定，A/HRC/OM/7/1。

《根据人权理事会第 5/1 号决议附件第 15（a）段提交的国家报告：海地》，A/HRC/WG.6/12/HTI/1。

《普遍定期审议工作组报告：海地》，A/HRC/19/19。

《根据人权理事会第16/21号决议附件第5段提交的国家报告：海地》，A/HRC/WG. 6/26/HTI/1。

《联合国人权事务高级专员办事处根据人权理事会第5/1号决议附件第15（b）段和人权理事会第16/21号决议附件第5段汇编的资料》，A/HRC/WG. 6/26/HTI/2。

《海地人权状况独立专家古斯塔沃·加隆的报告》，A/HRC/25/71。

《国内流离失所者人权问题特别报告员查洛卡·贝亚尼的报告》，A/HRC/29/34/Add. 2。

《缔约国根据〈经济、社会和文化权利国际公约〉第十六条和第十七条提交的第二次定期报告：中国》，E/C. 12/CHN/2。

《关于中国（包括中国香港和中国澳门）第二次定期报告的结论性意见》，E/C. 12/CHN/CO/2。

《关于海地初次报告的结论性意见》，CCPR/C/HTI/CO/1。

《关于海地第八和第九次合并定期报告的结论性意见》，CEDAW/C/HTI/CO/8-9。

《国务院关于四川汶川特大地震抗震救灾及灾后恢复重建工作情况的报告》，中国人大网，http://www.npc.gov.cn/wxzl/gongbao/2009-10/28/content_1543778.htm，最后访问日期：2018年5月17日。

《〈国家人权行动计划（2009—2010年）〉评估报告》，中国政府网，http://www.gov.cn/jrzg/2011-07/14/content_1906151.htm，最后访问日期：2018年6月3日。

《列宁全集》（第十二卷），人民出版社，1987。

《刘少奇选集》（下），人民出版社，1985。

《毛泽东选集》（第四卷），人民网，http://cpc.people.com.cn/GB/64184/64185/66618/4489034.html，最后访问日期：2018年4月19日。

各国议会联盟和联合国国际减灾战略：《减轻灾害风险：一个实现千年发展

目标的工具》，日内瓦，2010。

联合国秘书长关于《向自然灾害和类似紧急情况的灾民提供援助》的报告，
A/45/587。

国际红十字会：《人道主义宪章与赈灾救助标准》，中国出版集团东方出版
中心，2006。

国家防汛抗旱总指挥部、中华人民共和国水利部：《2010 年中国水旱灾害公
报》，《中华人民共和国水利部公报》2011 年第 4 期。

联合国人权事务高级专员办事处、世界卫生组织：《人权概况介绍第 31 号：
健康权》，联合国人权事务高级专员办事处网站，http://www.ohchr.
org/Documents/Publications/Factsheet31ch.pdf，最后访问日期：2018 年
6 月 10 日。

民政部国家减灾中心、联合国开发计划署：《汶川地震救灾救援工作研究报
告》，联合国开发计划署中文网站，http://ch.undp.org.cn/downloads/
cpr/2.pdf，最后访问日期：2015 年 10 月 17 日。

民政部法规办公室：《中华人民共和国民政工作文件汇编（1949—2004）》，
中国法制出版社，2005。

陕甘宁边区财政经济史编写组、陕西省档案馆：《抗日战争时期陕甘宁边区
财政经济史料摘编》（第九编），陕西人民出版社，1981。

适足生活水准所含适足住房权以及在这方面不受歧视的权利问题特别报告
员拉克尔·罗尔尼克的报告，A/HRC/16/42。

中国科学技术发展战略研究院：《汶川地震灾区居民重建恢复情况调查报
告》，中国科学技术发展战略研究院网站，http://www.casted.org.cn/
upload/news/Attach-20091130163058.pdf，最后访问日期：2018 年 5 月
13 日。

中华人民共和国内务部办公厅：《民政法令汇编：1949—1954》（内部印
行），1954。

中华人民共和国内务部办公厅：《民政法令汇编：1954—1955》（内部印

行），1956。

中华人民共和国内务部办公厅：《民政法令汇编：1956》（内部印行），1957。

中华人民共和国内务部农村福利司：《新中国成立以来灾情和救灾工作史料》，法律出版社，1958。

ActionAid International, *Tsunami Response: A Human Rights Assessment*, 2006.

Office of the United Nations High Commissioner for Human Rights, UNHABITAT, *The Right to Adequate Housing*, *United Nations*, Geneva, 2009.

Principles on Housing and Property Restitution for Refugees and Displaced Persons, E/CN. 4/Sub. 2/2005/17.

Right to adequate food as a human right, Study Series No. 1, New York, 1989 (United Nations publication, Sales No. E. 89. XIV. 2).

The Brookings-Bern Project on Internal Displacement, *IASC Operational Guidelines on the Protection of Persons in Situations of Natural Disasters*, http://www. brookings. edu/idp.

UN experts call for protection of housing rights of Hurricane Katrina victims, http://www. un. org/apps/news/story. asp? NewsID = 25782#. UviHP_2JUiU.

图书在版编目（CIP）数据

自然灾害与人权：以国家义务为中心／廖艳著. --
北京：社会科学文献出版社，2019.9
（格致丛书）
ISBN 978 - 7 - 5201 - 4757 - 6

Ⅰ.①自… Ⅱ.①廖… Ⅲ.①自然灾害 - 影响 - 人权
- 研究 Ⅳ.①X43②D082

中国版本图书馆 CIP 数据核字（2019）第 075591 号

格致丛书
自然灾害与人权
——以国家义务为中心

著　　者／廖　艳

出 版 人／谢寿光
责任编辑／岳梦夏
文稿编辑／刘小云

出　　版／社会科学文献出版社·社会政法分社（010）59367156
　　　　　　地址：北京市北三环中路甲 29 号院华龙大厦　邮编：100029
　　　　　　网址：www.ssap.com.cn
发　　行／市场营销中心（010）59367081　59367083
印　　装／三河市尚艺印装有限公司

规　　格／开　本：787mm×1092mm　1/16
　　　　　　印　张：19.75　字　数：282 千字
版　　次／2019 年 9 月第 1 版　2019 年 9 月第 1 次印刷
书　　号／ISBN 978 - 7 - 5201 - 4757 - 6
定　　价／118.00 元

本书如有印装质量问题，请与读者服务中心（010 - 59367028）联系